高等院校规划教材·计算机科学与技术系列

计算机组装与维护实用教程

佟伟光　主　编

吴文辉　副主编

机械工业出版社

本书内容丰富，涵盖了计算机组装与维护的各项基本技术和知识。本书分为上下两篇，上篇为计算机基础篇，以当前最新的硬件设备为基础，分类介绍了计算机各主要部件的的作用、结构原理、参数、新技术、典型产品和选用原则等；下篇为计算机系统的组装、维护和常见问题故障处理实践篇，此篇采用"任务驱动"式教学法，创造真实的实践情境，使学生带着计算机组装、维护和常见问题故障处理的各个任务展开学习。学生边操作边学习，在实践中学习，特别强化了对学生动手能力的训练。

本书深入浅出、简明、通俗易懂、图文并茂。本书适合作为普通高等应用型本科院校、高等职业院校、业余教育学院和计算机培训班"计算机组装与维护"课程的教材，也可作为计算机组装维护人员的应用手册和广大 DIY 爱好者的自学参考用书。

本书配套授课电子教案，需要的教师可登录 www.cmpedu.com 免费注册，审核通过后下载，或联系编辑索取（QQ：1239258369，电话：010-88379739）。

图书在版编目（CIP）数据

计算机组装与维护实用教程/佟伟光主编 .—北京：机械工业出版社，2014.7

高等院校规划教材·计算机科学与技术系列

ISBN 978 - 7 - 111 - 46742 - 7

Ⅰ.①计… Ⅱ.①佟… Ⅲ.①电子计算机 - 组装 - 高等学校 - 教材 ②计算机维护 - 高等学校 - 教材 Ⅳ.①TP30

中国版本图书馆 CIP 数据核字（2014）第 100831 号

机械工业出版社（北京市百万庄大街 22 号　邮政编码 100037）
责任编辑：郝建伟　孙文妮　　责任校对：张艳霞
责任印制：李　洋
北京瑞德印刷有限公司印刷（三河市胜利装订厂装订）

2014 年 6 月第 1 版·第 1 次
184mm×260mm·16.75 印张·413 千字
0001—3000 册
标准书号：ISBN 978-7-111-46742-7
定价：39.00 元

出 版 说 明

　　计算机技术在科学研究、生产制造、文化传媒、社交网络等领域的广泛应用，极大地促进了现代科学技术的发展，加速了社会发展的进程，同时带动了社会对计算机专业应用人才的需求持续升温。高等院校为顺应这一需求变化，纷纷加大了对计算机专业应用型人才的培养力度，并深入开展了教学改革研究。

　　为了进一步满足高等院校计算机教学的需求，机械工业出版社聘请多所高校的计算机专家、教师及教务部门针对计算机教材建设进行了充分的研讨，达成了许多共识，并由此形成了教材的体系架构与编写原则，策划开发了"高等院校规划教材"。

　　本套教材具有以下特点：

　　1）涵盖面广，包括计算机教育的多个学科领域。

　　2）融合高校先进教学理念，包含计算机领域的核心理论与最新应用技术。

　　3）符合高等院校计算机及相关专业人才培养目标及课程体系的设置，注重理论与实践相结合。

　　4）实现教材"立体化"建设，为主干课程配备电子教案、素材和实验实训项目等内容，并及时吸纳新兴课程和特色课程教材。

　　5）可作为高等院校计算机及相关专业的教材，也可作为从事信息类工作人员的参考书。

　　对于本套教材的组织出版工作，希望计算机教育界的专家和老师能提出宝贵的意见和建议。衷心感谢广大读者的支持与帮助！

机械工业出版社

前　言

随着计算机技术的发展，新技术不断被提出，而已有技术在使用几年之后即变得陈旧。计算机硬件产品更新换代日益加快，产品的不断更新令人目不暇接。计算机功能更加完善，未来将会继续向轻量化、低功耗和高性能发展。计算机软件的规模及其复杂性日益增加，软件功能也随之强大。对于计算机专业的学生来说，必须紧跟计算机技术的发展，不断了解和掌握计算机的新产品、新技术和新知识。

"计算机组装与维护"是一门实践性很强的课程。通过这门课程的学习，学生可熟练掌握计算机系统基本部件的性能和新技术，具有过硬的组装计算机和系统设置、测试、优化、系统维护的能力。为了满足教学的需要，编者结合"计算机组装与维护"课程教学与计算机组装、维护和维修的实践编写了本书。

本书内容丰富，涵盖了计算机组装与维护的各项基本技术和知识。在编写教材时，注重内容的先进性，将计算机主机、外设、软件系统和各工具软件当前最新技术编入其中。内容上由易到难、深入浅出、简明且通俗易懂，使得学生能够较好地掌握计算机组装与维护的基本知识和技术。

本书的编写特别注重突出应用实践性。书中实践篇采用"任务驱动"式教学法，将计算机组装、维护和常见故障处理分解为15个具体任务。在真实的实践情境下，使学生带着任务，围绕任务展开学习，培养学生的动手和应用能力。

本书在组织内容结构方面也做了精心安排：分为上下两篇，分别为基础篇和实践篇。其中上篇第1章的计算机系统概述内容，简要介绍计算机及其维护基本知识；第2~9章分别介绍CPU、主板、内存、显卡与显示器，各种外部设备及常用多媒体部件与网络连接部件、打印机的作用、结构原理、参数、新技术和典型产品、选用原则等。下篇10~14章着重培养学生计算机组装、维护、常见故障处理实践动手能力。

本书由佟伟光主编，吴文辉任副主编。第1~4章由佟伟光编写，第5~7章由郭霏霏编写，第9、10、14章由吴文辉编写，第8、11、13章由郭玮衍编写，第12章由张国永编写，全书最后由佟伟光修改定稿。参加本书编写、资料收集整理、编辑、绘图、实验设计和验证工作的还有阮军征、柴军、张欣、史江萍、张平，谨此也表示衷心的感谢。

由于编者水平有限，书中难免存在疏漏和不足之处，请读者不吝指正。

编　者

目　　录

上篇 基 础 篇

第1章 计算机系统概述

随着计算机技术的发展，使得计算机硬件产品更新换代日益加快，众多新产品的推出和不断更新令人目不暇接。为了较全面地了解和掌握计算机的组装与维护技术，帮助理解和较好地学习之后章节的内容，本章将简要地介绍计算机的发展和演变的概况，以及计算机的基本组成、配置和维护等基本知识。

1.1 计算机的发展

计算机是 20 世纪最先进的科学技术发明之一，它对人类的生产活动和社会活动产生了极其重要的影响，并以强大的生命力飞速发展。以往按照计算机的体系结构、运算速度、结构规模和适用领域，将其分为大型计算机、中型机、小型机和微型计算机，这种分类沿袭了约半个世纪。近年来，随着计算机技术的迅速发展，实际情况产生了根本性的变化，例如 20 世纪 70 年代末定义的微型计算机演变出来的个人计算机（PC），现已经占据了全球计算机工业 90%的市场，其处理速度也超过了当年大、中型计算机的定义。如今除了超级巨型计算机、网络计算机（服务器、工作站、路由器等）、工业控制计算机、嵌入式计算机之外，在各领域广泛使用的都是这种个人计算机，人们一般提及的计算机都泛指个人计算机。

从 20 世纪 70 年代初期第一台微处理器诞生至今，计算机技术高速发展，不断更新换代，个人计算机经历了 6 个阶段的发展历程。

第 1 阶段（1971~1973 年）是 4 位和 8 位低档微处理器时代，通常称为第 1 代，其典型产品是 Intel 4004 和 Intel 8008 微处理器和分别由它们组成的 MCS – 4 和 MCS – 8 微机。

第 2 阶段（1974~1977 年）是 8 位中高档微处理器时代，通常被称为第 2 代，其典型产品是 Intel 8080/8085、Motorola 公司的 M6800、Zilog 公司的 Z80 等。

第 3 阶段（1978~1984 年）是 16 位微处理器时代，通常被称为第 3 代，其典型产品是 Intel 公司的 8086/8088，Motorola 公司的 M68000，Zilog 公司的 Z8000 等微处理器。

第 4 阶段（1985~1992 年）是 32 位微处理器时代，又被称为第 4 代。其典型产品是 Intel（英特尔）公司的 80386/80486，Motorola 公司的 M69030/68040 等。

第 5 阶段（1993~2005 年）是奔腾（Pentium）系列微处理器时代，通常被称为第 5 代。典型产品是 Intel 公司的奔腾系列芯片及与之兼容的 AMD 的 K6 系列微处理器芯片。

第 6 阶段（2005 年至今）是酷睿（Core）系列微处理器时代，通常被称为第 6 代。"酷睿"是一款领先节能的新型微架构，设计的出发点是提高每瓦特的性能，也就是所谓的能效比。酷睿 2 英文名称为 Core 2 Duo，是 Intel 公司在 2006 年推出的新一代基于 Core 微架构的产品体系统称。

2010 年 6 月，Intel 发布第 2 代 Core i3/i5/i7。相比第 1 代产品主要带来 5 点重要革新：

1）采用全新 32nm 的 Sandy Bridge 微架构，更低功耗、更强性能。

2）内置高性能图形处理器显卡（Graphic Processing Unit，GPU）——专门的图形核心处理器，视频编码、图形性能更强。

3）睿频加速技术 2.0，更智能、更高效能。

4）引入全新环形架构，带来更高带宽与更低延迟。

5）全新的 AVX、AES 指令集，加强浮点运算与加密解密运算。

2012 年 4 月 24 日，Intel 正式发布了第 3 代 Core i 系列处理器（代号：Ivy Bridge，IVB）。第 3 代 Core i 系列性能更强，尤其是 GPU 性能大幅度提升，而功耗却更低。IVB 加入对 DX11 的支持的集成显卡。另外提供最多 4 个 USB 3.0，从而支持原生 USB 3.0。中央处理器（Central Processing Unit，CPU）——计算机的运算和控制核心的制作采用 3D 晶体管技术，其耗电量会减少一半。

2013 年 6 月 7 日，Intel 正式发布了第 4 代 Core i 系列处理器。这种新的处理器带来强大的计算性能，新的处理器芯片在集成的图形处理性能上有了明显提升，同时功耗较此前产品进一步降低。最新酷睿处理器仍包括酷睿 i3、i5 和 i7 共 3 种档次。

目前，处理器发展的主题仍是多核心化，即通过在一个芯片中集成多个 CPU 内核，使一个 CPU 可以处理更多的工作。与此同时，内存的容量也发展到几个 GB，硬盘发展到 TB 级（容量的单位从小到大依次是：字节（B）、KB、MB、GB、TB。它们之间的关系是 1 TB = 1024 GB；1 GB = 1024 MB；1 MB = 1024 KB；1 KB = 1024 字节）。计算机及其外围支援设备技术以前所未有的速度向前发展，其配置和性能越来越高，对多种媒体信息的处理，提供了越来越强的硬件性能支持。随着计算机硬件产品更新换代日益加快，软件技术也呈现突飞猛进的发展状态，用于计算机的系统软件、工具软件和应用软件的种类越来越多，功能也越来越强大。计算机不但在国民经济的各个领域中得到了广泛的应用，而且已稳步进入了家庭，显示出了强大的生命力，为计算机的应用和普及开辟了广阔的前景。

1.2　常用计算机的类型

常用计算机的类型主要有台式机、电脑一体机、笔记本电脑、掌上电脑和平板电脑等。

1. 台式机（Desktop）

台式机也叫桌面机，一般需要放置在电脑桌或者专门的工作台上。从外观上看，一台台式计算机主要由主机、显示器、键盘、鼠标和音箱等组成。如图 1-1 所示的为一台配有液晶显示器的计算机。

台式机的机箱空间大，通风条件好，机箱内主板上有多个扩展槽、光驱驱动器和硬盘驱动器插槽，方便用户进行硬件升级。台式机机箱的电源键、重启键、USB、音频接口等都在机箱前置面板中，方便用户的使用。但台式机的便携性较差。

2. 电脑一体机

电脑一体机（见图 1-2）是由一台显示器、一个键盘和一个鼠标组成的计算机。它的芯片、主板与显示器集成在一起，因此只要将键盘和鼠标连接到显示器上，机器就能使用。随着无线技术的发展，电脑一体机的键盘、鼠标与显示器可实现无线连接，机器只有一根电源线。解决了台式机线缆多而杂的问题。有的电脑一体机还具有电视接收和 AV 功能，也有整合专用软件，可作为特定行业专用机。

图 1-1　台式计算机　　　　　　　　　　　图 1-2　电脑一体机

3. 笔记本电脑（Notebook 或 Laptop）

笔记本电脑也称手提电脑或膝上型电脑，是一种小型且可携带的个人计算机，通常重 1 ~3 kg。笔记本电脑除了键盘外，还提供了触控板（TouchPad）或触控点（Pointing Stick），具有更好的定位和输入功能，如图 1-3 所示。

图 1-3　笔记本电脑

笔记本电脑可以大体上分为 6 类：商务型、时尚型、多媒体应用、上网型、学习型和特殊用途。

商务型笔记本电脑一般可以概括为移动性强、电池续航时间长、商务软件多。

时尚型笔记本电脑的外观主要针对时尚女性。

多媒体应用型笔记本电脑则有较强的图形、图像处理能力和多媒体的能力，尤其是播放能力，拥有较为强劲的独立显卡和声卡（均支持高清），并有较大的屏幕。

上网本（Netbook）就是轻便和低配置的笔记本电脑，具备上网、收发邮件以及即时信息（IM）等功能，并可以实现流畅播放流媒体和音乐。上网本比较强调便携性，多用于在出差、旅游甚至公共交通上的移动上网。

学习型笔记本电脑的机身设计为笔记本外形，采用标准电脑操作，全面整合学习机、电子辞典、复读机、点读机、学生电脑等多种机器功能。

特殊用途的笔记本电脑服务于专业人士，是可以在酷暑、严寒、低气压、高海拔、强辐射、战争等恶劣环境下使用的机型，但有的较笨重。

4. 掌上电脑（PDA）

掌上电脑是一种运行在嵌入式操作系统和内嵌式应用软件之上的小巧、轻便、易带、实用、价廉的手持式计算设备，如图1-4所示。它无论在体积、功能和硬件配备方面都比笔记本电脑简单轻便。掌上电脑除了用来管理个人信息（如通讯录和计划等），而且还可以上网浏览页面，收发E-mail，甚至还可以当做手机来用。同时它还具有录音机、英汉、汉英词典、全球时钟对照、提醒、休闲娱乐和传真管理等众多功能。掌上电脑的电源通常采用普通的碱性电池或可充电锂电池，其核心技术是嵌入式操作系统。

图1-4　掌上电脑

在掌上电脑基础上加上手机功能，就成了智能手机（Smartphone）。智能手机除了具备手机的通话功能外，还具备了PDA分功能，特别是个人信息管理以及基于无线数据通信的浏览器和电子邮件功能。智能手机为用户提供了足够的屏幕尺寸和带宽，既方便随身携带，又为软件运行和内容服务提供了广阔的舞台，很多增值业务可以就此展开，如股票、新闻、天气、交通以及商品、应用程序、音乐图片的下载等。

5. 平板电脑

平板电脑是一款无须翻盖、没有键盘、大小不等、形状各异却功能完整的电脑，如图1-5所示。其构成组件与笔记本电脑基本相同，但它是利用触笔在屏幕上书写，而不是使用键盘和鼠标来输入，并且它还打破了笔记本电脑键盘与屏幕垂直的J型设计模式。它除

图1-5　平板电脑

了拥有笔记本电脑的所有功能外，还支持手写输入或语音输入，移动性和便携性更胜一筹。平板电脑的概念由比尔·盖茨提出，要求至少应该是 X86 架构。从微软提出的平板电脑概念产品上看，平板电脑就是一款无须翻盖、没有键盘、小到足以放入手袋中，但功能完整的 PC。

1.3 计算机系统的基本组成

计算机系统由硬件和软件两部分组成。硬件由主机系统、各种板卡和外部设备等组成；软件一般包括系统软件、工具软件和应用软件。下面以台式机为例来介绍计算机系统的主要部件，如图 1-6 所示。

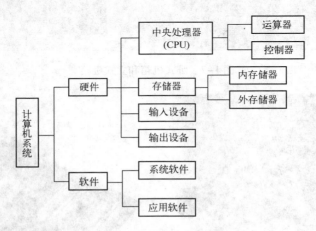

图 1-6　计算机系统的组成

1. 主机系统

主机系统通常包括机箱、电源、主板、软盘驱动器、硬盘驱动器、光盘驱动器等。各种板卡插接在主机的扩展槽上，以解决各种数据的输入/输出问题，常用的板卡有声卡、显卡和视频卡等。

（1）机箱

机箱作为计算机主机的外壳，它既是计算机系统部件安装架，同时还是整个系统的散热和保护设施。机箱按其外形可分为卧式机箱和立式机箱，如图 1-7 所示。

（2）电源

电源是计算机主机的动力核心，它担负着向计算机中所有部件提供电能的重任。目前计算机中所使用的电源均为开关电源，如图 1-8 所示。

（3）主板

主板又称为主机板、系统板等，是安装在机箱内最大的一块多层印制电路板。主板上一般安装有 CPU、内存和各种板卡的扩展插槽，以及相关的控制芯片组，它将计算机的各主要部件紧密联系在一起，是整个系统的枢纽，如图 1-9 所示。

（4）CPU（中央处理器）

CPU 也称为微处理器，是整个计算机系统的核心，如图 1-10 所示。随着超大规模集成

5

电路制造技术的发展，CPU 的主频越来越高，在其中所集成的电子元件越来越多，功能也越来越强大。目前，CPU 已完全实现多核化。

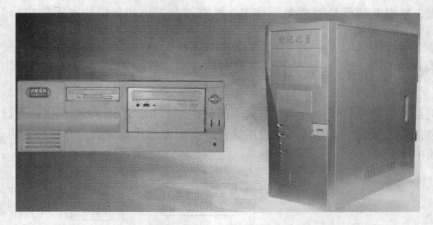

图 1-7　卧式机箱和立式机箱

图 1-8　电源

图 1-9　主板

（5）内存

内存是指中央处理器能够直接访问的存储器，又称为主存储器或主存，如图 1-11 所示。由于内存直接与 CPU 进行数据交换，因此内存都采用速度较快的半导体存储器作为存储介质。

图 1-10　CPU

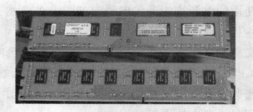

图 1-11　内存

（6）显卡

显卡又称为显示卡，它的主要作用是将 CPU 送来的影像数据处理成显示器可以接受的格式，再传送到显示屏上形成影像，如图 1-12 所示。

图 1-12　显卡

（7）声卡

声卡也称为声音卡、音频卡、音效卡等。声卡是计算机系统中用于声音媒体的输入、输出、编辑处理的专用扩展卡，如图 1-13 所示。

（8）视频卡

视频卡是计算机系统中用于对视频进行采集和播放处理的部件，如图 1-14 所示。

图 1-13　声卡

图 1-14　视频卡

（9）硬盘驱动器

硬盘驱动器简称硬盘，由于采用了温切斯特技术（Winchester）所以又称为温盘，如图 1-15 所示。它是计算机最重要的外部存储部件，操作系统及安装在计算机中的各种软件和数据都保存在硬盘上。随着计算机技术的发展，硬盘无论速度和容量都有了飞速的发展，如今硬盘容量已达 TB 级，尺寸有 3.5、2.5、1.8、1.0 英寸等，接口有 IDE、SATA、SCSI 等，其中 SATA 最普遍。

移动硬盘是以硬盘为存储介质，强调便携性的存储产品。市场上绝大多数的移动硬盘都是以标准硬盘为基础的，而只有很少部分的是以微型硬盘（1.8 英寸硬盘等）为基础，但价格因素决定着是以主流移动硬盘还是以标准笔记本硬盘为基础。移动硬盘多采用 USB 和

IEEE1394 等传输速度较快的接口，可以较高的速度与系统进行数据传输。

图 1–15　硬盘

固态硬盘是用固态电子存储芯片阵列而制成的硬盘，由控制单元和存储单元（Flash 芯片）组成。固态硬盘在产品外形和尺寸上也完全与普通硬盘一致，但是固态硬盘比机械硬盘速度更快。

（10）光盘驱动器

光盘驱动器简称为光驱，它是采用光学方式的读出装置，其存储信息的光盘具有标准化、大容量、检索方便、信息保存时间长、价格低廉的特点，可同时有效地存储各种信息，如图 1–16 所示。目前，DVD 驱动器已成为计算机不可缺少的标准配置。

图 1–16　DVD 驱动器

（11）网卡

网卡是工作在数据链路层的网路组件，是局域网中连接计算机和传输介质的接口，不仅能实现与局域网传输介质之间的物理连接和电信号匹配，还涉及帧的发送与接收、帧的封装与拆封、介质访问控制、数据的编码与解码以及数据缓存的功能等，如图 1–17 所示。网卡是计算机与网线之间的桥梁，它是用来建立局域网并连接到 Internet 的重要设备之一。在整合型主板中常把声卡、显卡、网卡部分或全部集成在主板上。

如果不通过有线连接，采用无线信号进行连接上网，则需安装无线网卡。无线网卡的作用和功能与普通计算机网卡一样，是用来连接到局域网上的。它只是一个信号收发的设备，只有在找到上互联网的出口时才能实现与互联网的连接。所有无线网卡只能局限在已布有无线局域网的范围内。无线网卡按照接口的不同可以分为多种：台式机专用的 PCI 接口无线网卡；笔记本电脑专用的 PCMICA 接口网卡；USB 无线网卡，这种网卡不管是台式机还是笔记本电脑，只要安装了驱动程序，都可以使用。此外还有 MiniPCI 无线网卡、CF/SD 无线网卡等几类产品。

8

图 1-17　PCI 接口无线网卡与 PCMICA 接口无线网卡

2. 外部设备

计算机系统的外部设备，除了常用的人——机交互设备，如显示器、打印机、键盘、鼠标、扫描仪等之外，还包括视频输入设备，以及音频输入/输出设备，如摄像机、话筒、音箱、MIDI 设备等。

（1）显示器

显示器是计算机与用户沟通的窗口，是计算机必备的外部设备，如图 1-18 所示。早期的显示器是阴极射线（CRT）显示器，目前显示器多为液晶显示器（LCD）。液晶显示器的可视区域是平面的。因此，可视范围比同尺寸的 CRT 显示器大得多，而且不存在刷新频率和画面闪烁的问题。

图 1-18　CRT 显示器与液晶显示器

（2）打印机

打印机是多媒体计算机系统重要外部输出设备之一，可以把在计算机上设计的文档真实地打印成令人赏心悦目的印刷品。目前常用的打印机类型有：针式打印机、喷墨打印机和激光打印机，如图 1-19 ~ 图 1-21 所示。

图 1-19　针式打印机　　　　　　　　图 1-20　喷墨打印机

9

（3）键盘

键盘是计算机最重要的外部输入设备之一。人们使用键盘向计算机输入各种指令和数据。计算机的键盘是从打字机演变而来的，最初的键盘为84键，后来出现了101键、104键和108键等，如图1-22所示。目前一些高等级的键盘，除了键位安排紧凑、布局合理，设计更符合人体工学原理之外，其外观更加时尚前卫，功能也非常多，在原键盘基础上，增加了时尚的媒体区域以及快捷按键区域。

图1-21 激光打印机

图1-22 键盘

（4）鼠标

鼠标是计算机系统中的一种辅助输入设备，它可增强或代替键盘上的光标移动键和其他键（如〈Enter〉键）的功能。使用鼠标可在屏幕上更快速准确地移动和定位光标，并可单击相应的命令使其执行，如图1-23所示。

图1-23 鼠标

（5）扫描仪

扫描仪是除键盘和鼠标之外被广泛应用于计算机的输入设备。它使用光源照射被扫描物，利用光电转换原理，将被扫描物上的图形转换成为数字信号输入计算机中，如图1-24所示。

图1-24 扫描仪

（6）音箱

在计算机系统中，音箱是不可缺少的设备。声卡只提供对音频信号的处理能力，而要让计算机能输出声音，音箱则是关键设备，如图 1-25 所示。

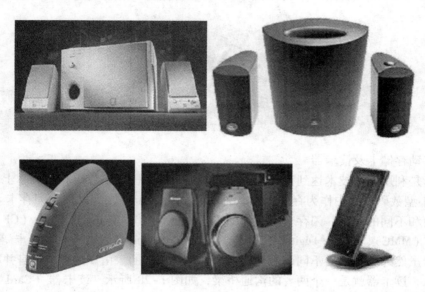

图 1-25　音箱

（7）上网设备

随着 Internet 技术的迅速发展，越来越多的计算机通过调制解调器（Modulator Demodulator，Modem）接入互联网。Modem 俗称"猫"，是将电话线路的模拟信号转为数字信号的设备。早期的通过拨打电话上网的设备被称作 56 Kbit/s Modem，现在的宽带 ADSL 上网设备名为 ADSL Modem，如图 1-26 所示。ADSL 是一种在普通电话线上进行宽带通信的接入技术，采用 ADSL 技术，在普通电话线上传输数据的速度可以达到普通拨号 Modem 的140 倍。

图 1-26　ADSL Modem

（8）优盘

优盘通常也被称作 U 盘、闪盘，它采用的存储介质为闪存存储介质（Flash Memory）。优盘一般包括闪存、控制芯片和外壳，如图 1-27 所示。闪存盘具有可多次擦写、速度快而且防磁、防震、防潮的优点。优盘采用流行的 USB 接口，不用驱动器，无需外接电源，即插即用，以使不同计算机之间可进行文件交流。存储容量各（1～128）GB不等，可满足不同的需求。

图1-27　优盘

（9）移动存储卡及读卡器

存储卡是利用闪存技术达到存储电子信息的存储器，一般在数码相机、掌上电脑、MP3和MP4等小型数码产品中作为存储介质，外形犹如一张卡片，所以称为闪存卡。根据不同的生产厂商和不同的应用，闪存卡有Smart Media（SM卡）、Compact Flash（CF卡）、Multi Media Card（MMC）、Secure Digital（SD卡）、Memory Stick（记忆棒）、TF卡等多种类型。这些闪存卡虽然外观和规格不同，但是技术原理都是相同的。由于闪存卡本身并不能直接被计算机辨认，读卡器就是一个两者的沟通桥梁，如图1-28所示。读卡器（Card Reader）可使用很多种存储卡，如Compact Flash or Smart Media or Microdrive存储卡等，作为存储卡的信息存取装置。读卡器使用USB的传输介面，支持热拔插。与普通USB设备一样，只需插入计算机的USB端口，然后插用存储卡就可以使用了。按照速度来划分有USB 1.1、USB 2.0以及USB 3.0；按用途来划分，有单一读卡器和多合一读卡器。

图1-28　移动存储卡及读卡器

3. 软件系统

计算机系统的软件按功能不同可分为系统软件和应用软件。系统软件主要包括：操作系统、开发工具软件、数据库管理系统和软件工具；应用软件指的是为解决某个应用领域中的具体任务而编制的程序。

（1）操作系统

操作系统是计算机系统的核心，是计算机系统的基本软件平台，一般都具有多任务的调度和管理能力，以及多媒体信息的各种操作、传输功能。微软公司开发的Windows 7和Windows 8是当前广泛使用的操作系统之一。同历代Windows操作系统一样，它们具有漂亮的操作界面，在性能上得到了很大的提升，加入了许多特色功能，使得用户能更简单地操作计算机。Windows 7和Windows 8也是最绿色、最节能的系统。

Linux 是一个源码公开的操作系统，程序员可以根据自己的兴趣和灵感对其进行改变，这让 Linux 吸收了无数程序员的精华，不断壮大，如今也已被越来越多的用户所采用。

设备驱动程序是计算机中直接和硬件有关的软件。它完成设备的初始化，各种设备操作、设备的打开和关闭，基于硬件的压缩/解压缩、各种变换和功能调用等。一种硬件都需要一个相应的驱动程序并常驻内存。驱动程序一般随硬件产品提供。在 Windows 系统中，提供了 2000 多种硬设备的驱动程序，并提供即插即用功能。这就意味着当向计算机系统增添一种新的设备如声卡、光驱时，Windows 系统会自动识别新设备的参数，自动为其提供驱动程序，无须用户过多干预。

（2）开发工具软件

开发工具软件是供设计人员在操作系统平台上，进行软件开发的工具。开发工具软件的应用可大大提高软件的开发质量和效率，如微软公司的 Visual Studio 开发工具可帮助开发者创建各种卓越的应用。

（3）数据库管理系统

数据库是指按照一定联系存储的数据集合，可为多种应用共享。数据库管理系统（Data Base Management System，DBMS）则是能够对数据库进行加工和管理的系统软件。其主要功能是建立、消除、维护数据库及对库中数据进行各种操作。数据库系统主要由数据库（DB）、数据库管理系统以及相应的应用程序组成。它不但能够存放大量的数据，更重要的是能迅速、自动地对数据进行检索、修改、统计、排序、合并等操作，以得到所需的信息。目前主流的数据库管理系统有微软的 MS SQL，甲骨文（Oracle）公司的 Oracle 以及 MySQL 等。

（4）软件工具

软件工具一般是指经常使用的诊断程序、调试程序、编辑程序以及能对计算机系统信息进行控制、管理、检测和维护的程序。例如，计算机病毒检测及防治软件；能够有效地帮助用户了解自己的计算机软硬件信息，简化操作系统设置步骤，提升计算机运行效率、清理系统运行时产生的垃圾，修复系统故障及安全漏洞；维护系统的正常运转的优化大师软件；能够辨别计算机硬件真伪，保护计算机稳定运行，清查计算机病毒隐患，优化清理系统，提升计算机运行速度等。

（5）应用软件

应用软件是在操作系统平台上开发的具有某方面或多方面功能的面向应用领域的软件系统。如 Microsoft Office、WPS 等办公类软件；ACD See、美图秀秀等图形图像处理软件；压缩解压缩软件 WinRAR，红蜻蜓等各种抓图软件；暴风影音（MyMPC）、千千静听等媒体编辑器；阅读器 Adobe Reader 等。

1.4 计算机配置的一般原则

由于计算机采用了"开放式体系结构"，因此，在配置上具有很大的灵活性。随着技术的进步，计算机的各种部件都在不断地更新换代。一台计算机的配置不同，其性能上会有很大差异，如果配置选择不当，将会带来不少麻烦。不合适的系统配置，可能达不到原来预期的效果，从而会造成部件和设备的闲置或使用不便，也可能由于一味追求"高档"而造成不必要的浪费和损失。因此，计算机的配置是组装计算机的一个非常重要的基本概念。为充分发挥所组装计算机的性能和效益，一般说来，应注意考虑以下的问题。

1. 配置与用途相适应

计算机的用途十分广泛，在各行各业以及机关的办公自动化、家庭和各种设计的领域都有广泛的应用。在配置计算机时，首先要明确计算机的使用对象，在应用上的要求。所选择的配置要与所承担的工作任务相符，既要有超前眼光，也要考虑不会造成不必要的浪费或损失。因此，在配置计算机之前应认真进行调查分析，根据所配置计算机将要承担的工作范围、需要处理信息的类型和信息量的大小等因素，来确定计算机的配置。

2. 总体配置的先进性和合理性

根据配置计算机的用途和各主要部件的现状和发展情况，在经济条件允许的情况下，应尽可能选用主流产品，以免所配置的计算机在短时间内过时淘汰。因此，在配置时应认真了解主要部件国内外的发展情况，注意选用兼容性好、较为先进的主流产品，以使所配置的计算机在相当一段新时期处于较先进的水平，从而确保计算机的硬件系统有较长的生存周期。另外，还要考虑配置的整体合理性，应注意不要由于某些部件的性能较低，而在系统内部出现"瓶颈"现象。例如一块高速 CPU 配置较低容量的内存就会出现"瓶颈"现象。因此，应使系统中各部件性能协调一致，避免其中一些部件的性能过高或过低，以保证系统整体功能的一致性。

3. 兼容性或可扩充性

由于计算机的硬件配置比较灵活，在选用各主要配件时，需要注意部件的兼容性和扩充性。这样便于在基本配置的基础上选配其他硬件设备，以满足扩充系统或运行新软件、完成新任务的需要。另一方面，随着 DIY 理念的深入人心，人们已越来越多地认识到计算机升级的重要性，因此，配置计算机时应尽量选用升级余地大的硬件产品。

4. 性能价格比

性能价格比是指计算机总体性能与其价格之比。在配置计算机时，性能和质量应是第一位的，在满足性能要求和较高品质的前提下，才考虑价格。对同样性能的计算机，价格当然越低越好，但是也不能一味追求低价格。

5. 售后服务

配置计算机系统时，应选择那些有信誉及良好售后服务的经销商。因此，应先做调查，除了货比三家，择优选择外，还应了解其技术实力，维修网点和保修、保换的情况。应该尽力去找技术实力较强、保修、保换服务较好的经销商，以保证选用的计算机部件能有及时可靠的售后服务。

1.5 计算机系统维护的基本知识

为了保证计算机能正常、高效地工作，要对系统进行一些维护，并处理出现的故障。为此，需要了解和掌握计算机及其外部设备维护与维修的基本知识。

1.5.1 计算机系统维护与维修的基本概念

计算机故障是指造成计算机系统功能出错或系统性能下降的硬件物理损坏或软件系统的运行错误，前者被称为硬件故障，后者被称为软件故障。计算机的硬件无论是主机部分还是多媒体卡件或是外部设备，所有这些部件都可能因为各种原因发生故障或损害。随着计算机技术的进步，硬件质量不断提高，计算机硬件的平均无故障时间大大增加，硬件故障在计算机系统中所占的比例已大幅度下降。并且由于集成电路芯片都采用 SMT 技术直接焊接在电路板上，无法更换，硬件板卡的价格又迅速下跌，因此计算机硬件的维护也变得十分简单，大多是板卡级。当确定出现故障错误和性能下降的板卡后，用相应的板卡更换即可。实践表明，软件故障是计算机用户经常遇到的一种常见的系统故障，也是计算机用户在系统维护中经常需要处理的系统故障。

故障诊断指不仅要判断计算机的硬件和软件有没有故障，而且当有故障时，还要准确地确定故障的位置并进一步分析出故障产生的原因。任何复杂的事物都有它的规律性，计算机系统也不例外。当系统发生故障时，表现出来的故障现象与故障原因有着内在的联系，有它自身的规律性。故障诊断也就是根据故障现象的检查和分析，揭示这种内在的规律性，从而准确地定位故障点。

维护是指使计算机系统的硬件和软件处于良好工作状态的活动，包括检查、测试、调整、优化、更换和修理等。在计算机系统日常应用中，应特别重视对计算机系统进行定期的检查和维护，以保证计算机系统工作在合适的物理环境中。同时，通过检查和测试发现某些偏差并加以调整，以使系统的软、硬件工作于最佳状态，并及时发现可能出现故障的环节，以便事先采取措施，保证系统稳定可靠地运行。

故障维修是指在计算机系统硬件发生故障之后，通过检查某些部件的机械和电气性能，修理更换已失效的可换部件，使计算机系统功能恢复的手段和过程。一般故障维修是在故障诊断的基础上进行的，当计算机出现故障时，应首先对系统的故障进行检测和分析，并确定故障的具体位置和产生原因，进而排除因故障造成的系统差错，使计算机功能恢复并正常运行。

1.5.2　计算机系统常见故障类型及产生原因

从计算机系产生故障的现象和原因可将常见故障分为硬件故障、软件故障、病毒故障、人为故障 4 大类。

（1）硬件故障

计算机的硬件故障是由于组成计算机系统部件中的元件损坏或性能不良而引起的，主要包括元器件故障、机械故障和存储介质故障。

1）元器件故障：这类故障主要是指由于板卡上的元器件、插接件和印制电路板引起的故障。元器件故障主要是由于系统的元器件物理失效、或其参数超过极限值所产生的故障。

2）机械故障：机械故障一般主要发生在外部设备中，也比较容易发现，如磁盘驱动器的磁头磨损或定位偏移；打印机断针或磨损、色带损坏、喷嘴堵塞、电动机烧坏、齿轮吻合不好、走纸机构不灵；键盘按键接触不良、弹簧疲劳致使按键失效等。

3）存储介质故障：这类故障主要是硬盘或光盘介质损伤而造成的系统引导信息或数据信息丢失等原因造成的故障。

（2）软件故障

软件故障一方面是指系统软件和应用软件本身隐含的错误而引起的系统工作失常。现代计算机的系统软件和应用软件越来越多样化和复杂化，而且软件的规模也越来越大。软件中的 Bug 一般难以避免，消除这种故障只能通过在软件设计中不断更新和完善才能解决。另一方面是指计算机系统的软件被损坏（如病毒感染），或者系统配置参数设置不当、软件版本不兼容、安装不完全、软件使用不当、系统资源冲突等因素导致系统不能正常工作而产生的故障。

（3）病毒故障

病毒故障是由于计算机病毒而引起的计算机系统工作异常。据统计，目前计算机病毒已达万余种，而且新型的病毒仍在不断产生和蔓延。这些病毒类型不同，对计算机资源的破坏也不一样，它们可以通过不同的途径潜伏或寄生在存储媒体（磁盘、光盘、内存）或程序中。当某种条件或时机成熟时，它会自身复制并通过磁盘、光盘或网络传播，使计算机的资源、程序或数据受到不同程度的破坏。一些新型的计算机病毒，甚至破坏主机板的 BIOS，造成系统的完全瘫痪。在对计算机的日常维护中必须对病毒引起的计算机故障给予高度的重视。实践表明，计算机的许多故障常常都是由计算机病毒引起的，用户可使用硬件或软件防病毒系统进行预防和清除病毒，并采用有效的管理措施防止病毒的传播和蔓延。

（4）人为故障

人为故障主要是由于计算机运行环境恶劣或者操作不当产生的。主要原因是用户对计算机性能、操作方法不熟悉或对计算机的工作环境重视不够，主要包括以下几个方面。

1）电源接错。如把 ±5 V 电源部件接到 ±12 V 电源上，主机电源设置错误等。

2）在通电情况下，随意拔插板卡，硬盘、软盘或光盘工作时突然关闭电源或者搬动主机箱造成相关部件的损坏。

3）各种电缆线、信导线位置接错或接反。一般来说，这类错误除电源插头接错或接反，可能造成部件损坏外，其它错误只要更正插接方式即可。

4）用户对计算机系统操作不当引起错误也是常见的，如写保护或设备未准备好的错误等。

5）计算机工作环境恶劣已成为机器出故障、甚至致命故障的主要原因之一，如灰尘太大、温度过高、湿度过低或过高等。

习题 1

一、填空题

1. 计算机按照数据处理规模大小可以分为（　　）、（　　）、（　　）、（　　）、（　　）等。

2. 计算机的硬件主要由（　　）、（　　）、（　　）、（　　）以及电源等硬件组成。

3. 计算机主机是（　　）、（　　）和（　　）的总称，主要包括（　　）、（　　）、（　　）等部件。

4. 控制器和运算器集成在一起，合称为（　　）。

5. CPU 是（　　）的缩写。

6. 计算机硬件系统可以分为两大部分，即（　　）和（　　）。

7. 外部存储器包括（　　）、（　　）、（　　）。

8. 计算机常见的故障有（　　）、（　　）、（　　）和（　　）。

9. 计算机可以分成（　　）和（　　）两大部分。

10. 所谓维护是指计算机系统和硬件和软件处于良好工作状态的活动，包括（　　）、（　　）、（　　）、（　　）和（　　）等。

11. 计算机配置应注意考虑（　　）、（　　）、（　　）、（　　）和（　　）等问题。

二、简答题

1. 简述计算机的发展历程。

2. 简述计算机系统的组成。

3. 简述组成计算机硬件系统的各主要部件、设备的作用和功能。

4. 简述计算机软件系统中各种类型软件的作用和功能。

5. 计算机配置的一般原则是什么？

6. 常用计算机的类型有哪些？

7. 计算机故障指的是什么？故障诊断如何定义？

8. 计算机系统常见故障类型有哪些？产生的原因是什么？

第 2 章　CPU

CPU（Central Processing Unit）即中央处理单元，也称为微处理器。随着超大规模集成电路制造技术的发展，CPU 所集成的电子元器件越来越多，功能也越来越强大。CPU 作为是整个计算机系统的核心，它的性能大致上反映出了一台计算机的性能。

2.1　CPU 概述

CPU 是一台计算机的运算和控制核心，组装计算机需要重点了解 CPU 的主要指标和参数。

2.1.1　CPU 的基本组成

CPU 的主要功能是进行算术运算和逻辑运算，内部结构可以分为控制单元、运算单元、存储单元和时序电路等几个主要部分。运算单元是计算机对数据进行加工处理的中心，它主要由算术逻辑部件（Arithmetic and Logic Unit，ALU）、通用寄存器组和状态寄存器组成。ALU 主要完成对二进制信息的定点算术运算、逻辑运算和各种移位操作。通用寄存器组是用来保存参加运算的操作数和运算的中间结果。状态寄存器用于保存机器的有关状态，在不同的机器中有不同的规定。通常，状态位在程序中常作为转移指令的判断条件。

计算机求解问题是通过执行程序来实现的。程序是由指令构成的序列，执行程序就是按指令序列逐条执行指令。CPU 从存储器或高速缓冲存储器中取出指令，放入指令寄存器，并对指令译码。它把指令分解成一系列的微操作，然后发出各种控制命令，执行微操作系列，从而完成一条指令的执行。

2.1.2　CPU 的发展

1971 年 Intel 公司推出了世界上第一个微处理器 4004，它是第一个用于计算机的 4 位微处理器。从 1971 年开始，在短短 40 多年间，微处理器的发展日新月异，更新换代的速度越来越快，以 Intel 公司产品为代表微处理器经历了从 8086 到 80486、从 Pentium（奔腾）到 Core 的发展。自微处理器进入 Pentium 4 时代以来，处理器的功耗和发热量随着频率的提高而达到了几乎无法控制的地步。而且单核处理器即使频率再高，在面临多任务环境下仍然显得力不从心。在这样的情况下，Intel 和 AMD 两大公司不约而同地表示，在架构不做出重大调整的情况下，多核心是目前提升 CPU 性能的最佳途径。2005 年 4 月 18 日，Intel 公司推出了双核心 CPU Pentium。AMD 也早有准备，2006 年发布了 Athlon 64 X2 双核处理器。下半年 Intel 又推出四核至强。2007 年 Intel 推出酷睿四核，2008 年 i7 诞生，之后 i7 和酷睿陆续向下发展。2010 年 i3 和 i5 诞生。2010 年 9 月 AMD 六核已经开始供应。目前 Intel i3、i5、i7 三代已上市。

"多核心"技术，顾名思义，是指单芯片多处理器，即在一颗 CPU 中真正集成两个以上物理运行核心，各个处理器并行执行不同的进程，并且每个核心都使用自己独立的高速缓存。因此在实际使用中，这种"多核心处理器"和使用多颗独立 CPU 组建的系统在工作原理和性能上基本没有区别。这种技术使得整个系统性能有相当大的提高，而整体设计难度和制造成本并不高，从而迅速在计算机系统中得到了普及。

目前，高端多核心 CPU 普遍支持三通道内存技术。随着前端总线 FSB 越来越高，内存的带宽显然就成了一个瓶颈。如果集成两个内存控制器，则每个内存控制器控制一个通道，让两条内存独立寻址，这样内存的运行效率就可以实现翻倍的效果。双通道内存技术的推出初步解决了 CPU 总线带宽和内存带宽不匹配之间的矛盾。三通道内存技术，是双通道内存技术的后续技术发展。三通道内存技术，最高支持 DDR3-1600 内存，可以提供高达 38.4 GB/s 的高带宽，和双通道内存 20 GB/s 的带宽相比，性能有了很大的提升。

2.1.3 CPU 的性能指标

CPU 是整个系统的核心，所以 CPU 性能的高低直接决定了计算机系统的优劣。通常 CPU 的主要性能指标如下。

1. 主频、外频、倍频

CPU 主频又称为 CPU 工作频率，即 CPU 内核运行时的时钟频率。一般说来，主频越高，一个时钟周期里面完成的指令数也越多，CPU 的速度也就越快了。不过由于各种各样的 CPU 内部结构也不尽相同，所以并非所有的时钟频率相同的 CPU 的性能都一样。目前 CPU 的主频一般都在 2.0 GHz 以上。

CPU 外频是由主板为 CPU 提供的基准时钟频率。虽然 CPU 可以采用很高的时钟频率工作，但 CPU 以外的其他部件却不能以同样高的速度工作，因此 CPU 外频远低于 CPU 的工作频率。

倍频系数 CPU 内部的时钟信号是由外部输入的，在 CPU 内部采用了时钟倍频技术，按一定比例提高输入时钟信号的频率，这个提高时钟频率的比例称为倍频系数。这三者之间的关系为：主频 = 外频 × 倍频。

前端总线频率（FSB）是 CPU 与主板芯片组、内存交换数据的频率。前端总线频率与外频这两个概念容易混淆，主要的原因是在以前的很长一段时间里（主要是在 Pentium 4 出现之前和刚出现 Pentium 4 时），前端总线频率与外频是相同的，因此往往直接称前端总线频率为外频。随着计算机技术的发展，人们发现前端总线频率需要高于外频，因此采用了 QDR（Quad Date Rate）技术，或者其他类似的技术实现这个功能。从此之后前端总线频率和外频的区别才开始被人们重视起来。

2. 字长

在数字电路和计算机中均采用二进制，代码只有"0"和"1"。其中无论是"0"或是"1"，在 CPU 中都是 1 位。由于英文字符可用 8 位二进制数来表示（如 ASCⅡ），所以通常将 8 位二进制数称为一个字节。

字长是指在算术逻辑单元中采用运算的基本位数，即 CPU 能一次处理的二进制位数。目前 CPU 普遍采用 64 位技术，也就是说处理器一次可以运行 64 位数据。

3. 工作电压

工作电压指的是指 CPU 正常工作时需要提供的电压值。早期的 CPU 一般采用 5 V 电压，而现在使用的 CPU 为了降低能耗，减小了发热以适应更高的工作频率，都采用了较低的工作电压，如 3.3 V、2.9 V、2.2 V、2.0 V、1.5 V、1.4 V 的工作电压。CPU 工作电压越低就表示 CPU 制造工艺越先进，也表示 CPU 运行时耗电功率越小。

4. L1/L2 /L3 高速缓存

高速缓冲存储器 Cache 是位于 CPU 与内存之间的临时存储器，它的容量虽比内存小但交换速度快。对于 CPU 性能，缓存的大小也是衡量 CPU 性能重要指标之一，而且缓存的结构和大小对 CPU 速度的影响非常大。CPU 内缓存的运行频率极高，一般是和处理器同频运作，工作效率远远大于系统内存和硬盘。实际工作时，CPU 往往需要重复读取同样的数据块，而缓存容量的增大，可以大幅度提升 CPU 内部读取数据的命中率，而不用再到内存或者硬盘上寻找，以此提高系统性能。CPU 的缓存又分为：一级缓存（L1 Cache）、二级缓存（L2 Cache）和三级缓存（L3 Cache）。二级缓存如图 2-1 所示。

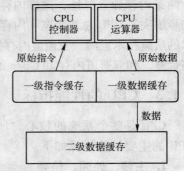

图 2-1　CPU 二级缓存

L1 Cache（一级缓存）是 CPU 第一层高速缓存，分为数据缓存和指令缓存。内置的 L1 高速缓存的容量和结构对 CPU 的性能影响较大，不过高速缓冲存储器均由静态 RAM 组成，结构较复杂。在 CPU 管芯面积不能太大的情况下，L1 级高速缓存的容量不可能做得太大。一般 L1 缓存的容量通常在 32～256 KB。

L2 Cache（二级缓存）是 CPU 的第二层高速缓存，分内部和外部两种芯片。内部的芯片二级缓存运行速度与主频相同，而外部的二级缓存则只有主频的一半。L2 高速缓存容量也会影响 CPU 的性能，原则是越大越好。以前家庭用 CPU 容量最大的是 512 KB，现在笔记本电脑中也可以达到 2 MB，而服务器和工作站上用 CPU 的 L2 高速缓存更高，可以达到 8 MB 以上。

L3 Cache（三级缓存）分为两种，早期的是外置，现在的都是内置。而它的实际作用即是，三级缓存的应用可以进一步降低内存延迟，同时提升大数据量计算时处理器的性能。降低内存延迟和提升大数据量计算能力对运行大型程序或游戏来说是有帮助的。

5. 支持的扩展指令集

CPU 依靠指令来自计算和控制系统，每款 CPU 在设计时就规定了一系列与其硬件电路相配合的指令系统。指令的强弱也是 CPU 的重要指标。指令集是提高微处理器效率的有效工具之一。

从现阶段的主流体系结构讲，指令集可分为复杂指令集和精简指令集两部分。例如：MMX、3D NOW!、SSE、SSE2、SSE3、SSE4a 等，都是 CPU 扩展指令集。这些指令集会增强 CPU 的多媒体、图形图像和 Internet 等的处理能力。

Intel 和 AMD 的 CPU 在 X86 指令集的基础上，为了提升各方面的性能，所以又各自开发新的指令集。

扩展指令主要有 Intel 公司开发的多媒体扩展指令集（MultiMediaeXtensions，MMX）和互联网数据流单指令扩展（Streaming SIMD Extensions，SSE）SSE2、SSE3、SSE4a 和 AMD 开发的 3D NOW!（3D No Waiting!）和增强版 3D NOW! 等。

X86-64 指令集是 AMD 公司设计、可以在同一时间内处理 64 位的整数运算，并兼容于

X86 - 32 架构。

在 Intel 的 Core i7 处理器中，SSE4.2 指令集被引入，加入了 STTNI（字符串文本新指令）和 ATA（面向应用的加速器）两大优化指令。据 Intel 公司表示，新指令可以在 XML 分析方面取得 3.8 倍的性能提升。

AMD 新推出了 SSE5 指令集。SSE5 指令集的使命之一是增强高性能计算应用，并充分发挥多核心、多媒体的并行优势。

以上介绍了 CPU 主要性能参数，虽然 CPU 性能参数对整个系统有相当大的影响，但决定系统综合性能不仅仅是 CPU 的性能参数，还决定于选用的主机板、内存、显示卡、硬盘的性能指标。因此组装计算机系统时，应对系统所选用的所有部件进行综合考虑，才能组合一台综合性能优异的计算机。

2.1.4　CPU 的接口、封装和制作工艺

1. CPU 的接口

CPU 需要通过某个接口与主板连接才能进行工作，这里主要有 Slot 和 Socket 两种接口。Slot 接口是一种比较老的接口形式，它是和内存插槽一样，通过金手指进行连接。Socket 接口利用底座的孔和处理器的针脚相，然后通过 CPU 座的手柄将处理器固定在底座上。

CPU 的接口类型是指 CPU 与主板连接所采用的接口种类。接口的类型直接决定着 CPU 与系统之间数据传输的最大带宽，也就是瞬间所能传输的最大数据量。不同的接口决定着主板是否能够使用此 CPU，只有在主板上的接口与 CPU 的接口相同才能使用。

Intel 处理器的接口主要有：LGA1366、LGA1156、GA1155、LGA2011（接口提供的性能由低到高）。2013 年，Haswell 使用了一个新接口 LGA1150，但它不支持与 GA1155 和 LGA1156 对换。目前主流的接口为 LGA 1155，能够兼容 Intel 的 SNB/IVB 系列处理器。

Intel 的 CPU 自身不带针脚，只有一个个整齐排列的金属触点。所以，CPU 不能利用针脚固定，而是需要一个安装扣架固定，以便 CPU 可以正确压在主板的弹性触针上。LGA1155 接口和 LGA 2011 接口分别如图 2-2 和图 2-3 所示。

图 2-2　LGA 1155 接口

LGA 1155 接口拥有 1155 个触点，分布在 CPU 中心电容四周，在 CPU 两侧各设计了一个圆形触点以防止安装错误。值得注意的是，CPU 插座触针分别采用两种不同的安装方式，

图 2-3　LGA 2011 接口

两侧触针的朝向并不相同。

　　LGA 2011 接口拥有 2011 个触点针脚。由于核心数量增加以及架构设计的改变，LGA 2011 接口 CPU 面积要比 LGA 1155 更大。在 CPU 插座的四周拥有 4 个防呆突起，用户在安装 CPU 时需要注意是否将处理器准确放入 CPU 插槽内。

　　AMD 处理器的接口主要有：AM2、AM3、AM3＋以及 FM1、FM2，性能由低到高。其中 AM3＋接口能够兼容 AM3 接口的 CPU，而 FM1 同 FM2 接口之间不能相互兼容。目前，AMD CPU 接口主要有 AM3＋接口和 FM2 接口。AMD 的 CPU 都是长针脚，虽然比较粗，但受到撞击时很容易弯，因此安装时应特别注意。

　　AM3＋接口用于 Bulldozer 和 Pilediver 架构处理器，由传统 AM3 接口改进而来，选用了黑色插座更加利于用户识别。在 CPU 插座中设计有四个防呆突起，并且在插座左下角还有明显的三角标志，有效防止了用户安装错误情况的发生，如图 2-4 所示。

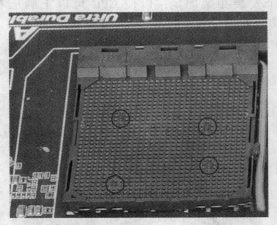

图 2-4　AM3＋接口

　　FM2 接口主要用于 Trinity 架构 APU 处理器，由 FM1 接口改变了电源定义而成，并且与 FM1 接口完全不兼容。FM2 接口在中央电容位置四周设计有 4 个防呆突起，以防止用户在安装 CPU 时出现问题，如图 2-5 所示。

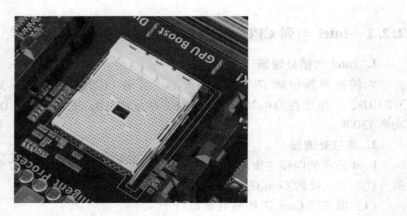

图 2-5　FM2 接口

2. CPU 的封装

CPU 封装技术是一种将集成电路用绝缘的塑料或陶瓷材料打包以防损坏的保护措施。封装不仅起着安放、固定、密封、保护芯片和增强导热性能的作用，而且还是芯片内部与外部电路的桥梁，即芯片上的接点用导线连接到封装外壳的引脚上，这些引脚又通过主板上的 CPU 插座与其他元器件建立连接。CPU 的封装方式决定着 CPU 安装形式和元器件集成设计。目前最常见的是 PGA 和 PLGA 封装。

PGA（Pin - Grid Array）即针栅阵列封装。通常是正方形或者长方形，在 CPU 的边缘周围均匀地分布着多排的引脚，引脚能插入主板 CPU 插座上对应的插孔，从而实现与主板的连接。目前 AMD 公司 Socket 接口的 CPU 多采用了此封装。

PLGA（Plastic Land Grid Array）即塑料焊盘栅格阵列封装。由于没有使用针脚，而是使用了细小的点式接口，因此具有更小的体积、更少的信号传输损失和更低的生产成本，可以有效提升处理器的信号强度、处理器频率，同时也可以提高处理器生产的良品率、降低生产成本。目前 Intel 公司的 Socket 接口的 CPU 采用了此封装。

3. CPU 的制作工艺

CPU 制造工艺的微米是指 IC 内电路与电路之间的距离。其工艺的发展趋势是向着高密度、高集成化的方向发展。密度愈高的 IC 电路设计，意味着在同样大小面积的芯片上，可以拥有密度更高、功能更复杂的电路设计。

CPU 的制作工艺也是衡量 CPU 制造商实力的重要要素（工艺越先进技术实力越强）。除此之外，CPU 的制作工艺还与 CPU 的功耗成正比关系（工艺越先进功耗越低、发热量也就越低）。

目前 Intel 处理器采主要包括：32 nm 制作工艺的 SNB 架构的二代酷睿 i3/酷睿 i5/酷睿 i7 处理器，22 nm 制作工艺的 IVB 架构的三代的酷睿 i3/i5/i7 系列处理器。

AMD 的处理器主要包括：32 nm 工艺的推土机处理器以及 APU 系列产品，45 nm 工艺的速龙、羿龙等产品。

2.2　主流 CPU 简介

目前，应用于计算机上的主流 CPU 主要有 Intel 和 AMD 等几家公司的产品。

2.2.1 Intel 系列 CPU

1. Intel 六核处理器

六核处理器包括 i7 3930k 等产品。采用 LGA 2011 插座，32 nm 制作工艺，主频为 3.2 GHz，二级缓存为 6x256 KB，三级缓存为 12 MB，支持三通道 DDR31600 MHz 内存，工作功率 130 W。

2. 四核处理器

Intel 公司的四核主流产品主要有：最新发布的第三代 Core i7、Core i5 四核处理器以及第一代和第二代的 Core i7、Corei5 处理器。

（1）第三代 Core i7 四核处理器

第三代 Core i7 四核处理器主要包括 i7 – 3770K/3770T/3770S/3280 等产品。主频为 (2.5~3.6) GHz，采用 Intel 超线程技术，二级缓存为 1 MB，三级缓存为 8/10 M，支持双通道 DDR3 1333/1600 MHz 内存，采用和 22 nm 和 32 nm 制作工艺，插座为 LGA 1155/LGA2011 (i73820 采用此插座) 插座，工作功率为 65~130 W。

（2）第三代 Core i5 四核处理器

第三代 Core i5 四核处理器包括 i5 3XXX 系列 (3570T/3570K/3570/3550/3475S/3470S/3470/3450) 等产品。采用 LGA 1155 插座，22 nm 制作工艺，主频为 2.93~3.7 GHz，三级缓存为 3/6 MB，支持 DDR3 双通道 1333/1600 MHz 内存，工作功率 65/77 W。

（3）第一代和第二代 Core i7 四核处理器

第一代和第二代 Core i7 四核处理器主要包括 i7 – 2600KK、72600 i、i7 – 960、i7 – 950、i7 – 940、i7 – 880、i7 – 875 等产品。主频为 2.66~3.8 GHz，二级缓存为 1，三级缓存都为 MB8，支持双通道 DDR3 1333 MHz 内存，采用 32 nm 和 45 nm 制作工艺，插座为 LGA 1156 和 LGA 1366 插座，工作功率为 95~130 W。

（4）第二代 Core i5 四核处理器

第二代 Core i5 四核处理器包括 i5 2XXX 系列等产品。采用 LGA 1155 插座，32 nm 制作工艺，主频为 2.93~3.7 GHz，三级缓存为 4/6/8 MB，支持双通道 DDR3 1333 MHz 内存，工作功率 73/95 W。

3. Intel 双核处理器

Intel 公司的双核主流产品主要有：Core i5 和 Core i3 双核处理器。

（1）第三代 Core i5 双核处理器

第三代 Core i5 双核处理器包括：i5 – 3470K 等双核产品。采用 lga 1156 插座，22 nm 制作工艺，主频为 2.9 GHz，三级缓存为 3 MB，支持双通道 DDR3 1333/1600 MHz 内存，工作功率为 35 W。

（2）Core i5 双核处理器

Core i5 双核处理器包括：6XX 系列。采用 LGA 1156 插座，32 nm 制作工艺，主频为 3.2~3.6 GHz，三级缓存为 3/4，支持双通道 DDR3 1066/1333 MHz 内存，工作功率 73 W。

（3）Core i3 双核处理器

Core i3 可以看做是 Core i5 的进一步精简版。采用 32 nm 制作工艺，主要包括 2 XXX 和 5XX 系列。三级缓存为 3/4 MB。CPU 插座采用 LGA 1155HELGA 1156 接口。支持双通道

DDR3 1066/1333 MHz 内存，工作功率 65/73 W。

Intel 系列 CPU 如图 2-6 所示。

a)   b)   c)

图 2-6　Intel 系列 CPU
a）Core i7　b）Core i5　c）Core i3

2.2.2　AMD 系列 CPU

1. 八核处理器

AMD 公司的八核处理器主要包括 CPUAMDFX 系列的 FX8150/FX8120/FX8100。主频为 (3.1~3.9) GHz，采用 32 nm 制作工艺，二级缓存为每个核心独占 1 MB，L3 缓存为 8 MB，支持双通道 DDR3 内存，采用 Socket AM3+ 接口，功率 125 W。

2. 六核处理器

AMD 公司六核处理器包括 FX 六核处理器 Phenom II X6 等。其中 FX 六核处理器主频为 3.6 GHz，32 nm 制作工艺，二级和三级缓存均为 8 MB，采用 Socket AM3+ 封装，支持双通道 DDR3 -1866 内存，设计功率为 125W。

3. 四核处理器

（1）FX 系列四核处理器

四核处理器主要包括 FFX100/FX4200/FX4300 等。其制作工艺为 32 nm，采用 Socket AM3+ 插座，主频为 3.6 GHz，二级缓存为 4 MB，三级缓存 8 MB，支持 DDR3-1866 内存，设计功率多为 95 W。

（2）APU 系列四核处理器

APU 系列处理器主要包括 A8 - 3870K2/3850/3800 和 A6 - 3670K/3650/3600 等产品。制作工艺为 32 nm，采用 Socket FM1 封装，主频为 1.5~2.7 GHz，二级缓存为 3/4 MB，三级缓存 8 MB，支持 DDR3-1866 内存。

（3）Phenom II（羿龙 II）X4 四核处理器

Phenom II X4 采用 45 nm 制作工艺，Socket AM3 封装，主频为 2.4~4.2 GHz，二级缓存为 2 MB，三级缓存最高为 6 MB，设计功率为 65 W、95 W 和 125 W。

（4）Athlon（速龙 II）X4 四核处理器

Athlon IIX4 系列四核处理器拥有四个独立的核心，采用 45 nm 或 32 nm 制作工艺，Socket AM3 插座，主频为 2.2~3.2 GHz 二级缓存为 2 MB，无三级缓存，设计功率为 95 W 和 45 W，支持 DDR3 1333/1600 MHz 内存。

4. 三核处理器

AMD 公司的三核处理器主要包括 Phenom II（羿龙 II）X3 系列处理器和 Athlon II（速

龙 II) X3 系列三核处理器。

5. 双核处理器

双核处理器主要包括 Phenom II（羿龙 II）X2 系列双核处理器和 Athlon II（速龙 II）X2 系列双核处理器。

AMD 系列 CPU 如图 2-7 所示。

a)   b)   c)

图 2-7　AMD CPU

a) AMD 八核 CPU　b) AMD 六核 CPU　c) AMD 四核 CPU

2.3　CPU 的选用与安装

CPU 是计算机的核心部件，常用 CPU 的型号来标称一台计算机。因此，从某种意义上说 CPU 也是体现一台计算机性能的标志。组装计算机时选用一款性能优异的 CPU 是很重要的。

2.3.1　CPU 的选用

通常来说，可按下面的原则选用 CPU。

1. 计算机的用途

CPU 的选用原则一般是按需而定，既根据自己实际应用需求来选用合适的 CPU，而又不能一味追求高档 CPU 造成不必要的浪费。对于一般单位和家庭的应用而言，所组装的计算机如果只是用来上网或处理一下文档，则选用低端 Intel 和 AMD 的 CPU 就完全够用。目前，四核 CPU 价格已相当便宜，建议可直接进入四核时代。毕竟越来越多的应用软件的设计开始对多核处理器进行优化，就连微软也明确表示在 Windows 7 下采用多核心处理器效果会更好。如果组装的计算机是为了玩游戏，则一块好的显卡甚至比 CPU 更重要。一般不要让显卡的价格低于 CPU 的价格。通常，中端的 Intel i5 或 AMD 羿龙 X4 的 CPU 就已能完全满足该要求。如果所组装的计算机用来进行大量图形设计、3D 处理或多媒体应用等方面，则配置的重点首先是硬盘、内存、显卡，然后才是 CPU。通常，CPU 可选用 Intel 第三代 Core i7 处理器和 AMD 的六或八核心处理器。对于普通用户，不应当一味追求很高的频率，CPU 频率的高低不能完全代表计算机的整体性能。只有适合自己的，才是最好的。

2. 综合考虑计算机的总体性能均衡性

在计算机中，CPU 性能的发挥与其他部件选用有着密切的关系。因此，选用 CPU 时应综合考虑芯片组、内存的类型和容量，以及其他相关部件，使它们能有均衡的搭配。这样，不但能使选用的 CPU 更好地发挥其性能，而且整机也能获得较佳的性能价格比。

3. 需要注意 CPU 的包装方式

CPU 分盒装和散装两种，盒装 CPU 有漂亮的包装盒，内含质量保证书和一个 CPU 散热器（散热片＋风扇），不过价格要比散装的贵一些。购买散装 CPU 的同时必须另外买散热器，因此与盒装的相比两者价格相差不大。推荐没有特殊需求的用户购买盒装 CPU，毕竟可以享受完善的售后服务，可以得到更好的质量保证。盒装 CPU 鉴别方法是，包装盒上面都有正品的防伪标志，且包装精美，条码一致。

2.3.2 CPU 的安装

下面以主流的 64 位的 LGA 1155 平台 Intel CPU 的安装过程为例，简要介绍 CPU 的安装过程。

1. 安装微处理器

1）用力向下微压固定 CPU 的压杆，同时用力往外推压杆，使其脱离固定卡扣，打开插座（见图 2-8a）。

2）将固定处理器的盖子向压杆反方向提起（见图 2-8b）。

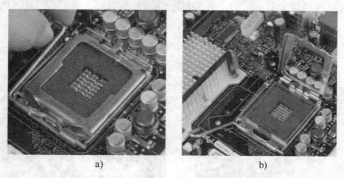

图 2-8　提起固定处理器的压杆和扣盖

a）提起压杆　b）打开扣盖

3）在安装处理器时，需要特别注意，在 CPU 处理器的一角上有一个三角形的标识，在主板上的 CPU 插座处，同样会发现一个三角形的标识。在安装时，处理器上印有三角标识的角要与主板上印有三角标识的角对齐，然后慢慢地将处理器轻压到位（见图 2-9a）。这不仅适用于 Intel 的处理器，也适用于目前所有的处理器。

图 2-9　安放处理器示意图

a）CPU 安放到位　b）盖好扣盖　c）扣下压杆

4）将 CPU 安放到位以后，盖好扣盖，并反方向微用力扣下处理器的压杆，CPU 便被稳稳地安装到主板上，安装过程结束（见图2-9b 和图2-9c）。

2. 安装散热风扇

如图 2-10a 所示是 Intel LGA1155 接口处理器的原装散热风扇，将散热风扇的扣具设计改成了四角固定设计。安装时，将散热风扇的风扇固定底板安放到位，并在 CPU 表面涂抹硅胶如图2-10b、c 所示。然后将散热风扇四角对准主板相应的位置（见图2-10a），使用螺钉旋具将四角螺钉固定集控即可（见图2-11b）。

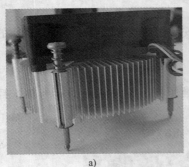

a)　　　　　　　　　　b)　　　　　　　　　　c)

图2-10　风扇安装前的准备
a）原装散热风扇　b）风扇固定底板安放到位　c）涂抹硅胶

a)　　　　　　　　　　b)

图2-11　安装散热风扇
a）风扇四角对准主板相应的位置　b）将四角螺钉固定

还有一种散热风扇四角固定采用扣具设计。安装时，将散热风扇的四角对准主板相应的位置，然后用力压下四角扣具即可，如图2-12 所示。

图2-12　四角固定采用扣具设计散热风扇

3. 扇接到主板的供电接口

固定好散热风扇后，还要将散热风扇接到主板的供电接口上。找到主板上安装风扇的接口（主板上的标识字符为 CPU_FAN），将风扇插头插放即可由于主板的风扇电源插头都采用了防呆式的设计，反方向无法插入，如图 2-13 所示。

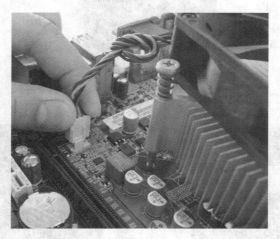

图 2-13　风扇插到主板的供电接口

AMD CPU 设计简单直接，安装和存放也相对容易。同样，AMD CPU 也有三角形设计，金色小三角对准扣具上的三角形指向，轻轻放下 CPU 即可，如图 2-14 所示。

AMD CPU 放置平整后，压下扣具拉杆即可，如图 2-15 所示。

图 2-14　放置 AMD CPU

图 2-15　压下扣具拉杆

AMD 散热风扇（见图 2-16）做得相对比较简单，采用的是两点卡扣式设计，散热器的安装相对 Intel 简化了不少。

安装 AMD CPU 散热风扇时，首先要观察 AMD 扣具，将压杆恢复到初始位置（见图 2-17），压杆与主板呈水平的位置。

然后，将散热器两侧的卡扣分别扣在主板的扣具上，将压杆拉起并按下，压杆直到完全按下即可（此时与主板再次呈水平位置），如图 2-18 所示。

图 2-16　AMD 散热风扇

图 2-17　压杆与主板呈水平的位置

图 2-18　压杆与主板再次呈水平的位置

2.4　CPU 的常见故障处理

CPU 很难出现故障。一般出现故障而无法正常工作的，不外乎是由于使用不当、设置不对或匹配不合适等原因造成的。

1. 使用不当

1）因插拔不当造成 CPU 针脚歪斜，甚至针脚折断或针脚因环境不良而腐蚀、生锈或 CPU 没有插好与插座造成接触不良。对于这些情况只要查明原因，排除后重新安装即可。

2）CPU 过热。CPU 是微型机的心脏，温度太高将无法工作，甚至烧毁。CPU 过热往往是由于 CPU 风扇故障而导致 CPU 散热不畅所致。此时可打开机箱，加电压后仔细检查 CPU 上的小风扇是否运转。另外，在天气比较炎热时，要注意保持计算机工作环境的温度。平时应多注意观察计算机工作时的状况，以使故障发生时能及时处理。

2. 设置故障

1）CPU 电压设置不对，造成 CPU 电压过高，导致 CPU 过热甚至烧毁或电压过低 CPU 不能正常工作。

2）频率设置不对，内、外频调整不对或超频过高造成死机或无法启动。

对以上情况可仔细查看 CPU 的说明书，正确设置 CPU 的电压、外频和倍频。

3. 匹配故障

1）CPU 与主机板芯片组互相不匹配，互相挑剔。

2）CPU 与内存不匹配，即 CPU 与内存的速度特性不匹配。

3）CPU 与外围接口的速度特性不匹配。

CPU、主机板芯片组和内存是计算机稳定工作的三大要件，只要其中一件工作不稳定，或相互不匹配，都会造成主机的工作不稳定。造成这种情况的原因，一方面是选用上述部件时，其特性相互不匹配。另外，也可能因使用一段时间元件老化，造成系统不稳定。用户可使用测试软件仔细测试，即可找到故障原因。

习题 2

一、填空题

1. CPU 是（   ）的缩写。
2. CPU 内部（   ）的大小以及（   ）对 CPU 的性能影响很大。
3. CPU 的总线包括（   ）、（   ）和（   ）。
4. CPU 一般由（   ）单元、（   ）单元和（   ）单元组成。
5. 衡量 CPU 性能的技术指标有（   ）、（   ）、（   ）、（   ）、（   ）、（   ）、（   ）。
6. 附加指令可以提高 CPU 处理（   ）和（   ）等数据的能力。
7. 当前主流的 Intel 低端 CPU 是（   ），中端 CPU 是（   ），高端 CPU 是（   ）。
8. 当前主流的 AMD 低端 CPU 是（   ），中端 CPU 是（   ），高端 CPU 是（   ）。
9. CPU 一般出现故障而无法正常工作，主要是（   ）、（   ）或（   ）等原因造成的。
10. 字长是指在算术逻辑单元中采用运算的基本位数，即（   ）。

二、简答题

1. CPU 内部结构由几个主要部分组成？各组成部分的主要功能是什么？
2. 简述 CPU 的发展。
3. 什么是 CPU 的主频？CPU 的主频、外频和倍频三者之间的关系怎样表示？
4. Intel CPU 使用的扩展指令集有哪些？
5. L1 Cache 与 L2 Cache 的主要区别是什么？
6. 目前微型计算机的 CPU 生产商主要有哪几个公司？
7. 目前 Intel 公司生产的 CPU 的代号是什么？
8. Intel CPU 与 AMD CPU 的主要差别在哪里？
9. 目前 AMD 公司的主流 CPU 是什么？
10. 简述 CPU 是如何工作的。
11. Intel i7 使用什么架构？Intel CPU 的新架构是什么？
12. AMD 接口架构特点是什么？
13. 简述三通道内存技术的特点。
14. 当前主流 CPU 的封装和接口有哪些？
15. 多核心处理器的特点是什么？
16. 简述 CPU 的安装步骤。
17. CPU 会出现哪些故障？

第3章 主 板

主板又称为主机板（Main Board）、系统板（System Board）或母板（Mother Board）等。通常是安装在机箱内最大的一块多层（多采用 4 层或 6 层）印制电路板。在计算机中，主板是系统的主体所在，它将计算机的各主要部件紧密联系在一起，是整个系统的枢纽。

3.1 主板的结构与组成

主板是其他硬件运行的平台，主板本身是由芯片组、各种 I/O 控制芯片、扩展槽、扩展接口和电源插座等元器件组成的。所谓主板结构就是根据主板上各元器件的布局排列方式、尺寸大小、形状和所使用的电源规格等制定出的通用标准，所有主板厂商都必须遵循。

3.1.1 主板的结构

目前常用的主板结构有 ATX 和 Micro – ATX 两种。在 ATX 标准之前曾使用过 AT 标准的主板，但是由于 AT 结构的主板存在多种弊端，目前市面上已经很难见到 AT 结构的主板了。另外，NLX、LPX、Flex ATX 是 ATX 的变种，多用于国外的品牌机中。

1. ATX 结构

目前，ATX 结构已成为计算机系统默认的主板规格，这一规格得到世界主要主板厂商支持，已经成为最广泛的工业标准。ATX 主板主要分 ATX 大板和 Micro ATX 小板，它们的尺寸分别是 305 mm×244 mm 和 244 mm×244 mm。大板插槽多，扩展性强，小板体积小，可用于各种漂亮的小机箱，一般以集成显卡的多。大板的用料足，价格高，一线大厂或主流主板都是大板，而小板集成度高，经济实惠。对于喜欢小机箱不需要太多扩展的用户来说很合适。

ATX 主板必须使用 ATX 结构的机箱电源，这样才能保证 ATX 主板的定时开机、Modem 唤醒和键盘开机等功能的实现。

2. NLX 结构

NLX（New Low Profile Extention）即新型小尺寸结构扩展主板，它是一种新型低侧面主板，支持各类微处理器技术和高内存技术，把外围设备进行了重新组合，提供了更多的系统级设计和灵活的集成能力。甚至不必拆卸一个螺钉就能完成主板组装的全过程，有效地降低了系统的成本和装机效率。目前，一些国外品牌机上多使用 NLX 主板。

3.1.2 主板的组成

目前主流的主板多数都是使用 ATX 结构，都是由相同的几个部分组成，如图 3–1 所示。

图 3-1　主板

1. CPU 插座

　　主板上 CPU 插座的结构取决于 CPU 的封装形式，现在主流产品都已采用了 Socket 架构。目前 Intel 平台普遍采用 LGA1155、LGA1156 、LGA 1366、LGA 2011 接口和 LGA1150，而 AMD 平台主要有 AM3 + 接口和 FM2 接口，如图 3-2 所示。

图 3-2　LGA 1366 AMD FM2 接口

2. 内存插槽

　　当前计算机系统的内存模块，都是将若干片内存芯片集成在一块小印制电路板上，形成条状结构，通常称为内存条。而在主板上提供内存条的专用插槽，且插槽有一个定位槽。内存条的金手指中间有一个缺口，插入时需将内存条的缺口与插槽定位槽对齐，内存条才能插入，如图 3-3 所示。

图 3-3　DDR3 内存插槽

3. 扩展槽

　　扩展插槽是主板上用于固定扩展卡并将其连接到系统总线上的插槽，扩展槽插入相应的扩展卡，扩展计算机功能，如图 3-4 所示。以前使用的板卡扩展槽主要是 PCI 插槽。PCI 插槽用于插接 PCI 总线的板卡，一般为白色的插槽。目前，主板都配置了 PCI Express 插槽。PCI Express 的插槽根据总线位宽不同而有所差异，包括 X1、X4、X8 以及 X16（X2 模式将用于内部接口而非插槽模式）。较短的 PCI Express 卡可以插入较长的 PCI Express 插槽中使用。PCI Express 接口已能够支持热拔插，这是一大进步。PCI Express 卡支持的三种电压分别为 +3.3 V、3.3Vaux 以及 +12 V。

图 3-4　扩展槽

4. 芯片组

　　芯片组（Chipset）是主板的核心部件，起着协调和控制数据在 CPU、内存和各部件之间的传输作用。芯片组的型号决定了主板的主要性能，如决定了主板所支持的 CPU 类型、最高工作频率、内存的最大容量、扩展槽的数量等。芯片组通常分为北桥芯片和南桥芯片。其中北桥芯片提供对 CPU 的类型和主频、内存的类型和最大容量、插槽、ECC 纠错等支持。南桥芯片则提供对 KBC（键盘控制器）、RTC（实时时钟控制器）、USB（通用串行总线）、ATA 和 SATA 数据传输方式和 ACPI（高级能源管理）等的支持。北桥芯片起着主导性的作用，也称为主桥（Host Bridge）。

5. BIOS 系统

BIOS（Basic Input/Output System）即基本输入/输出系统，它包含一组例行程序，由它们完成系统与外设之间的输入/输出工作。它还包含诊断程序和实用程序，在开机后，会对系统的各个部件进行检测和初始化。早期主板的 BIOS 叫做 ROM BIOS，它被烧制在 EPROM 里，要通过特殊的专用设备进行修改，想升级就要更新 ROM。目前新式的主板大多采用了 Flash ROM 存储芯片，这种芯片可以采用软件对 BIOS 进行升级。另外，BIOS 还提供了一个界面，供用户对系统的各个部分进行设置，设置的信息存储在一块 CMOS RAM 的芯片中，系统每次启动都要先读取里面的信息。CMOS（Complementary Metal Oxide Semiconductor）即互补金属氧化物半导体存储器，属于可读可写 RAM 的一种，它只需要很小的电压来控制。通常由主板上的一块金属锂电池来供电，即使掉电，其中的信息也不会丢失。

6. ATA、SATA 接口

以前，几乎所有的主板一般都提供了两个并行 ATA 接口（IDE 接口），如图 3-5 所示。IDE 接口在主板上是两个 40 针的双排线插座，每一个 IDE 插座可以接两个 IDE 设备，如硬盘、光驱和其他使用 IDE 界面的设备等。现在主板都配置了 2 ~ 4 个 SATA 接口，SATA（Serial Advanced Technology Attachment）即串行高级技术附件，是一种基于行业标准的串行硬件驱动器接口。这是一种完全不同于并行 ATA 的新型硬盘接口类型，由于采用串行方式传输数据而得名。SATA 一次只会传送 1 位数据，这样能减少 SATA 接口的针脚数目，使连接电缆数目变少，效率也会更高。实际上，SATA 仅用四支针脚就能完成所有的工作，分别用于连接电缆、连接地线、发送数据和接收数据。同时，这样的架构还能降低系统能耗和减小系统复杂性。SATA 接口还具支持热插拔的优点。

图 3-5　IDE 与 SATA 接口

7. I/O 接口

I/O 接口是用于连接各种输入/输出设备的接口，如键盘、鼠标、打印机、游戏杆等。现在的 ATX 结构的主板，则大多数都是将 I/O 接口直接做到主板上，如图 3-6 所示。这些 I/O 接口主要包括串行接口插座、并行接口插座、USB 接口插座和 PS/2 接口插座（分别用于插接键盘和鼠标）。

图 3-6　I/O 接口

8. CPU 电源插座

CPU 电源插座是一个 4 芯的电源连接器专门为 CPU 供电。安装主板时，这条电源线一定要插上，否则有可能损坏 CPU。

9. 电池

电池是用来保持 CMOS 中的数据和时钟的运转而设置的，一般采用 NI/ID 纽扣电池，寿命为 5 年左右，如果发现计算机的时钟变慢或不准确时，可能需要换电池了。在主板电池附近常常有一个跳线，有时需要主动清除 CMOS 中的信息。例如，忘记了开机密码无法启动系统等，可以用这个跳线放电，去掉 CMOS 中的信息。但是，这时要对系统重新设置。

10. 电源插座

主板是经由电源插座供电而工作的。ATX 电源插座是 20 芯双列插座，具有防插错结构。在软件的配合下，ATX 电源可以实现软件关机等电源管理功能。

3.1.3　主板的参数

在组装计算机的时候，除了要了解主板的结构类型外，还需关注主板所支持的 CPU 类型、芯片组型号、BIOS 以及各种 I/O 接口的数量、型号等。如表 3-1 所示列出了主板常用的几项参数指标。

表 3-1　主板的各项参数指标

CPU	主板支持的 CPU 类型、处理器架构和系统数据总线频率
芯片组	芯片组型号
内存	支持的内存类型、规格、内存插槽数量和最大内存容量等
声卡	集成声卡的型号和规格
ATA/SATA	支持的 PATA、SATA 或 SCSI 标准和数量
I/O 接口	PS/2 接口、串行口、并行口、USB 及其他接口的标准与数量
扩展槽	PCI、PCI Express 等的标准及插槽的数量
BIOS	主板所使用的 BIOS 型号
显卡	集成显卡的类型（如果有）
规格	ATX 结构或 Micro - ATX 结构等，尺寸：XXXmm × XXXmm

3.2　主板的芯片组、总线和接口

芯片组是主板的核心组成部分，可以比作是 CPU 与周边设备的桥梁。在计算机系统中，各个部件之间传送信息的公共通路叫总线，计算机是以总线结构来连接各个功能部件的。接口是指主板上与外部设备连接的适配电路，CPU 在与 I/O 设备进行数据交换时，必须通过接口来实现。

3.2.1　主板的芯片组

计算机系统的工作是按时序脉冲进行的。在计算机系统中除了 CPU、内存、总线、I/O 设备等逻辑设备外，还有时序脉冲信号的发生、传送和控制的机构，这些时序机构控制着各个逻辑设备或部件的工作，并协调和控制数据在 CPU、内存和各逻辑设备之间的传输，通常称为控制电路。早期计算机的控制电路都是用中小规模的 IC 芯片搭成的。由于中小规模 IC 芯片的功能简单、集成度低且体积较大，因此早期的计算机主板电路十分复杂。这不仅给设计带来了一定的困难，而且导致系统速度和可靠性都较低。为了简化设计、降低成本、提高系统的可靠性，386 计算机开始采用了专用的控制芯片组，把各种控制电路集成到一片或多片集成电路芯片中。早期的 386 芯片组由 6 片组成，随着 IC 集成度的提高，芯片数量减少为 2 片或 1 片。从当今计算机系统的结构来看，所有的信息交换都是通过芯片组来完成的，一块主板的性能主要取决于它采用的芯片组。

目前主板芯片组生产厂家主要是 Intel、AMD 和 NVIDIA 公司。现主板芯片组大致分为"支持 Intel 的芯片组"和"支持 AMD 芯片组"两大系列。下面分别介绍当前最流行的一些芯片组。

1. 支持 Intel 的芯片组

Intel 公司的芯片组包括 2013 年正式发布的 Intel 8 系列，当前主流 Intel 7 系列、上一代 Intel 6 系列等产品。Intel 5 系列基本退出市场。

还有部分 NV 芯片组，市场量很少，多用于低端系统。.

（1）Intel 5 系列芯片组

Intel 5 系列芯片组主要是应用于第一代酷睿 i 系的主板，主要产品有 H55、P55 和 X58。其中 H55 主要适用于低端 i3 平台，P55 主要适用于 i5 和 i7 低端，这两种主板 CPU 接口为 LGA 1156。而最高端的 X58 芯片组，支持 LGA 1366 的 i7 处理器。

（2）Intel 6 系列芯片组

Intel 6 系列芯片组支持第二代酷睿，俗称 SBU 的平台，主要产品有 H61、H67、P67 和 Z68。

其中 H61 主要对应的是第一代酷睿 775 针脚平台的 G41 主板，不支持 SATA3、USB3.0 等新技术，用料做工方面也较为节省以减低成本，因此售价较低。

H67 对应的是原来的 H55 系列，支持 SATA3 和 USB 3.0，普遍适用于 i3 平台。

P67 作为中端主流产品，普遍适用于 i5 和 i7 低端，很显然，其定位是取代原来的 P55 芯片组。P67 不支持 CPU 整合的 GPU，因此必须用独立显卡。H67、P67 都支持 X8 PCI – E 2.0、14 个 USB 2.0 接口、2 个 SATA 6 Gbit/s 接口、4 个 SATA 3 Gbit/s 接口。

Z68 芯片组毫无疑问是对应原来的 X58，对应于高端的 i7 平台。支持处理器、内存和 GPU 超频，CPU 提供的 PCI – E 通道可以拆分成 2×8 的方式，支持 SRT（Smart Response）技术。SRT 即固态硬盘加速技术，是要将 SSD 固态硬盘和 HDD 机械硬盘结合为"混合硬盘"，将固态盘作为机械硬盘的缓存使用。由于固态硬盘盘符将从系统中消失，用户不需要再关注哪一个分区是高速固态硬盘，就可以随时享受闪存加速带来的效果。

（3）Intel 7 系列芯片组

Intel 7 系列芯片组有 Z77、Z75、H77、Q77、Q75，采用 LGA 1155 接口。相比 6 系列，7 系芯片组最大的升级在于对原生 USB 3.0 的支持，芯片组内提供 4 个 USB 3.0 接口。

H77 为最低端型号，仅有一条 PCI – E x16 插槽，支持双路 HDMI/DP 音频，不支持超频，支持 SRT 固态硬盘加速技术。

Z75 支持 PCI – E2x8 双卡，支持超频，但不支持 SRT。

Z77 则完整提供超频功能，SRT 硬盘加速，PCI – E 通道也可划分为 1x16、2x8 或 1x8 +2x4。

Q 系列的芯片主是商业芯片组，也就是只会应用在商业台式机上 Q77 支持固态硬盘加速。B75 芯片组定位于入门级商用市场，不支持 SRT 固态硬盘加速技术，定位最低端。Q75 和 B75 对 SATA 6Gbps 接口、USB 接口进行了削减。

以"X"开头的 Intel 芯片组，都是每一代的旗舰平台，规格性能都很强大。X79 芯片组，拥有 7 系列的所有功能。X79 主要搭配 LGA 2011 接口，内存通道数的支持上，达到了四通道内存，支持的内存频率从 DDR3–1066 提高到了 DDR3–1600。另外主板增加了原生 SATA 6GB/s 的支持，同时还能提供四条 PCI – E 3.0 和 8 条 PCI – E 2.0 通道。

（4）Intel 8 系列芯片组

Intel 8 系列包括 B85、H87、Q87 和 Z87 芯片组全系列产品。接口更换为 LGA 1150。Intel 8 系列芯片组全部提供了对 USB 3.0 输出的支持，即使是入门 H81 芯片组也提供了 2 个 USB 3.0 输出。在内存部分，Intel 8 系列产品仍将支持 DDR3 内存，8 系列芯片组还提供了更多的 SATA 3 磁盘输出接口，接口数量增加到 6 个。Intel 8 系列平台进一步提升图形性能表现和升级了核芯显卡功能，支持最新的 Direct X 11.1 规范。而在视频输出方面，Intel 8 仍支持 HDMI 1.4、DVI、Display Prort 和 VGA 视频输出接口。同时支持 Intel 多联屏技术。

Intel 8 系列对 Intel Smart Connect 技术、Intel Rapid Start 技术以及 SRT 固态硬盘加速技术三项技术将得以保留。

Intel Rapid Start 技术可使得计算机更快地从休眠中苏醒。这表示用户将可以体验几近零功耗，却又能免除 Windows 7 系统开机过程的漫长等待，并在几秒内启动。

Intel Smart Connect 技术表示即使系统处在休眠状态，电子邮件、应用程序和社交网络都可以不受限地自动更新，用户不需要再坐在计算机前苦苦等待。

2. 支持 AMD 的芯片组

现在主流的 AMD 芯片组是 8、9 系列和 APU 系列芯片组。带 G 的芯片组都是有集成显卡的，而 GX 是比带 G 的显卡主频高了一点。FX 是指支持显卡交火（多显卡技术就是让两块或者多块显卡协同工作），是一个系列芯片组里最高端的，当然价格也最高。而后面没字母的就是指没有集成显卡，只能插独立显卡。

（1）支持 AMD 7 系列芯片组

AMD 7 系列芯片组主要包括：AMD 770、AMD 790X、AMD 790FX、AMD 780G、AMD 785G、AMD 790GX。

AMD 790FX 是本系列最高端型号，独立芯片组。支持 AM 2 + 脚位的处理器。连接方面，支持 PCI – E2.0，它总共可以提供 42 条 PCI – E2.0 通道，即是可以建立四或三路交火。使用四路交火时，显卡的速度只是 PCI – E 8X。值得注意的是，由于芯片组支持 PCI – E 2.0，当使用支持 PCI – E 2.0 的显卡时，PCI – E 2.0 8X 速度与 PCI – E 16X 的速度是相同的。而在使用传统的双路时可以达到全速 PCI – E 16X。

AMD 790X 这是本系列中端的型号，独立芯片组。不支持四路交火，只支持双路。在使用双路交火的时候，PCI - E 的速度亦只有 8X。由于同样支持 PCI - E 2.0，交火效能与上一代的 580X 相似。

AMD 770 这是本系列中低端的型号，亦是一款独立芯片组。它不支持任何交火模式，只支持一条 PCI - E 2.0 16X。有主板厂商自行提供 PCI - E 16X + 4X 交火模式，但效能会减低。

AMD 780G 是本系列中端型号，同时作为 690G 芯片组的后续产品。具有 22 个 PCI - E2.0 通道，支持 Hybrid 混合交火（Cross Fire），以在显示性能与功耗之间取得最佳平衡。

AMD 785G 则是在 780G 的基础上做了部分升级，技术与 780G 一样。785G 芯片组支持 DX10 API 接口、UVD2 高清硬件解码、混合交火等技术，不过影音输出接口没什么变化，还是 VGA、DVI、HDMI、DisplayPort 以及 SurroundView 技术，另外和 780G 一样支持外接一块 PCI - E 2.0 16X 显卡。

AMD 790GX 是 780G 的升级版本，整合 Radeon HD3300 显示核心，支持混合交火。南桥方面改用 SB750，新增对 RAID 5 的支持，亦加强了超频的幅度。

AMD 也针对入门级市场发布了整合芯片组 AMD 760G，可以把它看做是 AMD 780G 的精简版，其市场目标主要是 Intel 的 G41。

（2）支持 AMD 8 系列芯片组

8 系列芯片组主要包括：AMD 870、AMD 880G、AMD 890GX、AMD 890FX。870 和 890FX 是独立芯片组，880G 和 890GX 是集成显卡芯片组。

AMD 870 芯片组没有集成显卡，可以看做是 890FX 的简化版。CPU 接口为 SocketAM2 +/ AM3。内存类型支持 DDR2/DDR3 双通道。支持 14 个 USB 2.0 接口和 SATA 2.0 接口。

AMD 880G：集成 ATI HD 4250 显卡，还有一个显卡插槽，支持 Socket AM3 接口、DDR3 内存和 PCI - E 2.0 接口。多达 14 USB 2.0 接口。不支持 USB 3.0。

AMD 890GX：南桥芯片 AMD SB 850。集成 ATI Radeon HD4290 显示芯片，板载 128 MB DDR3 显存。集成 Realtek ALC892 HD 声卡，板载 Realtek RTL8111D 千兆网络控制芯片。四个 DDR3 DIMM 内存插槽，两个 PCI Ex16。支持双独立显卡和集成显卡组建混合交火模式，硬盘接口为标准 SATA 3.0。

AMD 890FX：890FX 是独立芯片组，CPU 接口为 SocketAM2 +/AM3。支持 SATA 3.0 接口、14 个 USB 2.0 接口和集成音效芯片。

（3）支持 AMD 9 系列芯片组

9 系列主要包括：970、980G、990X、990FX，也分为独立和整合芯片组。

AMD 980G 是集成显卡芯片组，其余三款是独立芯片组。南桥芯片组升级为 SB 950，但是与上一代的 SB850 差别不大，主要是 PCI - E 的数量升级到 4 个。

AMD 970 支持 1 个 AMD Radeon Premium 显卡和 SATA 6 GB/s 等先进技术。使用 AMD FX 处理器。与采用 Hyper - Transport 3.0 互联技术的 AM3 + 和 AM3 处理器完全兼容的接口。支持 1 个采用交火技术的 Radeon HD 显卡。配置支持和增强 SSD（固态硬盘）配置。

AMD 990X 支持两个采用了 AMD 交火 X 技术的 AMD Radeon™ HD 显卡。PCI - E 2.0 技术可实现 1X16 或 2X8 配置，利用 SATA 6 GB/s 等先进技术来加速连接。

AMD 980G 的北桥与 880G 是一个代号，性能几乎没有什么提升。搭载 ATI Radeon™ HD

4250 显卡。支持 AM3＋接口和 DDR3 内存。该系列仍然不支持原生的 USB 3.0。

AMD 990X：990XAM3＋和 AM3 处理器完全兼容的接口，支持多达两个采用了 AMD 交火 X™ 技术的 AMD Radeon™ HD 显卡。PCI－E 2.0 技术可实现 1X16 或 2X8 配置。

AMD 990FX 是 9 系列最高端的北桥芯片组，PCI－E 2.0 技术可实现 2X16 或 4X8 配置交火，其余参数同 990X 一样。

3.2.2 主板的总线

总线就是各种信号线的集合，是计算机各部件之间传递数据、地址和控制信息的公共通路。

1. 总线的分类

总线按功能可分为：地址总线（ABUS）、数据总线（DBUS）和控制总线（CBUS）。通常所说的总线都包括上面三个组成部分，称之为三总线结构。

在计算机系统中有各式各样的总线，这些总线可以从不同层次来分类，具体如下。

1）内部总线，指在 CPU 内部、寄存器之间和算术逻辑部件 ALU 与控制部件之间传输数据所用的总线。

2）外部总线，是 CPU 与内存、缓存控制芯片和输入/输出设备接口之间的数据通道。

3）扩展总线，在控制芯片和扩展槽之间还有数据通道，称为扩展总线或系统总线。扩展总线与扩展槽相连，允许用户插接各种扩展卡来扩展计算机的功能。比如，通过插接声卡来扩展声音的功能，插接网卡来扩展网络功能等。

2. 总线的参数

总线的主要参数如下：

1）总线的带宽，指在一定时间内总线上可传送的数据量，即最大稳态数据传输率，单位为 MB/s。

2）总线的位宽，它指的是总线能同时传送数据的位数，如 32 位、64 位总线位宽。

3）总线的工作频率，即总线工作的时钟频率，以 MHz 为单位。工作频率越高，则总线工作速度越快。

一般来说，仅单方面提高总线的位宽，或工作频率都只能部分提高带宽，则会很容易达到各自的极限。只有两者配合，才能使总线的带宽得到更大的提升。

这里主要讨论扩展总线，各种总线标准也主要是指扩展总线的标准。计算机上的扩展总线主要有 ISA 总线、EISA 总线、MCA 总线、VESA 总线、PCI 总线和 PCI－E 总线。其中 EISA 总线、MCA 总线、VESA 总线，曾在计算机发展过程中起到一定的作用，由于已不能适应计算机技术发展的需要，现在已经被淘汰。

PCI（Peripheral Component Interconnect）即外设部件互连标准，是由 Intel 公司于 1991 年推出的一种局部总线。最早提出的 PCI 总线工作在 33 MHz 频率之下，传输带宽达到了 133 MB/s（33 MHz X32 bit/8），基本上满足了当时处理器的发展需要。随着对更高性能的要求，1993 年又提出了 64 bit 的 PCI 总线。随后又提出把 PCI 总线的频率提升到 66 MHz。目前广泛采用的是 32 bit、33 MHz 的 PCI 总线。64 bit 的 PCI 插槽更多是应用于服务器产品。

PCI 总线属于并行总线（33 MHz@32 bit），连接在 PCI 总线内的所有设备共享该总线的

133 MB/s 带宽。这种总线状态随时可以应付原先的声卡、10/100 MB 网卡以及 USB 1.1。但是随着人们对传输速率要求的提高，IEEE 1394 和 USB 2.0 设备以及 1000 MB 网卡的普及，PCI 总线的 133 MB/s 带宽已无力应付高速设备，PCI 总线已经成为系统的性能瓶颈，现已逐步被 PCI Express 总线取代。

PCI Express 总线是一种完全不同于过去 PCI 总线的一种全新总线规范。与 PCI 总线共享并行架构相比，PCI Express 总线是一种点对点串行连接的设备连接方式。点对点意味着每一个 PCI Express 设备都拥有自己独立的数据连接，各个设备之间并发的数据传输互不影响。而对于过去 PCI 那种共享总线方式，PCI 总线上只能有一个设备进行通信，一旦 PCI 总线上挂接的设备增多，每个设备的实际传输速率就会下降，性能则得不到保证。

最初 PCI – E 1X（1.0 标准）采用单向 2.5 GB 的波特率进行传输，由于每一字节为 10 位（1 位起始位，8 位数据位，1 位结束位），所以传输速率为 2.5 GB/s = 250 MB/s。由此可以计算出来 PCI – E 16X 的单向传输速率为 250 MB/s × 16 = 4 GB/s，双向传输速率为 8 GB/s。2007 年推出 PCI – E 2.0 标准，采用单向 5 GB 的波特率进行传输，PCI – E 16X（2.0 标准）的单向传输速率为 500 MB/s × 16 = 8 GB/s，双向传输速率为 16 GB/s，PCI – E 32X（2.0 标准）。

PCI – E 1X（3.0 标准）采用单向 10 GB 的波特率进行传输，由于每一字节为 10 位（1 位起始位，8 位数据位，1 位结束位），所以单向传输速率为 10 GB/s = 1000 MB/s（1000 兆字节每秒）。

目前，PCI Express 最新标准是 PCI – E 3.0。PCI – E 1X（3.0 标准）采用单向 10 GB 的波特率进行传输，PCI – E 16X（3.0 标准）的单向传输速率为 1000 MB/s * 16 = 16 GB/s，双向传输速率为 32GB/s，PCI – E 32X（3.0 标准）的双向传输速率高达 64 GB/s。与 PCI – E 2.0 相比，除了带宽翻倍带来的数据吞吐量大幅提高之外，PCI – E 3.0 的信号速度更快，相应地数据传输的延迟也会更低。

3.2.3　主板的接口

接口一般是指外部设备的适配电路。由于计算机的外部设备种类繁多，而且大多都是机电传动设备，这样 CPU 在与 I/O 设备进行数据交换时，往往存在速度、时序、信息格式的不匹配等问题。为此 CPU 与外部设备之间的数据交换，必须通过接口来实现。通常接口电路有以下功能：

1）设置数据的寄存或缓冲逻辑，以适应 CPU 与外设之间的速度差异。

2）进行信息格式的转换。

3）协调 CPU 与外设之间的电平差异和信息类型差异，如进行电平转换、A/D 或 D/A 转换等。

4）协调时序差异。

5）实现地址译码和设备选择功能。

6）设置中断和 DMA 控制逻辑，以保证在中断和 DMA 允许时，产生中断和 DMA 请求信号，并在接到中断和 DMA 应答之后，完成中断处理和 DMA 传输。

随着计算机技术的不断发展，新的接口标准不断出现，现在各种 I/O 接口大多直接集成在主板上。这些接口主要有并行接口、串行接口、EIDE 接口、SATA 接口、USB 接口、IEEE1394 接口等。

1. 并行接口

目前计算机中的并行接口主要作为打印机接口，接口采用 25 针 D 型接口。所谓"并行"是指 8 位数据同时通过并行线进行传送，这样可使数据的传输速度大大提高。但并行传输的线路长度受到限制，因为长度增加，干扰就会增加，从而容易出错。目前几乎所有的主板都集成了并行接口，标注为 PARALLAL 或 LPTI，并行接口插座是一个 25 针双排插座。

2. 串行接口

串行接口与并行接口不同的是，它的数据和控制信息是一位接一位串行地传输的。这样，虽然速度会慢一些，但传输距离较并口长，更适于长距离通信。通常新主板上的 COM1 和 COM2 使用的是 9 针 D 型连接器。现在的主板上一般至少提供两个串行接口 COM1 和 COM2。

3. IDE 接口

IDE（Integrated Device Electronics）集成设备电子部件的接口采用了 40 条的单组电缆连接，是现在普遍使用的外部接口，主要接硬盘和光驱。采用 16 位数据并行传输方式，体积小，数据传输快。一个 IDE 接口可连接两个外部设备。IDE 接口的缺点：数据传输速度慢、线缆长度过短、连接设备少。目前新的主板已经很少还有 IDE 接口，而新出的存储设备也没有 IDE 接口类型的。目前硬件接口已经向 SATA 转移，IDE 接口已逐渐退出舞台。

4. SATA 接口

SATA（Serial ATA）即串行 ATA。这是一种完全不同于并行 ATA 的新型接口类型，由于采用串行方式传输数据而得名，如图 3-7 所示。与并行 ATA 相比，SATA 具有比较大的优势。SATA 以连续串行的方式传输数据，可以在较少的位宽下使用较高的工作频率来提高数据传输的带宽。SATA 一次只会传输 1 位数据，这样能减少 SATA 接口的针脚数目，使连接电缆数目变少，效率也会更高。实际上，SATA 仅用四支针脚就能完成所有的工作，分别用于连接电缆、连接地线、发送数据和接收数据，同时这样的架构还能降低系统能耗和减小系统复杂性。SATA 1.0 定义的数据传输率可达 150 MB/s，这比最快的并行 ATA（即 ATA/133）所能达到 133 MB/s 的最高数据传输率还高。而在已经发布的 SATA 2.0 的数据传输率将达到 300 MB/s，SATA 3.0 将实现 600 MB/s 的最高数据传输率。

图 3-7　主板上的 SATA 接口

SATA 不但结构简单还有支持热插拔的优点。目前 AMD 和 Intel 的芯片组均可以完美支持 SATA 3.0 接口技术，而且采用了 SATA 3.0 接口的主板价格也没有相应增加，平台方面已经做好支持 SATA 6 GB/s 固态硬盘的准备。SATA 3.0 接口的机械硬盘已陆续上市，价格也并无太大差别。

5. USB 接口

USB（Universal Serial Bus）即通用串行总线，是由 Microsoft、Intel、COMPAQ、IBM、NEC 和 WT（北方电讯）等 7 家大公司共同推出的新接口标准。USB 接口有以下特点。

1）具有即插即用功能，即支持热拔插，在不用关闭计算机的情况下真正支持即插即用。

2）具有更高的带宽：根据 USB 规范，1998 年制定的 USB 1.1 标准为 USB 2.0 的全速（Full Speed）版本，理论传输速度为 12 Mbit/s，即 1.5 MB/s，2000 年制定的 USB 2.0 标准是真正的 USB 2.0，被称为 USB 2.0 的高速（High Speed）版本，理论传输速度为 480 Mbit/s，即 60 MB/s，但实际传输速度一般不超过 30 MB/s。最新的 USB 3.0 的最大传输带宽高达 5.0 GB/s，也就是 640 MB/s。

3）采用"级联"方式支持多设备连接：每个 USB 插座上本身又提供了一个 USB 插座供下一个 UBS 设备连接用。通过这种类似菊花链式的连接，一个 USB 控制器可以连接多达 127 个外设，而两个外设间的距离可达 5 m。

4）可为 USB 设备提供电源：USB 接口可以为 USB 提供 5 V 的电源，这样就可以直接利用主机的电源，降低设备的成本。

USB 接口是一个 4 针端口，其中 2 针为电源线。由于 USB 接口的针数比串行接口、并行接口、游戏接口都要少，接口体积也要小很多。

目前 AMD 和 Intel 的新的芯片组均可以支持 USB 3.0 接口技术。USB 3.0 可以在存储元器件所限定的存储速率下传输大容量文件（如 HD 电影）。例如，一个采用 USB 3.0 的闪存驱动器可以在 15 s 内将 1 GB 的数据转移到一个主机，而 USB 2.0 则需要 43 s。

6. 1394 接口

1995 年美国电气和电子工程师学会（IEEE）制定了 IEEE 1394 标准。它是一个串行接口，其成本低廉。它的特点是传输速度快，适合传送数字图像信号。

随着市场的需要，这些年来 1394 贸易协会也几度对 IEEE 1394 进行提速改进，基本标准从最初的 1394a 发展到目前的 1394b，传输速率则从 100 MB/s、200 MB/s、400 MB/s 提升到 800 MB/s。

之后 1394 贸易协会又对现有 IEEE 1394b 的电气规范进行了更新，改良后的规范被命名为 S3200，依然采用现行 1394b 的接口标准，如图 3-8 所示。它的传输率将由现在的 800 MB/s 大幅提升 4 倍，达到 3.2 GB/s。虽然从规格上来看，S3200 要逊色于最新的 USB 3.0 标准，不过 USB 3.0 的实际传输率远远达不到其理论值，特别是当几台设备共用一个 USB 通道，其传输速度就会急速降低。由于 IEEE 1394b 采用独立的主控芯片，则很少存在这种情况。具有极稳定的传输质量仍是 IEEE 1394 的优势。同时 1394b 的有效传输距离可达到 100 m，并能提供 8～40 V 的电压以及最大 5 A 的电流，这都是 USB 3.0 所不能比拟的。

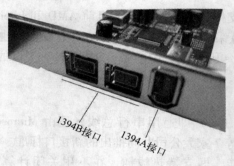

图 3-8　1394 接口

3.3　主板的选用与主流主板简介

在组装计算机时，主板的选择是非常主要的。主板选择不好会产生瓶颈效应，而对计算机的性能产生影响，所以选择主板时应当特别慎重。

3.3.1　主板的选用

目前生产主板的厂商和主板的品牌都比较多，价格相差很大，质量也参差不齐。如何选择一款适合自己的满意产品，一般应着重从以下几个方面考虑：

1. 注意对芯片组的选择

芯片组是主板的灵魂，因为芯片组强弱会直接影响到主板的性能。"芯片组"直接决定着 CPU 的接口、型号和内存的种类、频率，包括有什么类型的扩展接口和背板接口，是否有多个 PCI-E 显卡接口，以及各种接口的传输能力等。采用相同控制芯片组的主板，其基本功能都差不多，所以选择主板首要的就是选择控制芯片组。一般来说，推出时间越晚的芯片组的性能越高，当然价格相对也要高一些。当前支持 Intel CPU 和 AMD CPU 的芯片组种类很多，例如，目前 Intel 平台的 B75 为入门级、H77 为中端级、Z77 为高端级等；AMD 平台的 A85（FM2 接口主流产品）、A75/A55（FM1 和 FM2 两种接口）970（推土机主板）等。这些芯片组在性能和价格上各有所长。选购前，首先应对用途做出合理的判断，按照实际需求来选购。例如若选择集显平台，则可以选择 AMD 的 A85/A75/A55 等产品；对超频有要求的可以选择 Intel 的 Z77 芯片组。

当芯片组确定之后，就会发现采用相同芯片组的主板有很多品牌。这时候怎么选择呢？首选还是看需求，如果需要特殊的功能（智能超频、图形化 BIOS、数字供电等），就去选择价格高的产品；如果没有什么特殊的需求就在选择主板的时候，则尽量选择性价比高的产品。

2. 注重接口功能和稳定性

主板除了芯片组和 CPU 以外，还拥有众多接口。因此，选择主板时应当注意主板的接口功能，如是否提供 SATA 3.0、USB 3.0 等，对于扩展功能要求较高的用户，还应考虑 PCI Express 插槽，以及内存槽的数量。例如要玩游戏时流畅，那就是需要较高的 3D 性能，这时候就至少需要有 PCIE 16X 插槽的主板，甚至两条或更多，以实现 SLI/CrossFire 多卡并联。

由于主板连接了 CPU、内存和众多的设备，那么主板的稳定性更为关键。如果主板出了问题，则很有可能导致微型机的所有设备都无法正常工作。要评判主板的稳定性，主板上的 CPU 供电相数是一个重要指标。因为相数越多，一般来说就可以提供更高的供电功率，同时电流的供应也会更加平稳，电压波动较小。

主板要达到最优稳定性能，除了 CPU 供电电路设计合理优秀以外，主板上的三大重要部件（芯片组、内存、显卡）供电部分同样不容轻视。因为现在主流的显卡功耗已经达到了 100 W 以上，而芯片组以及高频内存的耗电量也不容忽视，因此采用独立的供电方案就显得十分有必要。另外，根据应用的要求，还要考虑是否支持 CPU 温度监测和硬件防病毒体系等功能。

3. 注意主板的设计、制造工艺

主板作为整个 PC 系统最重要的基础部件，它的稳定性与兼容性、性能水平与功能性都是十分重要的方面。基于相同芯片组的主板虽然会有不少相似之处，但是它们在设计、选材、特殊功能、易用性等诸多方面都会有所不同。这些差异也或多或少的会对主板的性能、功能、稳定性和兼容性产生影响。

但由于各主板的设计结构、生产工艺和选用的零部件不同，使得主板的质量和稳定可靠性等方面相差很大。一块高质量的主板可以保证在各种情况下，如温度变化、电磁扰动等，都获得稳定可靠的工作状态。选用主板时，可以从主板做工、生产厂家的背景、返修率以及主板是否通过相应的国际认证和安全标准测试，有无相应的认证标识（如 FCC 认证、ISO 标准等标识）等方面考虑。一般正规的主板生产厂在设计、生产工艺、原材料选用以及产品认证测试等方面都有较严格的控制，产品质量均较好。现在主板的 PCB 板层大部分都采用 6 层设计，高端的会用 8 层设计。板层多且厚主板的耐久度就会越长，而且挂载重的扩展卡或散热装置也不容易导致主板变形。关于 PCB 的尺寸大小，大尺寸的 PCB 具有有利于线路的布置，可使线径线距的结构更为合理，有效地避免高频记号相互干扰。防止高热量元器件过于集中，更好提高散热性能。而 PCB 的镀铜工艺是 PCB 品质重要的保证，现在优秀的 PCB 都采用二次镀铜、三次镀铜工艺，以使数据以及高频信号的传输更加稳定。

4. 注意价格和售后服务

价格是用户购机最关心的因素之一。不同产品的价格是和产品在市场上的定位有密切关系的，一般来说大厂商的产品往往在性能和稳定性方面好些，价格也较高些。另外附加功能多的主板价格也会相对高一些。用户应该按照自己的需要考察最好的性能价格比，完全抛开价格因素而比较不同产品的性能、质量或者功能是不合理的。

选用主板时，还应认真考虑产品的售后服务问题，这主要包括：产品的说明书、相关的配件（如各种连线等）和保修卡产品清单等应齐全正规；能及时有效地得到 BIOS 及相应的驱动程序的升级，这对于主板的使用和系统的稳定都很重要；应提供优质的保修和保换等服务。一般有实力的厂商都会提供七天包换服务，也会提供 3 ~ 5 年产品的质保时间。

3.3.2 主流主板品牌简介

目前主流主板品牌主要有华硕、微星、技嘉、映泰、华擎、七彩虹等。下面对其中几款常用的主流主板做简要介绍。

1. 微星 Z87 – G43

微星 Z87 – G43 主板基于 Intel Z87 芯片组设计，支持 LGA 1150 接口的 Haswell 处理器。有 4 条 DDR 3 插槽最大支持 64 GB 双通道内存，四插槽的设计方便用户对内存进行扩展升级。该主板为用户提供了 2 个 USB 3.0 高速接口，6 个 USB 2.0 接口，1 个标准千兆网络接口，2 条 PCI – E 16X 高速插槽，2 条 PCI – E 1X 插槽及 3 条 PCI 插槽。磁盘接口部分，6 个 SATA 3.0 高速接口支持用户组建 RAID 0、1、5、10 平台，满足了用户的磁盘扩展需求。微星主板以扎实的做工，优秀的设计，以及良好的散热系统为用户提供了一个高效稳定的系统平台。微星 Z87 – G43 如图 3-9 所示。

图 3-9　微星 Z87 – G43

2. 技嘉 GA – Z87X – OC

技嘉主板一直以优秀的做工及良好的散热设计受到广大用户的好评。GA – Z87X – OC 主板采用了 ATX 大板型设计，有效地增强了平台的散热能力。GA – Z87X – OC 基于 Intel Z87 芯片组，提供了 LGA 1150 处理器接口，提供了 4 条 DDR 3 插槽，最大可以支持 32 GB 3000 MHz 以上频率的双通道内存组合。磁盘接口部分，具有 6 个 SATA 3.0 高速磁盘接口，以满足不同用户的磁盘扩展需求。主板的扩展部分插槽齐全，包括 4 条 PCI – E 16X 高速插槽，1 条 PCI – E 1X 插槽及 2 条 PCI 插槽。支持 SLI/CrossFireX 多显卡技术，为用户带来了充裕的性能扩展空间。主板带有 2 个 HDMI 接口，6 个 USB 3.0 高速接口，2 个 USB 2.0 接口，1 个光纤接口，1 个 PS/2 键鼠接口，1 个标准千兆网络接口，如图 3-10 所示。

3. 映泰 Hi – Fi B85W

映泰 Hi – Fi B85W 主板基于 Intel B85 芯片组，支持 LGA 1150 接口的 Haswell 系列处理

器。主板的供电部分，带有 10 相供电设计，搭配全固态电容及全封闭电感，有效地确保了平台的稳定。主板采用 ATX 大板型设计，板面不仅清晰合理，Mosfet 部分还带有散热片，加强了平台的散热能力。主板的内存部分，带有 4 条 DDR 3 插槽，最大支持 32 GB 双通道内存，为用户提供了良好的内存升级空间。主板的磁盘接口方面，则带有 4 个 SATA 3.0 接口，2 个 SATA 2.0 接口，不仅能充分发挥出固态硬盘的高速读写能力，还允许用户组建 RAID 平台。PCI 扩展部分，该主板带有 2 条 PCI－E 16X 高速插槽，2 条 PCI－E 1X 插槽，以及 2 条 PCI 插槽，以满足不同用户对于平台性能的扩展需求。主板的背板部分，包括 2 个 USB 3.0 接口，4 个 USB 2.0 接口，1 组 VGA/DVI/HDMI 高清视频接口，1 个 PS/2 键盘接口，1 个千兆网络接口及 1 组 8 声道音频接口，如图 3-11 所示。

图 3-10　技嘉 GA－Z87X－OC　　　　　　图 3-11　映泰 Hi－Fi B85W

4. 翔升金刚 A85T－BW

　　翔升金刚 A85T－BW 主板采用 ATX 大板型设计，基于 AMD A85X 芯片组设计，提供了 FM2 处理器接口完美支持第二代 APU 处理器，并且主板还为用户提供了丰富齐全高速扩展接口，具备了无线及蓝牙功能。主板的内存部分，带有 4 条 DDR 3 插槽，最大支持 32 GB 双通道内存组合，为用户提供了良好的内存扩展升级空间。磁盘接口方面，带有多达 8 个 SA-TA 3.0 接口，能够满足用户接驳高速固态硬盘及组建 RAID 磁盘阵列的需求。PCI 扩展部分，带有 1 条 PCI－E 16X 高速插槽，2 条 PCI－E 1X 插槽，2 条 PCI 插槽以及 1 条 mini PCI－E 插槽，高速的显卡插槽，能够充分发挥出独立显卡的最佳性能。接口方面，包括 2 个 USB 3.0，4 个 USB 2.0 接口，1 组 VGA/DVI/HDMI 高清视频接口，1 个 PS/2 通用接口，1 个千兆网络接口，1 组高清音频接口及 1 组无线/蓝牙模块，如图 3-12 所示。

5. 微星 ZH77A－G43

　　微星 ZH77A－G43 是一款入门级 7 系主板，支持 SandyBridge 以及 IvyBridge 两代处理器，提供有 4 条 DDR3 内存插槽，原生支持 DDR3－1600 规格，最大容量 32 GB。原生提供 2 个 SA-TA 3.0 以及 4 个 SATA2.0 接口。扩展插槽方面，提供 2 条 PCI－E 16X 插槽，其中 1 条为 3.0 接口。I/O 部分提供了 6 个 USB 2.0，2 个 USB 3.0 接口，1 个 PS/2 键鼠接口，RJ－45 网络接口、HDMI/VGA/DVI 视频输出接口以及 8 声道模拟音频输出接口，如图 3-13所示。

图 3-12　翔升金刚 A85T - BW

图 3-13　微星 ZH77A - G43

3.4　主板的故障诊断

主板是计算机中最复杂的部分之一，其故障发生率也较高。根据故障现象可以把主板的常见故障分为以下几类。

1. 设置故障

设置故障主要是由于对主板 CMOS 或调线设置不当引起的。比较常见的是把 CPU 或内存的频率设置过高，硬盘的主、从设置和 SCSI 设备的 ID 号设置重复等。要避免这类故障发生，就需要详细阅读主板的使用说明书，了解主板各项设置的含义。

2. 兼容故障

兼容故障一般是由于使用的组件中存在冲突或接口标准不匹配造成的。最常见的是主板与内存不兼容，造成计算机运行不稳定，如频繁死机、不能安装操作系统等。还有显卡与主板不兼容。最新的 BIOS 与主板不兼容等。这类故障通常与主板的品牌、型号有关。

3. 接触不良和短路故障

接触不良故障在主板中出现的几率最大。主板的面积较大，是聚集灰尘较多的地方，灰尘很可能会引发插槽与板卡接触不良的现象，这时可以对着插槽吹吹气，去除灰尘。如果是由于插槽引脚氧化面引起接触不良的，可以将有硬度的白纸折好（表面光滑那面向外），插入槽内来回擦拭。另外，如果 CPU 温度或主板上用于监控机箱内温度的热敏电阻上附上了灰尘，则很可能会造成主板对温度的识别错误，引发主板"保护性故障"，在清洁时也需要注意。

拆装机箱时，不小心掉入的诸如小螺钉之类的导电物可能会卡在主板的元器件之间从而引发短路现象，会引发"保护性故障"。

4. 运行环境不良造成的故障

此故障主要由于如芯片散热效果不佳，导致系统运行一段时间后死机。如果电源损坏，或者电网电压瞬间产生尖峰脉冲，就会使主板供电插头附近的芯片损坏，从而引起主板故障。另外，静电也常造成主板上芯片（特别是 CMOS 芯片）被击穿，引起故障。

5. 和主板电池有关

当遇到计算机开机时不能正确找到硬盘、开机后系统时间不正确、BIOS 设置不能保存等现象时，有可能是因为主板电池损坏或电池电压不足造成的，此时请更换主板电池。

6. 与主板驱动有关的故障

主板驱动丢失，破损，重复安装会引起操作系统引导失败或造成操作系统工作不稳的故障，可依次选择计算机中"控制面板"→"系统"→"设备管理器"，检查"系统设备"中的项目是否有黄色惊叹或问号。将打黄色惊叹号或问号的项目全部删除（可在"安全模式"下进行操作），重新安装主板自带驱动，重启即可。

习题 3

一、填空题

1. 主板一般包括（　　）、（　　）、（　　）、（　　）、（　　）等元器件。
2. 主板按照结构可分为（　　）和（　　）的主板。
3. 总线的主要参数有（　　）、（　　）和（　　）。
4. BIOS 是用来控制主板的一些最基本的（　　）和（　　）。
5. 扩展槽包括（　　）扩展槽、（　　）扩展槽以及（　　）扩展槽。
6. 芯片组（Chipset）通常分为（　　）芯片和（　　）芯片。
7. 电池是用来保持（　　）中的数据和（　　）的运转而设置的，一般采用 NI/ID 纽扣电池。
8. 现主板芯片组大致分为"支持（　　）的芯片组"和"支持（　　）芯片组"两大系列。
9. 总线按功能可分为（　　）总线、（　　）总线和（　　）总线。
10. 接口一般是指（　　）的（　　）电路。
11. PCI Express（PCI – E）采用了目前流行的（　　）连接。
12. SATA 只需要（　　）组传输通道，一组负责（　　），另一组负责（　　）。

二、简答题

1. 目前常用的主板结构有哪两大类？
2. 主板主要由哪几部分组成，各部分的主要功能是什么？
3. 主板芯片组的生产商主要有哪些公司？
4. 什么是整合技术？第一代整合技术和第二代整合技术有什么区别？
5. 主板常用的参数指标有哪些？
6. 目前支持 AMD 架构的芯片组主要有哪些？
7. 什么是 BIOS？有哪些主要功能？
8. 目前主板上有哪些接口？简述这些接口的主要性能特点和主要用途。
9. USB 接口有哪些特点？一个 USB 控制器可以最多可以连接多少个外设？
10. 简述 IEEE 1394 的主要性能特点。
11. 简述 USB 接口的主要性能特点。

12. 简述 SATA 接口标准的主要性能特点，它与传统的 ATA 接口标准相比具有什么优点？

13. 目前 PCI - E 3.0 总线的最高传输率为多少？

14. 通常接口电路有哪些功能？

15. 主板的选用应主要考虑哪些问题？

16. 主板的常见故障可以分为哪几大类？

第4章 内 存

内存是指 CPU 能够直接访问的存储器，又被称为主存储器或主存。由于内存直接与 CPU 进行数据交换，内存已成为直接体现计算机整机性能和档次的关键部件。如果内存没有高工作频率、快存取速度、大容量，即使 CPU 再强大也不能使整机性能得到提升。

4.1 内存的类型

内存主要有两种基本类型：第一种类型是只读存储器 ROM（Read Only Memory），只读存储器强调其只读性，这种内存里面存放一次性写入的程序和数据，只能读出，不能写入；第二种类型是随机存取存储器 RAM（Random Access Memory），它允许程序通过指令随机地读写其中的数据。在计算机系统中，主存储器和高速缓冲存储器主要都采用随机存取存储器。

4.1.1 只读存储器 ROM

1. ROM

ROM 的特点是只能读出原有的内容，不能由用户再写入新内容。存储在 ROM 中的数据理论上是永久的，即使在关机后，保存在 ROM 中的数据也不会丢失。因此，ROM 中常用于存储计算机的重要信息，如主板上的 BIOS 等。只读存储器通常又分为掩膜 ROM（Mask ROM）、可编程 ROM（PROM）、可擦除可编程 ROM（EPROM）、可擦除可编程 ROM（EEP-ROM）和快擦除 ROM（Flash ROM）等类型。

2. CMOS

CMOS（Complementary Metal Oxide Semiconductor Memory）即互补金属氧化物半导体内存，是一种只需要极少电量就能存放数据的芯片，主要用于存放有关计算机系统配置的重要数据。由于耗能极低，CMOS 内存可以由集成到主板上的一个小电池供电，这种电池在计算机通电时还能自动充电。因为 CMOS 芯片可以持续获得电量，所以即使在关机后，它也能保存有关计算机系统配置的重要数据。

3. Flash Memory

Flash Memory 即闪存存储器，又称闪存，是目前取代传统的 EPROM 和 EEPROM 的主要非挥发性存储器。它具有体积小、速度快、高密度，低成本、更新数据方便，无须清除即可更改数据，并可由硬件或软件来控制数据的保护等优点。

Flash Memory 目前主要用于保存系统的 BIOS。此外，在移动存储器和路由器等网络设备中也有广泛的应用。

4.1.2 随机存取存储器 RAM

RAM 主要用来存放系统中正在运行的程序、数据和中间结果，以及用于与外部设备交换的信息。它的存储单元根据需要可以读出也可以写入，但只能用于暂时存放信息，一旦关闭电源，或发生断电，其中的数据就会丢失。随机存储器又分为静态随机存储器（Static RAM，SRAM）和动态随机存储器（Dynamic RAM，DRAM）。内存的发展分为以下几个阶段。

1. SDRAM

SDRAM（Synchronous DRAM）即同步动态随机存储器。SDRAM 与系统时钟同步，以相同的速度同步工作，即在一个 CPU 周期内来完成数据的访问和刷新，因此数据可在脉冲周期开始时传输。SDRAM 也采用了多体（Bank）存储器结构和突发模式，能传输一整块而不是一段数据，大大提高了数据传输率，最大可达 133 MHz。

2. DDR SDRAM

DDR SDRAM（Double Data Rate SDRAM），DDR 就是双倍数据传输率。DDR 内存在工作的时候通过时钟频率的上行和下行都可以传输数据（SDRAM 内存只能通过下行传输），因此在频率相等的情况下拥有双倍于 SDRAM 的带宽。

DDR SDRAM 与普通 SDRAM 的另一个比较明显的不同点在于电压。普通 SDRAM 的额定电压为 3.3 V，而 DDR SDRAM 则为 2.5 V，更低的电压意味着更低的功耗和更小的发热量。

3. DDR 2 内存

DDR 2 和 DDR 一样，采用了在时钟的上升沿和下降沿同时进行数据传输的基本方式。但是两者最大的区别在于，DDR 2 内存采用 4 bit 预读取机制，核心频率仅为时钟频率的一半，时钟频率只为数据频率的一半。这样即使核心频率只有 200 MHz，DDR 2 内存的数据频率也能达到 800 MHz，也就是所谓的 DDR 2 800 了。换句话说，DDR 2 内存每个时钟能够以 4 倍于外部总线的速度读/写数据，并且能够以内部控制总线 4 倍的速度运行。

4. DDR 3 内存

与 DDR 2 内存相比，DDR 3 内存最大的特点就是频率和带宽的提升，数据传输频率从 800 MHz 开始一直延伸到 2000 MHz。DDR 3 内存提升有效频率的关键依然是通过提高预取设计位数来实现的。DDR3 内存采用 8 bit 数据预取提升频率，一次可以从存储单元预取 8 bit 的数据，在输入/输出端口处的上行和下行同时传输。8 bit 需要完整的 4 个时钟周期，因此 DDR3 内存的输入/输出时钟频率是存储单元核心的 4 倍。由于是上行和下行同时传输数据，因此有效的数据传输频率达到了存储单元核心频率的 8 倍。由此可知，DDR 3 800 内存的存储核心频率其实仅有 100 MHz，其输入/输出时钟频率为 400 MHz，有效数据传输频率则为 800 MHz。运行在 200 MHz 核心工作频率的 DDR 3 内存可以达到 1600 MHz 的等值频率。

DDR 3 内存除了有效数据传输频率和带宽大幅度提升外，还在 DDR2 的基础上降低了电压，从而将功耗降低。相关数据预测 DDR 3 将比 DDR 2 节省 30% 的功耗。

DDR 3 内存还增加几个特殊功能。Reset 是 DDR 3 内存新增加的一项重要功能，它使 DDR 3 内存的初始化变得比以前简单。当 Reset 命令运行时，DDR 3 内存就会停止所有工作，并切换到最少量活动状态，节省功耗。此时，DDR 3 内存所有数据接收与发送器都会关闭，内部程序装置将会复位，延迟锁定回路（DLL）与时钟电路也会停止工作而不会对数据总线上的任何要求做出反应。此时，DDR 3 内存也会是最省电的时候，这种特性对笔记本电脑等移动设备来说无疑是相当有意义的。

RAM 内存要持续工作，它需要不断刷新数据，这也是内存最重要的操作。刷新分为两种，一种是自动刷新（Auto Refresh，AR），一种是自刷新（Self Refresh，SR）。DDR 3 内存为了最大限度地节省电力，采用了一种新型的自动自刷新技术（Automatic Self Refresh，ASR），它通过一个内置于内存芯片的温度传感器来控制刷新的频率。以前，刷新频率高，内存的工作温度就会高。而加入温度自刷新技术后，DDR 3 内存则可根据温度传感器的控制，在保证数据不丢失的情况下尽可能减少刷新频率，从而降低内存工作温度。

DDR 3 还有一个局部自刷新（Partial Array Self Refresh，RASR），这也是 DDR 3 内存的一个可选项。它的功能，可以让 DDR 3 内存只刷新部分逻辑 Bank，而不是全部刷新，从而进一步减少刷新带来的消耗。这个功能对笔记本电脑来说具有相当大的意义，它可以进一步增加电池的续航时间。

DDR 3 内存的另一个趋势，就是朝着高容量发展。Windows 7、8 以及 64 位操作系统的到来对内存容量提出了更高的要求。DDR 3 内存采用了更高密度的内存颗粒，DDR2 内存可以做到 256 MB ~ 4 GB 容量，而 DDR 3 内存最高可以做到单条 8 GB。而 8 GB 还仅仅是在 8 个逻辑 Bank 的情况下达到的容量，DDR 3 内存为了应对未来大容量的要求，甚至为 16 个逻辑 Bank 做好了准备。所谓逻辑 Bank 是由很多个存储单元纵横交错组成的阵列，内存的容量 = 存储单元总数×存储单元数量，存储单元总数 = 行×列×逻辑 Bank 数量，由此可见，内存容量实际上等于（行×列×逻辑 Bank 数量）×存储单元数量。DDR 3 为更多的逻辑 Bank 做好准备，对其内存容量的增加提供了可能。目前 DDR 3 1333 内存已被淘汰，全面升级为 DDR 3 1600 内存。单颗 1 GB 内存颗粒已进入实用化，单面 8 GB 内存（8 颗粒）已进入生产阶段，单条 16 GB DDR 3 内存已出现。而 DDR 4 或者 DDR 5 的出现或许会使频率达到 3000 MHz 以上。

4.2 内存的性能指标和规范

内存对整机的性能影响很大，计算机的许多性能都与内存有关。内存本身的性能指标有很多，这里只介绍几个最常用也是最重要的指标。

1. 存储容量

存储容量是内存的一项重要指标，因为它将直接制约系统的整体性能。内存条通常有 1 GB、2 GB、4 GB、8 GB 等容量级别，其中 4 GB 和 8 GB 内存已成为当前的主流配置，而较高配置的计算机的内存容量已达到 16 GB。

2. 接口类型

接口类型是根据内存条金手指上导电触片的数量来划分的，金手指上的导电触片也习惯称为针脚数（pin）。因为不同的内存采用的接口类型各不相同，而每种接口类型所采用的针脚数各不相同。金手指上有个卡口，用来避免插入插槽时，错误将内存反向插入而导致烧毁。DDR 是 184 针，DDR 2 则是 240 针。目前主流内存 DDR 3 也是 240PIN，但缺口位置不同，如图 4-1 所示。

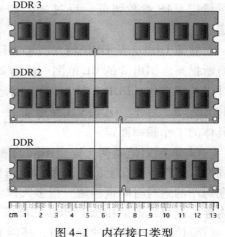

图 4-1　内存接口类型

3. 系统时钟周期 (TCK)

系统时钟周期代表了内存所能运行的最大频率。

4. 位宽和带宽

位宽是指内存在一个时钟周期内所能传送数据的位数，以 bit 为单位，位数越大则瞬间所能传输的数据量越大，这是内存的重要参数之一。带宽是指内存在单位时间内的数据传输速率。

5. 延迟时间

延迟时间是内存的一个重要指标，一般存储在内存条的 SPD 中，由 "A－B－C－D" 这样的结构组成，一般分别对应的参数是 "CL－tRCD－tRP－tRAS" 4 个延迟时间。这 4 个参数的具体含义如下。

(1) CL (CAS Latency) 和 tRCD (RAS－to－CAS Delay)

这里 CAS 即为行地址控制器，RAS 即为列地址控制器。内存的数据单元是以矩阵（Matrix）方式做排列，由行与列交错而成，而每一个交叉点即代表一个内存位，数据便存储在这个内存位上。在执行读/写操作时，首先内存控制器先送出单元的列地址，作为模块逻辑寻址用，在经过一段时间，列地址会被送去暂存区。接着，控制器会再送出行地址控制，以传送行地址信号，一直到选择单元的内容送至内存芯片的输出寄存器（Output Register）上，再进行下一次动作。所以 RAS－to－CAS Delay（列地址控制器至行地址控制器延迟）指的是列地址暂存后，到行地址执行的这段时间。即为了要读/写数据，内存控制芯片会先传输列的地址，接下来 RAS 信号就会被激活。然而，在存取行的数据前，还需要几个执行周期才行，这就是所谓的 RAS－to－CAS 延迟时间。而 CAS Latency（行地址控制器延迟/CL）指的是行地址送出信号的时间，也就是说，CAS 延迟时间就是内存用于取得正确的列地址所需的时间。所以二者的时间越短，内存的执行效率就越快。而如果存储的数据刚好相临，只需变成行地址信号即可，因为内存控制器已经知道列地址，不需再重新寻址一次。所以行地址控制器延迟（CAS Latency，CL）在内存的处理性能中就扮演着相当重要的角色，也是一般内存上最常标示的指标。

CL 在 BIOS 中的选项中很重要，内存条铭牌上一般都有推荐参数。较低的 CAS 周期能减少内存的读写周期以提高内存的工作效率。因此只要能够稳定运行操作系统，应当尽量把 CAS 参数调低。反过来，如果内存运行不稳定，可以将此参数设大，以提高稳定性。

就像 DDR 2 从 DDR 转变而来后延迟周期数增加一样，DDR 3 的 CL 周期也将比 DDR 2 有所提高。DDR 2 的 CL 范围一般为 2~5，而 DDR 3 则为 5~11，且附加延迟（AL）的设计也有所变化。DDR 2 时 AL 的范围是 0~4，而 DDR 3 时 AL 有 3 种选项，分别是 0、CL－1 和 CL－2。另外，DDR 3 还新增加了一个时序参数——写入延迟（CWD），这一参数将根据具体的工作频率而定。

CL 和延迟值是两个完全不同的概念，CL 是指时钟周期，如 CL＝5，表示 CL 值为 5 个周期。而真正意义上的延迟值，是指延迟的绝对时间，单位是 ns，频率越高，自然一个周期所用的绝对时间也越短。很多人以为 DDR 3 内存的延迟大大地增加了，但实际上 DDR 3 内存的绝对延迟值相比 DDR 2 却降低了。

要计算整个内存的延迟值，还需要把内存颗粒运行频率计算在内。如果 DDR 3－1066、

DDR 3 – 1333 及 DDR 3 – 1600 的 CL 值分别为 7 – 7 – 7、8 – 8 – 8 及 9 – 9 – 9，把内存颗粒运行频率计算在内，则其延迟值应为 13.125 ns（7×1000/533.33）、12.0 ns 及 11.25 ns，相比 DDR 2 改善约 25%。因此把 CAS 数值当成内存的延迟值是不正确的。

tRCD（RAS – to – CAS Delay）表示从内存行地址转到列地址的延迟时间。即从 DDR – RAM 行地址选通脉冲（RAS, Row Address Strobe）信号转到列地址选通脉冲信号之间的延迟周期，可选的设置为：Auto，0，1，2，3，4，5，6，7，越大越慢。降低此延时，可以提高系统性能。但如果该值设置太低，同样会导致系统不稳定。

（2）tRP（RAS Precharge Time）

tRP（RAS Precharge Time）即内存行地址控制器预充电时间，从 1~7 可调，tRP 值越低，预充电参数越小，则内存读写速度就越快。

（3）tRAS（RAS Active Time）

tRAS（RAS Active Time），内存行有效至预充电的最短周期，可选的设置为：Auto，00，01，02，03，04，05，06，07，08，09，10，11，12，13，14，15。调整这个参数需要结合具体情况而定，一般最好设为 5~10。大多数情况还要结合主板和 CPU 情况，并非越大或越小就最好。

CL – TRP – TRCD – TRAS 一般在内存条的封条上有，或者进入 BIOS 可以看到。但 BIOS 中 CL 不一定是内存物理的真实值，BIOS 中取的是多通道内存中最慢的 CL 值。

6. 电压

SDRAM 使用 3.3 V 电压，DDR 使用 2.5 V 电压，DDR 2 使用 1.8 V 电压，DDR 3 则把工作电压降到 1.5 V。

7. 奇偶校验

为检验内存在存取过程中是否准确无误，每 8 位容量会配备 1 位，作为奇偶校验位，配合主板上的奇偶校验电路，对存取的数据进行正确校验，这就需要在内存条上额外加装一块芯片。现大多数主板上可以使用带奇偶校验或不带奇偶校验两种内存条，但两种不能混用。鉴别内存条是否带奇偶校验比较简单；装好内存开机后，在 BIOS 设置中，选择允许奇偶校验，如果机器可正常引导，则说明内存条带奇偶校验；如果屏幕上出现奇偶校验错的提示后死机，则说明内存不带奇偶校验。

8. 串行存在检测（Serial Presence Detect，SPD）

SPD 是一颗 8 针的电可擦写可编程只读存储器（Electrically Erasable Programmable ROM，EEPROM）芯片，采用 SOIC 封装形式，容量为 256 B。SPD 芯片内记录了该内存的许多重要信息，诸如内存的芯片及模组厂商、工作频率、工作电压、速度、容量、电压与行、列地址带宽等参数。SPD 信息一般都是在出厂前，由内存模组制造商根据内存芯片的实际性能写入到 ROM 芯片中。

4.3 内存的安装与选用

计算机中所有程序的运行都是在内存中进行的，内存的性能对计算机的影响非常大。因此，组装计算机或当内存容量的不足扩充内存时，都应当正确选择和安装内存。

4.3.1 内存的安装

1. 安装内存条

安装内存时，先用手将内存插槽两端的扣具打开，然后将内存平行放入内存插槽中用两拇指按住内存两端轻微向下压，听到"啪"的一声响后，即说明内存安装到位。由于内存插槽也使用了防呆式设计，反方向无法插入，在安装时注意将内存与插槽上的缺口对应即可，如图4-2所示。

图4-2 安装内存条

内存的通道数取决于主板，例如主板支持单通道，内存就只能是单通道，支持双通道，内存就可以是双通道。

目前，64位处理器支持的主板目前均提供双通道功能，因此在选购内存时尽量选择两根同规格的内存来搭建双通道。主板上的内存插槽一般都采用两种不同的颜色来区分双通道与单通道，将两条规格相同的内存条插入到相同颜色的插槽中，即打开了双通道功能。

Intel的主板都支持弹性双通道内存技术（Intel Flex Memory Technology），该技术使得内存的搭配更加灵活。它允许不同容量和规格甚至不成对的内存组成双通道，以让系统配置和内存升级更具弹性。一般的ATX主板上都会有分为两种不同颜色的4根内存插槽，相邻不同颜色的两根插槽组成一个内存通道。Intel弹性双通道技术拥有以下两种双通道内存工作模式。

（1）对称双通道工作模式

对称双通道工作模式要求两个通道的内存容量相等，但是没有严格要求内存容量的绝对对称，可以A通道为512 MB +512 MB，而B通道为一条1 GB，只要A和B通道各自的总容量相等就可以了。该模式下可使用2个、3个或4个内存条获得双通道模式。如果使用的内存模块速度不同，则内存通道速度取决于系统中安装的速度最慢的内存模块速度。具体情况如下。

1）内存模组的绝对对称。这是最理想的对称双通道，即分别在相同颜色的插槽中插入相同容量的内存条，内存条数为2或4。该模式下所有的内存都工作在双通道模式下，性能最强。

2）内存容量的对称。这种模式不要求2个通道中的内存条数量相等，可由3条内存组成双通道，两个通道的内存总容量相等就可以，所有内存也都工作在双通道模式下，但性能略逊于绝对对称双通道模式。

56

（2）非对称双通道模式

在非对称双通道模式下，两个通道的内存容量可以不相等，而组成双通道的内存容量大小取决于容量较小的那个通道。例如 A 通道有 512 MB 内存，B 通道有 1 GB 内存，则 A 通道中的 512 MB 和 B 通道中的 512 MB 组成双通道，B 通道剩下的 512 MB 内存仍工作于单通道模式下。需要注意的是，两条内存必须插在相同颜色的插槽中。

要想实现三通道，只要将同色的 3 根内存插槽插上内存即可，系统便会自动识别并进入三通道模式。但如果插上非 3 或非 6 条的内存，如 4 根内存，系统则会自动进入单通道模式。

4.3.2　内存的选用

内存是计算机中重要的配件之一，是与 CPU 进行沟通的桥梁。如今市面上存在众多的内存品牌，但其价格也是相差甚大，选用内存时应注意以下一些问题。

1. 品牌挑选

挑选内存时应首先选择知名品牌内存，如金士顿（Kingston）、金邦（GcIL）、胜创（Kingmax）、威刚（Vitesta）、金士刚（Kingxcon）、金泰克（KINGTIGER）等。选购知名大厂的内存产品，虽然价格上会稍稍贵一点，但是主流品牌不仅品质有保证，而且一般都提供有"终身保修"的售后服务。

2. 选择合适的内存容量和频率

内存的容量不但是影响内存价格的因素，同时也是影响到整机系统性能的因素。Windows 7 和 Windows 8 系统对内存要求比 Windows XP 高。在 Windows XP 平台中，512 M 的内存还是主流，1 GB 已经是大容量。但是到了现在，64 位系统已经普及，Windows 7 和 Windows 8 已有越来越多的人使用，2 GB 左右的内存都不一定能保证操作的流畅度。但是，内存容量不一定是越大越好，用户在选购内存的时候也要根据自己的需求来选择，以发挥内存的最大功效。

3. 应根据所选主板选择内存的规格

如果主板支持 DDR 3，则应选择 DDR 3 规格内存。同时，由于操作系统和应用软件越来越庞大，对内存的占用越来越多，因此，为了提高运行速度，所选内容条的容量当前最好不低于 2 GB。此外，内存的频率也很重要，在主板支持的情况下，频率越高，内存速度越快。

4. 根据 PCB（印制电路板）

PCB 对内存性能也有着很大的影响。决定 PCB 好坏有几个因素，首先就是板材。一般来说，如果内存条使用四层板，这样内存条在工作过程中由于信号干扰所产生的杂波就会很大，有时会产生不稳定的现象。而使用六层板设计的内存条相应的干扰就会小得多。当然，并不是所有的东西都是肉眼能观察到的，比如内部布线等只能通过试用才能发觉其好坏；好的内存条表面有比较强的金属光洁度，色泽也比较均匀；部件焊接也比较整齐划一，没有错位，整洁无毛刺等；金手指部分也比较光亮，没有发白或者发黑的现象等。

4.3.3　主流内存条

（1）金士顿 8 GB DDR 3 1600

作为世界第一大内存生产厂商的金士顿（Kingston），其内存产品自进入我国市场以来，就凭借优秀的产品质量和一流的售后服务，赢得了众多消费者的青睐。金士顿 8 GB DDR 3 1600 内存采用了常见的墨绿色六层专业 PCB，整体做工较好，焊点饱满，排阻和电阻密集有序。从内存标签可以看出，内存容量为单条 8 GB，频率为 1600 MHz，编号为 J4208BBBG－GN－F。金手指采用技术较为成熟的电镀金制造工艺，表现色泽纯正光亮，充分保证了金层的厚度和均匀度。如图 4-3 所示。

（2）金士顿 4 GB DDR 3 1600

金士顿 4 GB DDR 3 1600 内存容量为单条 4 GB，内存主频 1600 MHz，CL 延迟 11，制作工艺为 30 nm，如图 4-4 所示。

图 4-3　金士顿 8 GB DDR 3　　　　　　　图 4-4　金士顿 4 GB DDR 3

（3）宇瞻 8 GB DDR 3 1600（超频双通道盔甲武士系列）

在内存市场，宇瞻（Apacer）一直以来都有着较好的声誉。目前已经成为全球前四大内存模组供应商之一。

宇瞻 8 GB DDR 3 1600 产品特别为追求高稳定性和高兼容性的内存用户而设计。宇瞻内存坚持使用 100% 原厂测试颗粒是基于现有最新的 DDR 内存技术标准设计而成，经过 ISO 9002 认证之工厂完整流程生产制造，如图 4-5 所示。

图 4-5　宇瞻 8 GB DDR3 1600

（4）金邦 8 GB DDR 3 1600（千禧条/单条）

金邦（Geil）科技股份有限公司是世界上专业的内存模块制造商之一。通过以中文命名的产品"金邦金条""千禧条"迅速进入我国市场。金邦以其高性能、高品质和高可靠性的内存产品，引起了业界的广泛关注。

金邦千禧 8 GB DDR 3 1600 内存使用千禧系列独有的墨绿色六层 PCB，采用双面 16 颗粒内存颗粒的模组设计，表面布线清晰明了。内存颗粒四周也采用了大面积金属铜层，如图 4-6 所示。

图 4-6　金邦千禧 8 GB DDR 3 1600

4.4　内存常见故障的处理

内存是计算机中最脆弱的配件产品之一，由内存损坏引发的故障时有发生。启动系统或运行应用程序时，如果出现系统提示"Memory write/read failure""Memory allocation error"或"Parity check error"等信息，则都属内存出现故障。另外，如果系统无法启动、启动后立即死机，以及启动后出现花屏和乱码等现象，都有可能是由于内存故障引起的。此时也应对内存进行仔细分析和检查。常见的引起内存故障的原因有以下几个方面：

1）内存的速度与主板的速度不匹配。如果使用的内存条的速度较低，则会发生系统不稳定或死机现象。

2）内存条特性不良。有些内存条设计不佳，或使用内存颗粒质量低劣，会引起出现显示器花屏现象，或使用的材质不良，或工艺有缺陷。尤其是大容量的内存条就比较挑主板和 CPU 的品牌，而造成系统不稳。

3）不同容量或速度的内存条插入同一个 Bank 中，造成内存特性不一致，而使系统工作不稳定。例如，若主板不支持弹性双通道内存技术，则不允许不同容量、规格和不成对的内存组成双通道。

4）使用无奇偶检验的内存条，但未将 CMOS 中的奇偶校验设置关闭，或同时混合使用有奇偶校位和无奇偶校验位的内存条就会造成系统无法启动。

5）CMOS 的设置与内存不一致，如 CL、tCK、tAC 设置不当。可以在 BIOS 中，调整内存参数。

6）内存存在兼容性问题。例如，在给计算机升级加扩内存是时，会发现有时内存的大小不能正确被计算机识别。这种情况一般会出现在不同的两个内存厂家的内存的混插，或不同的内存之间出现兼容性问题。

7）内存条接触不良，可检查主板上内存插槽两端的弹簧卡子是否完好，内存条金属引脚是否有锈斑或其他异物。然后做相应的处理：可拔下内存，用酒精和干净的纸巾或用橡皮仔细擦拭金手指，之后用小毛刷清理内存插槽中灰尘。

习题 4

一、填空题

1. 计算机的内部存储器又称为（　　），一般简称为（　　）。

2. 计算机的存储器按照存储器的数据是否可以改写又可分为（　　）（ROM）和（　　）（RAM）。

3. 在计算机中，使用（　　）用来存放 BOIS 程序。

4. 可以往（　　）中写入临时数据，但这些数据在系统断电后会全部丢失。

5. 内存一般采用半导体存储单元，包括（　　）、（　　）和（　　）。

6. 主内存通常采用（　　）RAM，而高速缓存（Cache），则普遍使用（　　）RAM。

7. 目前内存的主要接口类型是（　　）（DDR 3 内存）、（　　）（DDR 3 内存）线的（　　）类型接口。

8. 延迟时间是内存的一个重要指标，它包括（　　）、（　　）、（　　）和（　　）4个延迟时间。

9. CSP（Chip Scale Package）即（　　）的意思。

二、简答题

1. 内存是指什么样的存储器，还有什么名称？

2. 内存根据其存储信息的特点分主要有哪两种基本类型？

3. 只读存储器常见的类型有哪些？

4. 随机存取存储器（RAM）根据存储特点分为哪两点？都主要用来做什么？

5. 内存的主要性能指标有哪些？

6. SPD 是什么名称的缩写？芯片里面保存着内存条的什么信息？

7. DDR 3 内存的引脚数目为多少？工作电压为多少？

8. "CL－tRCD－tRP－tRAS" 4 个延迟时间的含义是什么？这 4 个延迟时间设置的原则是什么？

9. 什么是弹性双通道技术？

10. Intel 弹性双通道技术拥有哪两种双通道内存工作模式？

11. 内存选用的原则是什么？

第5章 显卡与显示器

显卡又称为显示卡或显示适配器，它是主机与显示器之间连接的"桥梁"，主要作用是负责将 CPU 送来的影像数据，处理成显示器可以接受的格式，再送到显示器上形成影像。显卡与显示器是从计算机获取信息最重要的管道，因此它们是计算机必备的部件和设备。

5.1 显卡

显卡是计算机系统中最基本配置之一，目前显卡类型主要有"独立""集成"和"核芯"。独立显卡是指将显示芯片、显存及其相关电路单独做在一块电路板上，自成一体而作为一块独立的板卡存在，它需占用主板的扩展插槽；集成显卡是将显示芯片、显存及其相关电路都集成在主板上；核芯显卡是 Intel 凭借其在处理器制程上的先进工艺以及新的架构设计，将图形核心整合在处理器当中，它进一步加强了图形处理的效率。

5.1.1 概述

显卡全称显示接口卡（Video/Graphics Card），又称为显示适配器（Video Adapter）。显卡是一个显示信息转换的硬件，其用途是将计算机系统所需的显示信息进行转换驱动，并向显示器提供行扫描信号，控制显示器的正确显示。早期的显卡都是将 CPU 处理过的输出数据，每帧图像以点阵信号的方式送至显存，然后发送到显示器。在显示器上逐帧刷新，所以这类显示卡又称为帧缓冲卡。这种帧缓冲卡在显示系统中仅起着传递信号的作用，这对于文本以及平面图形的显示是足够的，但是对复杂的图形和高质量的图像的处理就显得力不从心了。特别是当用户使用 Windows 操作系统后，CPU 已经无法对众多的图形函数进行处理，而最根本的解决方法就是使用专门处理图形的芯片 GPU。使用 GPU 芯片的显卡拥有自己的图形函数加速器和显存，这些都是专门用来执行图形加速任务的，因此可以大大减少需要 CPU 所必须处理的图形函数。CPU 只需发送指令，实际工作则由 GPU 来完成，这样 CPU 就可以执行其他更多的任务，同时也大大减少了显示数据通过总线传输的过程，加快了显示速度，有效地提高了计算机系统的整体性能。目前计算机上应用的显示卡有独立显卡和集成显卡。

独立显卡单独安装有显存，一般不占用系统内存。在技术上也较集成显卡先进得多，比集成显卡能够得到更好的显示效果和性能，容易进行显卡的硬件升级。其缺点是系统功耗有所加大，发热量也较大。

集成显卡是将显示芯片、显存及其相关电路都做在主板上，与主板融为一体。集成显卡的显示芯片有单独的，但大部分都集成在主板的北桥芯片中。一些主板集成的显卡也在主板上单独安装了显存，但其容量较小，集成显卡的显示效果与处理性能相对较弱，不能对显卡进行硬件升级。集成显卡的优点是功耗低、发热量小。部分集成显卡的性能已经可以媲美入门级的独立显卡，所以不用花费额外的资金购买显卡。

5.1.2 显卡的结构

显卡的主要部件有：GPU、显存、供电、接口、BIOS、驱动等，如图 5-1 所示。这几部分"相互作用"，对显卡的性能产生直接的影响。多功能显示卡上还有可以连接彩电的 TV 端口或 S 端口，以及数字视频接口 DVI 端口。新型高端显卡还采用了一种数字高清接口标准 HDMI。与传统的 DVI 相比，HDMI 可以传输数字音频信号和高分辨率视频信号。

1. 显示芯片

显示芯片也就是常说的 GPU（Graphic Processing Unit）即图形处理单元，是显卡的核心。显示芯片的主要任务就是处理系统输入的视频信息，并对其进行转换或渲染等工作。早在硬件发展的初期并没有 GPU 这个概念，它是由 NVIDIA 公司在 GeForce 256 图形处理芯片时代提出的。目前显示芯片生产厂商只有 AMD 和 NVIDIA 两家，而集成显卡市场的则是 AMD（APU）与 Intel 的天下。GPU 使显卡减少了对 CPU 的依赖，并进行部分原本 CPU 的工作，尤其是在 3D 图形处理时。

图 5-1　显卡

GPU 所采用的核心技术有硬件 T&L（几何转换和光照处理）、立方环境材质贴图和顶点混合、纹理压缩和凹凸映射贴图、双重纹理四像素 256 位渲染引擎等。显卡的等级直接由显卡芯片来划分，所以很多显卡只需要了解它使用的显卡芯片，就能对整块显卡的性能略知一二了。以 NVIDIA 显卡 GPU 核心命名为例：主要有 GK104、GK106、GK107（性能由高到低），其中 GK104 是主打高端型号，GK106 布局中端的型号，而 GK107 算是补全性质的低端型号。与 GPU 核心相互关系的就是通常俗称的显卡命名：其中采用 GK104 核心的显卡主要有 GeForce GTX 680、GeForce GTX 670、GeForce GTX 670；采用 GK106 核心的显卡主要有 GeForce GTX 660、GeForce GTX 650 Ti；采用 GK107 核心的显卡主要包括 GeForce GTX 650。

影响 GPU 性能的关键因素很多，主要是最大加速频率、CUDA 核心数量（流处理器数量）、晶体管数量、纹理单元数量、ROP 单元数量、显存位宽等。

显卡的核心频率是指显示核心的工作频率，其工作频率在一定程度上可以反映出显示核心的性能。其中最大加速频率，可以理解为显卡工作时的最高频率（显卡的频率越高性能就越强）。CUDA 核心数量其实就是流处理数量，只不过 N 卡有 CUDA 技术，所以才称之为"CUDA 核心数量"。流处理器的数量的多少，已经成为了决定显卡性能高低的一个很重要的指标。NVIDIA 和 AMD 都在不断地增加显卡的流处理器数量，使显卡的性能达到了跳跃式增长。

目前显卡的渲染流程是：顶点单元构建模型骨架，纹理单元处理纹理贴图，像素单元处理光影特效，ROP（光栅）单元负责 3D 转 2D 光栅化输出。如果以人体来比喻的话，顶点单元就是骨骼，纹理单元就是肌肉和皮肤，ROP（光栅）单元就是人的力气大小。

显存位宽是显存在一个时钟周期内所能传输数据的位数，位数越大则瞬间所能传输的数据量就越大，这是显存的重要参数之一。目前市场上的显存位宽有 128 位、192 位和 256 位三种。显存位宽越高显卡性能越好。

以上几点就是影响 GPU 性能的关键要素。除此之外，显卡芯片的架构、制程工艺对 GPU 的性能也有一定的影响。虽然显示芯片决定了显卡的档次和基本性能，但只有配备合适的显存才能使显卡性能完全发挥出来。

显示芯片通常是显示卡上最大的芯片（也是引脚步最多的），一般上面都有散热片或散热风扇。显示芯片上印有商标、生产日期、型号和厂商名称等，如图 5-2 所示。

2. 显存

显存也称做帧缓存，其主要功能是暂时储存显示芯片要处理的数据和处理完毕的数据。图形核心的性能愈强，需要的显存也就越多。它的作用是用来存储显卡芯片处理过或者即将提取的渲染数据。计算机显示器上的画面是由一个个像素点构成的，而每个像素点都以 4～32 位甚至 64 位的数据来控制它的亮度和色彩。这些数据必须通过显存来保存，再交由显示芯片处理，最后把运算结果转化为图形输出到显示器上。决定显卡性能的第一个要素是显示核心，第二个要素就是显存。显存的作用就好比内存，它的强弱对显卡性能有着直观的影响。

影响显存性能的主要因素包括：显存类型、显存容量、显存位宽、显存带宽、显存频率、读取速度等。

显存类型指的是显存的种类，如 GDDR3、GDDR5 等。目前主流的显存容量有 512 MB、1 GB、2 GB 等。需要说明的是显卡性能的强弱，和显存容量没有直接的关系，只有当显卡核心在足够强的情况下大显存容量的显卡才能发挥出性能优势。显存带宽 = 显存频率 × 显存位宽/8。在显存频率相当的情况下，显存位宽将决定显存带宽的大小，显存位宽越高则显卡性能越好。显存频率是指默认情况下，该显存在显卡上工作时的频率，以兆赫兹（MHz）为单位。显存频率一定程度上反映了该显存的速度。显存频率会随着显存的类型和性能的不同而不同（最直观的表现是 GDDR5 显存强于 GDDR3 显存）。

显存的读取速度一般以 ns 为单位，常见的显存有 6 ns、5.5 ns、5 ns、4 ns、3.8 ns 等。目前主要的显存生产厂商有：美国的 Micron（美光）、德国的 Infineon（英飞凌）和韩国的 SAMSUNG（三星）、HY（现代）等。最新的主流高端级显卡都采用的是 GDDR5 的显存，之前主流的 GDDR3 显存颗粒也正式退居二线，而 GDDR4 显存仅仅是个过渡型产品，市售的显卡所见不多。GDDR5 相对于 GDDR3 的核心优势在于显存带宽大幅度提升。显存芯片如图 5-3所示。

图 5-2　显卡的显示芯片

图 5-3　显存芯片

3. 显卡 BIOS

显卡 BIOS 固化在显卡所带的一个专用存储器中。BIOS 中含有显卡的硬件控制程序和显卡型号、规格、生产厂家、出厂时间等相关信息，其作用和主板 BIOS 相同。系统驱动后第一个出现在显示器上的就是显卡 BIOS 的信息提示，只有显卡正常工作，显示器才可能显示其他内容。显卡性能好的坏除了要有硬件支持，还需要软件层支持。BIOS 的强弱一方面展现上游厂商的研发实力，另一方面也直接影响着显卡的性能。在 BIOS 中，用户可以调节显卡的频率、核心电压和风扇转速等参数。一流的显卡厂商都在推出自家的 BIOS 调节工具（超频软件），以方便用户进行超频。

早期显卡 BIOS 是固化在 ROM 中的，而现在的多数显示卡则采用了大容量的 Flash Memory，它可以通过不断升级驱动程序来适应新的规范、提升显卡的性能。显卡的 BIOS 与显卡超频有着直接的关系。

4. 显卡的驱动程序

显卡的驱动程序即添加到操作系统中的一小块代码，其中包含有关硬件设备的信息。有了此信息，计算机就可以与设备进行通信。各个硬件厂商为了保证硬件的兼容性及增强硬件的功能会不断升级驱动程序。

5. 显卡与主板的接口

在显卡正面的下方，有一排双面金色的针脚，它们被称为金手指，是与主板连接进行数据交换的通道。现在这个接口主要有 PCI – E 2.0 和 PCI – E 3.0 两种。

现一些主流显卡都采用了 PCI – E 3.0 接口，如图 5-4 所示。在理论上，PCI – E 3.0 接口传输带宽是 PCI – E 2.0 的两倍。

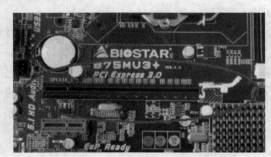 

图 5-4 主板上的 PCI – E 插槽和显卡的 PCI – E 接口

6. 输出接口

如果要显卡处理好的图像要显示在显示设备上，则就离不开显卡的输出接口。现在最常见的输出接口有：VGA 接口、DVI 接口、S 端子这三种输出接口。

（1）VGA 接口

VGA 接口的作用是将转换好的模拟信号输出到 CRT 或者 LCD 显示器中，如图 5-5 所示。几乎每款显卡都有 VGA 接口，标准的 VGA 接口采用非对称分布的 15 PIN 连接方式，其工作原理是将显存内以数字格式存储的图像信号在 RAMDAC 里经过模拟调制成模拟高频信号，然后再输出到显示器中成像。

图 5-5 15 芯 VGA 接口

（2）DVI 接口

DVI 接口是一种完全的数字视频接口，如图 5-6 所示，它可以将显卡产生的数字信号原封不动地传输给显示器，从而避免了在传输过程中信号的损失。DVI 接口可以分为两种：仅支持数字信号的 DVI – D 接口（见图 5-6a）和同时支持数字与模拟信号的 DVI – I 接口（见图 5-6b）。DVI –D接口只能接收数字信号，接口上只有 3 排 8 列共 24 个针脚，其中右上角的一个针脚为空，不兼容模拟信号。DVI –I 接口可同时兼容模拟信号和数字信号。兼容模拟信号并不意味着模拟信号的接口 D –Sub 接口可以连接在 DVI – I 接口上，而是必须通过一个转换接头才能使用，一般采用这种接口的显卡都会带有相关的转换接头。显示设备采用 DVI 接口具有速度快和画面清晰的优点，不过由于成本问题和 VGA 的普及程度，目前的 DVI 接口还不能全面取代 VGA 接口。

图 5-6　DVI 接口

a）DVI – D 接口　b）DVI – I 接口

（3）S – Video（S 端子）

S 端子也叫二分量视频接口，一般采用五线接头，完成向电视机或监视器之类的显示设备上输出视频信号的功能。5 个插孔呈半圆分布，与电视机上的 S 端子完全相同。主要功能是为了克服视频节目复合输出时亮度与色度的互相干扰。S 端子的亮度和色度分离输出可以提高画面质量。

（4）HDMI 和 DP

HDMI（High Definition Multimedia Interface）即高清晰度多媒体接口。它可以提供高达 5 Gbit/s 的数据传输带宽（见图 5-7），并可以传输无压缩的音频信号及高分辨率视频信号。同时无须在信号传输前进行数 – 模或者模 – 数转换，就可以保证最高质量的影音信号传输。应用 HDMI 的好处是，只需要一条 HDMI 线，便可以同时传输影音信号，而不像现在需要多条线材来连接。同时，由于无须进行数 – 模或者模 – 数转换，因此能取得更高的音频和视频传输质量。

HDMI 接口

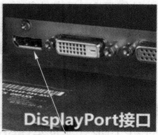
DP 接口

图 5-7　HDMI 接口与 DP 接口

DP（Display Port）是由视频电子标准协会（VESA）发布的显示接口。作为 DVI 的继任者，DP 在传输视频信号的同时加入对高清音频信号传输的支持，同时支持更高的分辨率和刷新率。它能够支持单通道、单向、四线路连接，数据传输率 10.8 Gbit/s，足以传输未经压缩的视频和相关音频。还支持 1 Mbit/s 的双向辅助通道，供设备控制之用，此外还支持 8 位和 10 位颜色。在数据传输上，DP 使用了"Micro - PackeTised"格式。VESA 还表示，DP 具备高度的可扩展性，可以在今后不断加入更多新内容。

7. 供电接口

供电接口为显卡提供电力支持，常见的有 6PIN、8PIN、8 + 6PIN，一般高端的显卡需要的供电接口较多。

5.1.3　显卡的工作原理

显卡将 CPU 送来的数据转换为显示信号输出，必须通过以下 4 步。

1）CPU 送来的数据信息通过总线由显卡的接口进入显示芯片，进行处理。

2）将芯片处理完的资料送到显存。进行数据交换时，只有当芯片完成对显存的写操作后，RAMDAC（Random Access Memory Drgital - to - Analog Conuerter）才能从显存中得到数据。

3）数据从显存进入 RAMDAC，由 RAMDAC 进行数据转换工作。

4）将 RAMDAC 转换完的类比数据送到显示器。

显卡的整个工作是一个串行连续过程。如要严格区分，显示卡的性能应该受中间两步所决定，因为这两步的数据传输都是在显卡的内部：第一步是由 CPU 进入到显卡里面，最后一步是由显卡直接送资料到显示屏上。

5.1.4　3D 显卡的相关术语及技术指标

3D 显卡常见的相关术语及技术指标主要有如下几种

1. 三角形生成数量

计算机显示 3D 图形时，首先是用多边形建立 3D 模型，然后再进行着色等其他处理。物体模型组成的三角形数量多少，将直接影响重现后物体外观的真实性。显卡每秒生成三角形的数量越多，也就能在保障图形显示帧速率的前提下，为物体模型建立更多的三角形，以提高 3D 模型的分辨率。

2. 像素填充率

像素填充率也是衡量 3D 显卡性能的主要指标之一，即为显卡像素处理单元在单时钟周期内能完成的图形渲染像素的数量。它决定了 3D 图形显示时可能达到的最高帧速率，直接影响 3D 显卡运行时的显示速度。相对构建 3D 外观模型的顶点数据运算来说，像素填充率的工作量和复杂程度要远比其大的多，周期上也要长的多，因此它的数值高低要比三角形生成率更为重要。

3. 纹理贴图

纹理贴图是将 2D 图形（通常是位图）映射到 3D 物体上的一种技术。当纹理较小时，物体的表面会显得模糊或呈马赛克状，较大的纹理可以让物体表面表现出更多细节。纹理压缩也可以让更多的纹理贴图同时使用，使场景更加丰富多彩，这样纹理贴图可以在不增加多边形数量的情况下大大提升真实视觉效果。它可以大大增强真实感且同时只需要不高的计算能力的开销就可以得到，因此它是最常用来表现真实感 3D 物体的技术方法。为了渲染带有纹理贴图的像素，这个像素的纹理数据会读进图形处理器中，从而导致存储带宽的消耗。

4. 32 位彩色渲染

32 位彩色渲染表示显卡可以对所要显示图形中的景物，采用 32 位真彩进行光线和纹理贴图处理，位数越大表明渲染时所使用的颜色数量越多。

5. 32 位 Z 缓冲

32 位 Z 缓冲就是在传统 X、Y 二维空间基础上，增加了一个与屏幕面垂直的距离轴 Z，主要用来表示景物在空间的纵深位置。在 3D 图形处理中，Z 缓冲位数越大，表明处理时景物定位越精细和准确。

6. 渲染管线

渲染管线（Render Pipelines）是一直沿用的成熟技术，可以这样说，显卡的渲染管线越多，显卡性能就越好。在显卡中的渲染管线包括很多，比如像素渲染管线、纹理渲染管线、顶点渲染管线等，它们在显卡中有各自的作用。通常来说，用户平时在显卡规格上看到的渲染管线，一般是针对像素渲染管线而言的（如采用 8 条渲染管线的 R9800SE 和 16 条渲染管线的 Radeon X800 XT）。

渲染管线的概念如同工业产品生产的装配线概念。为了提高效率，工业产品生产处理的工序将被分为几个部分完成（流水线）。装配线的优点是，在进行下一步工序之前，不需要等待产品完全组装完毕就可以接着工作了，即只需要完成一个工序就可以开始装配其他产品。管线的概念与此类似，为了同时可以运行多个指令，管线的处理也被分为 5 个步骤来完成，具体包括指令获取 、指令解码、获取数据/操作数、执行以及回复。

像素渲染管线在显卡中的表现尤为突出，渲染管线数目是显卡性能的主要参考标准。

7. 3D API

API（Application Programming Interface）即应用程序接口，而 3D API 则是指显卡与应用程序直接的接口。如果没有 3D API，则程序员必须要了解全部的显卡特性，才能编写出与显卡完全匹配的程序，发挥出显卡的全部性能。而有了 3D API 这个显卡与软件直接的接口，程序员只需要编写符合接口的程序代码即可，这样就大大提高了程序开发的效率。

同样，有了 3D API，便可实现不同厂家的硬件和软件最大范围兼容。比如在最能体现 3D API 的游戏方面，游戏设计人员设计时，不必去考虑具体某款显卡的特性，而只是按照 3D API 的接口标准来开发游戏，当游戏运行时则直接通过 3D API 来调用显卡的硬件资源。

目前计算机中主要应用的 3D API 有 Direct X 和 Open GL。显卡能支持的图形 API 越多，表明该显卡的功能越强，应用范围也越广。

DirectX（Direct eXtension，DX）是由微软公司开发的多媒体编程接口。DirectX 是为众多软件提供直接服务的。DirectX 是由很多 API 组成的，按照性质分类，可以分为 4 部分，即显示部分、声音部分、输入部分和网络部分。它提供了一整套的多媒体接口方案，最新版本为 DirectX 11.1。如今 DirectX 已发展成为对整个多媒体系统的各个方面都有决定性影响的接口，显卡所支持的 DirectX 版本已成为评价显卡性能的标准，从显卡所能支持的 DirectX 版本，用户就可以分辨出显卡的性能高低，从而选择出适合自己的显卡产品。

OpenGL 是个专业的 3D 程序接口，是一个功能强大且调用方便的底层 3D 图形库。OpenGL（Open Graphics Library）顾名思义便是"开放的图形程序接口"，是专业图形处理、科学计算等高端应用领域的标准图形库。

5.1.5　显卡的安装与设置

现在显卡的接口主要是 PCI Express 接口，如图 5-8 所示。

图 5-8　主板上的 PCI Express 接口

安装显卡时，应确认主机电源处于关闭状态，然后打开机箱。插卡前先把机箱后对应的防尘片卸下，然后用手轻握显卡两端，把显卡的金手指垂直对准主板上的显卡插槽，向下轻压到位后，再拧紧螺丝钉固定显卡。显卡大多为即插即用型的，在 Windows 操作系统下，一般都能自动检测到显卡，并自动匹配，安装相应的驱动程序，如图 5-9 所示。

图 5-9　显卡的安装

5.1.6　显卡的选用

现在市场上显卡的品牌多不胜数，性能也参差不齐，从低端到高端应有尽有。选择显卡时，应遵循按需配置的原则。

具体来说选用显卡根据实际应用情况重点注意核心芯片要选择低能耗，高效率显存的大小决定了显示器分辨率的大小及显示器上能够显示的颜色数。一般地说，显存越大，渲染及 2D 和 3D 图形的显示性能就越高。

"核芯显卡"是最近几年兴起的新产品，它是处理器厂商的杰作。处理器厂商凭借其在处理器制程上的先进工艺以及新的架构设计，将图形核心（GPU）与处理核心整合在同一块基板上，构成一颗完整的处理器。目前 Intel 的处理器以及 AMD 的 APU 都集成了核芯显卡，而核芯显卡的性能也在逐步提升，已经能够和入门级的独立显卡相媲美（入门级显卡主要包括 N 卡 GT640 及其以下、A 卡 HD7750 以下）。因此在选择显卡的时候，如果对显卡性能要求不是太高，则可以直接购买集成核芯显卡的处理器。

另外，用户在选择显卡的时候，需要留意显卡的质保时间（2 年、3 年、5 年的都有）。

5.2 显示器

显示器属于计算机的 I/O 设备，即输入/输出设备。它可以分为 CRT、LCD 等多种类型。

5.2.1 概述

以前，最常见的显示器是阴极射线（CRT）显示器，这也是几十年来显示器家族中的主力成员。经过几十年的发展，CRT 显示器从原来的球面显示器到柱面显示器，再到平面显示器，性能也有了很大改进。但是，尽管 CRT 显示器的技术已非常成熟，但由于 CRT 显示器物理结构的限制和电磁辐射的弱点，已被液晶显示器（LCD）所取代。液晶显示器机身薄，节省空间，与比较笨重的 CRT 显示器相比，液晶显示器只占前者三分之一的空间。同时，液晶显示器绿色环保，它的能源消耗相对于传统的 CRT 来说，已经很小了（17″功率大概为 65 ~ 12 W）。

5.2.2 液晶显示器

液晶显示器（Liquid Crystal Display，LCD）为平面超薄的显示设备（见图 5-10），它是一种采用液晶材料的显示器。液晶是介于固态和液态间的有机化合物，将其加热会变成透明液态，冷却后会变成结晶的混浊固态。在电场作用下，液晶分子会发生排列上的变化，从而影响通过其的光线变化，这种光线的变化通过偏光片的作用可以表现为明暗的变化。这样，通过对电场的控制最终控制光线的明暗变化，从而达到显示图像的目的。

图 5-10 宽屏液晶显示器

1. 液晶显示器工作原理

从液晶显示器的结构来看，LCD 由两块玻璃板构成，厚约 1 mm，其间由包含液晶材料的 5 μm均匀间隔隔开。因为液晶材料本身并不发光，所以在显示屏两边都设有作为光源的灯管，而在液晶显示屏背面有一块背光板（或称匀光板）和反光膜。背光板是由荧光物质组成，可以发射光线，其作用主要是提供均匀的背景光源。

背光板发出的光线在穿过第一层偏振过滤层之后进入包含成千上万液晶液滴的液晶层。液晶层中的液滴都被包含在细小的单元格结构中，一个或多个单元格构成屏幕上的一个像素。在玻璃板与液晶材料之间是透明的电极，电极分为行和列，在行与列的交叉点上，通过改变电压而改变液晶的旋光状态。液晶材料的作用类似于一个个小的光阀。在液晶材料周边是控制电路部分和驱动电路部分。当 LCD 中的电极产生电场时，液晶分子就会产生扭曲，从而将穿越其中的光线进行有规则的折射，然后会经过第二层过滤层的过滤在屏幕上显示出来，显示原理如图 5-11 所示。

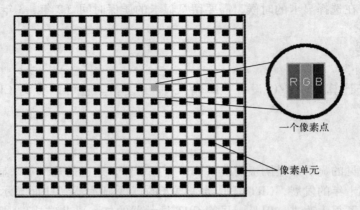

图 5-11 液晶显示器显示原理

2. 液晶显示器的基本参数

（1）荧幕尺寸（一般采用英寸）

LCD 的尺寸是指液晶面板的对角线尺寸，以英寸（in）为单位（1 in = 2.54 cm），现在主流的有 19 英寸、21.5 英寸、22.1 英寸、23 英寸、24 英寸等。纵横比是指屏幕宽度和高度的比例，又称为长宽比。目前液晶显示屏比例一般有 4:3、16:9 和 16:10 三种，即所谓的普屏和宽屏。从产生到 20 世纪中期，绝大部分的电影画面比例都是标准的 1.33:1，即 4:3。为了方便电视的播放，传统的电视机也采取了这个标准比例。由于目前的电视节目采用模拟信号传输，所以最适合用 4:3 的屏幕来观看。但是以数字信号来传输是大势所趋，因此现在液晶电视的 16:9 和 16:10 屏幕逐步取代了 4:3 屏幕。目前的 24 寸 LCD 基本都是宽屏，有 16:10 和 16:9 两种规格。显示器一般以 16:10 的居多。

（2）LCD 的像素间距

LCD 的像素间距（Pixel Pitch）的意义类似于 CRT 的点距（Dot Pitch），不过前者对于产品性能的重要性却没有后者那么高。LCD 的像素数量则是相对固定的。因此，只要在尺寸与分辨率都相同的情况下，所有产品的像素间距都应该是相同的，它的点距和可视面积有很直接的对应关系，很容易直接计算出来。以 14 英寸的液晶显示器为例，14 英寸的液晶显示器的可视面积一般为 285.7 mm × 214.3 mm，而 14 英寸的液晶显示器的最佳（也就是最大可显示）分辨率为 1024 768，即该液晶显示板在水平方向上有 1024 个像素，垂直方向有 768 个像素。由此可以很容易计算出此液晶显示器的点距是 285.7/1024 或者 214.3/768 等于 0.279 mm。同理，分辨率为 1024 × 768 的 15 英寸液晶显示器，其像素间距均为 0.297 mm（亦有某些产品标示为 0.30 mm），而 17 寸的均为 0.264 mm。

（3）最佳分辨率（真实分辨率）

液晶显示器和传统的 CRT 显示器，分辨率都是重要的参数之一。

分辨率是指单位面积显示像素的数量。液晶显示器的物理分辨率是固定不变的，对于 CRT 显示器而言，只要调整电子束的偏转电压，就可以改变不同的分辨率。但是在液晶显示器里面实现起来就复杂了，必须要通过运算来模拟出显示效果，实际上的分辨率是没有改变的。由于并不是所有的像素都同时放大，这就存在着缩放误差。当液晶显示器使用时为非标准分辨率，文本显示效果则会变差，文字的边缘就会被虚化。

液晶显示器的最佳分辨率也叫最大分辨率。最大分辨率指的是显示器所能描绘的像素点的数量，显示器的分辨率越大所能显示的图像的像素点就越多，能够显示细节也就越多，当然显示效果也就越清晰。液晶显示的每一个像素点只能显示一组数码信号，而每一个像素点的点距也是一个标准，如果不能按照标准的比例来显示则会势必造成显示画面扭曲的现象。

目前15英寸液晶的最佳分辨率为1024 ×768，17 ~ 19英寸的最佳分辨率通常为1280 ×1024，20英寸的以1280 ×720比较好。22英寸液晶显示器按照市场的默认的比例分两种，即宽屏16:10和宽屏16:9的比例，最佳分辨率分别是：16:10的分辨率是1680 ×1050，16:9的最佳分辨率是1920 ×1080。

（4）液晶面板及背光类型

一台显示器80%的成本都来自液晶面板，液晶面板的好坏直接决定着液晶显示器的色彩、亮度、对比度和可视角度等。液晶面板常见的有TN面板、MVA和PVA等VA类面板、IPS面板等几种，液晶背光类型主要有两种：CCFL（冷阴极灯管）背光和LED（发光二极管）背光。

CCFL（冷阴极灯管）背光：它的工作原理是当高电压加在灯管两端后，灯管内少数电子高速撞击电极后产生二次电子发射，开始放电。管内的水银或者惰性气体受电子撞击后，激发辐射出253.7 nm的紫外光，产生的紫外光激发涂在管内壁上的荧光粉而产生可见光。

LED（发光二极管）背光：LED背光技术应用到显示屏上，就是采用LED发光二极管为背光模组的液晶面板。发光二极管，是一种固态的半导体器件，它可以直接把电转化为光。

目前的显示器也在向LED背光方向发展，对于用户来说要分辨CCFL背光和LED背光最简单的办法就是看液晶显示的"厚度"。一般来说采用LED背光源的显示器比较轻薄，而采用CCFL背光的显示器则比较厚重。

另外LED和传统的CCFL背光源相比，LED具有低功耗、低发热量、亮度高、寿命长等特点，有望彻底取代传统背光系统。

（5）亮度和对比度

亮度是指画面的明亮程度，单位是堪德拉每平米（cd/m²）或称nits，也就是每平方米有多少烛光。显示器的亮度定义为全白颜色下的亮度值。目前市场上22英寸显示器的亮度标称多为300 cd/m²，更大的尺寸亮度更高。事实上在人们日常使用中是不需要这样高的亮度的，过高的亮度反而会给眼睛带来伤害。

在绝大多数显示器中，出厂的设置基本为100%亮度，因为亮度更高会让使用者对画面产生更直观的感受。然而长时间过高的亮度对视觉伤害是很大的。比较权威的说法是亮度介于120 ~ 150 cd/m²之间能在健康和视觉效果上得到一个折中点。所以在关注显示器亮度参数的时候也要考虑适合自己的亮度。

液晶显示器的对比度的定义为最大亮度值（全白）除以最小亮度值（全黑）的比值，对比值越大则此显示器越好。液晶显示器的对比度可以反应出显示器是否能表现丰富的色阶和画面层次。对比度越高，图像的锐利程度就越高，图像也就越清晰，显示器所表现出来的色彩也就越鲜明，层次感越丰富。

动态对比度指的是液晶显示器在某些特定情况下测得的对比度数值，例如逐一测试屏幕的每一个区域，将对比度最大的区域的对比度值，作为该产品的对比度参数。动态对比度的高低，在日常使用中差异不是特别大，尤其在静态图片的对比上，基本看不出任何差别。但在播放高清影片时，在开启动态对之后，画面在细节展现上会有所提升。

（6）响应时间

响应时间是 LCD 的特定指标，它是指 LCD 各像素点对输入信号反应的速度。液晶显示器响应时间通常是以毫秒（ms）为单位，通常 8 ms、5 ms、3 ms 等都是响应时间。液晶显示器的响应时间，数字越小代表速度越快。不同响应时间每分钟能显示的画面帧数的数值。响应时间对于使用来说，最直观的表现就是画面的延迟（拖影程度）。早期的液晶显示器响应时间太慢，从而造成画面严重拖影，影响视觉体验。不过，目前液晶显示器的拖影问题得到了解决。一般选择响应时间在 8 ms 左右就可以了。

（7）刷新频率（扫描频率）

LCD 刷新频率是指显示帧频，即每个像素为该频率所刷新的时间，与屏幕扫描速度及避免屏幕闪烁的能力相关。由于肉眼能够察觉 CRT 的扫描频率高低，因此扫描频率至少要 65 Hz 或 70 Hz，画面看起来才不会闪烁。而 LCD 显示器属于面阵像素显示，只要刷新频率超过 60 Hz，就不存在 CRT 显示器线扫描所带来的闪烁现象。如果调整到 85 Hz 以上，就看不出有闪烁的现象了。

（8）可视角度

液晶显示器的可视角度是指用户可以清楚看到液晶显示器画面的角度范围。与 CRT 显示器接近 180° 的可视角度不同，多数液晶显示器的可视角度很小。因为背光源发出的光线经过偏极片，液晶和取向层后，发得极具方向性绝大部分光线都集中显示器正面。因此通常液晶显示器的最佳视角均不大，超过最佳视角后，画面的亮度、对比度以及色彩效果就急剧下降，导致用户无法观看。一般而言，可视角度是以对比度变化为参照标准的。当观察角度加大时，该位置看到的显示图像的对比度会下降，而当角度加大到一定程度，对比度下降到 10:1 时，这个角度就是该液晶显示器的最大可视角。

液晶显示器的可视角度又可以分为水平和垂直两方面：水平可视角度是以液晶显示器的垂直中轴线为中心，向左向右移动，可以清楚看到影像的范围；垂直角度是以显示器的平行中轴线为中心，向上向下移动，可以清楚看到影像的范围。

需要说明的是，随着液晶面板技术的不断提高，液晶显示器的可视角度也不在断提升，现在主流 TN 屏产品可视较角度可以达到 170°/160°（水平/垂直）左右。而采用广视角面板（IPS/PVA）的 LCD 可视角度一般都在 178° 以上。

（9）最大显示色彩数

液晶显示器的色彩表现能力是其一个重要指标，显示色彩数就是屏幕上最多显示颜色的总数。对屏幕上的每一个像素来说，256 种颜色要用 8 位二进制数表示，即 2^8，因此也把 256 色图形称为 8 位图。如果每个像素的颜色都用 16 位二进制数表示，就可称之为 16 位图，它可以表达 $2^{16}=65536$ 种颜色。还有 24 位彩色图，可以表达 16，777，216 种颜色。液晶显示器一般都支持 24 位真彩色。

72

（10）接口标准

目前液晶显示器都提供的接口包括：DVI、VGA、DP、HDMI、USB 等。液晶显示器的接口数量也是衡量液晶显示器好坏的关键，高端的显示器产品集成的接口也就越多，能够兼容的设备也就越多。

5.2.3　显示器的选用

显示器是计算机中必不可缺少的部件，也是淘汰最慢的部件。用户选择显示器首先要考虑健康和环保问题，尤其是对眼睛的保护。在选购显示器时，首先要根据用途考虑，其次还有经济因素。

（1）正确认识液晶显示器的尺寸问题

荧幕尺寸依荧幕对角线计算，在对角线长度一定情况下，宽高比值越接近 1，实际面积则越大。宽屏比较符合人眼视野区域形状。

（2）注意液晶显示的最大分辨率

目前主流的是 1080P，高端的为 2560P。

（3）注意面板类型

一般来说 TN 面板效果一般，AV 面板、IPS 效果好。

（4）注意背光类型

背光类型主要分为 CCFL 和 LED 两种，LED 已经成为市场主流。

（5）响应时间

响应时间数值越小越好。

（6）动态对比度

动态对比度一般没必要刻意追求，亮度满足平时使用即可。

（7）要看可视角度的大小

可视角度不及传统的 CRT 显示器宽广是液晶显示器一大缺陷。视角度取决于面板类型，可视角度越大越好。

（8）要仔细检查面板质量

在购买液晶显示屏时，很多商家还提出"无坏点""无亮点"的承诺。什么是无坏点和无亮点呢？其实液晶面板上不可修复的物理像素点就是坏点，而坏点又分为亮点和暗点两种。亮点指屏幕显示黑色时仍然发光的像素点，暗点则指不显示颜色的像素点。由于它们的存在会影响到画面的显示效果，所以坏点越少就越好。在挑选液晶显示屏的时候，不要选择有超过三个坏点且在屏幕中央的产品。坏点和亮点可以借助 Nokia Monitor Test 软件进行测试。除了暗点和亮点外，还有始终显示单一颜色的"色点"，在挑选时最好将液晶显示屏调整到全黑或者全白来进行鉴别。

5.3　显卡与显示器的常见故障与维护

显卡和显示器组成了计算机显示子系统。正常情况下，显卡的故障率并不高。但随着应用增多和性能的提升，其故障率也不断增加。而显示器是计算机中比较特殊的部件，它与主机相对独立，作为强电设备，应注意做好对它的维护工作。

5.3.1 显卡的常见故障

（1）计算机启动时黑屏

启动计算机时，如果显示器出现黑屏现象，且机箱喇叭发出一长两短的报警声，则说明很可能是显卡引发的故障。

首先要确定是否由于显卡接触不良引发的故障：关闭电源，打开机箱，将显卡拔出来，然后用毛笔刷将显卡板卡上的灰尘清理掉，特别是要注意将显卡风扇及散热片上的灰尘处理掉。接着用橡皮擦来回擦拭板卡的金手指。完成这一步之后，将显卡重新安装好（一定要将挡板螺丝拧紧），看故障是否已经解决。另外，针对接触不良的显示卡，比如一些劣质的机箱背后挡板的空档不能和主板插槽对齐，在强行上紧显示卡螺丝钉以后，过一段时间可能导致显示卡的 PCB 变形的故障，只要尝试着松开显示卡的螺丝钉即可。如果通过上面的方法还不能解决问题的话，则可能是显卡与主板存在不兼容的问题，此时可以另外拿一块显卡插在主板上，如果故障解除，则说明不兼容问题存在。当然，用户还可以将该显卡插在另一块主板上，如果也没有故障，则说明这块显卡与原来的主板确实存在不兼容问题。对于这种故障，最好的解决办法就是换一块显卡或者主板。还有一种情况值得注意，那就是显卡硬件出问题了，一般是显示芯片或显存烧毁，建议将显卡拿到别的机器上试一试，若确认是显卡问题就只能更换了。

（2）显示花屏

花屏是一种比较常见的显示故障，大部分花屏的故障都是由显卡本身引起的。如果开机显示就花屏的话，首先应检查显卡是不是存在散热问题，用手触摸一下显存芯片的温度，看看显卡的风扇是否停转。如果散热的确有问题的话，可以采用换个风扇或在显存上加装散热片的方法解决。如果是在玩游戏或做 3D 时出现花屏的话，则就要考虑到是不是由于显卡驱动与程序本身不兼容或驱动存在 Bug 而造成的了，可以换一个版本的显卡驱动试一试。如果以上方法都不能解决问题，则可以尝试着刷新显卡的 BIOS，去显卡厂商的主页看看有没更新的 BIOS 下载。

（3）参数设置不当

计算机显示系统的色彩数、分辨率和刷新频率与所使用显示卡和显示器的性能参数密切相关。如果在尝试调高分辨率和刷新频率时，出现了黑屏、花屏等现象，可不必按任何键，15 s 后系统将自动恢复原来的参数设置。如果出现了显示器不能达到用户所选择的刷新频率的要求进不了系统的情况，则可重新启动系统，并按〈F8〉键，选择进入"安全模式"，将有关参数改回即可。所以，不要盲目调高分辨率和刷新频率，以免造成不必要的麻烦。

（4）颜色显示不正常

此类故障一般有以下原因。

1）显示卡与显示器信号线接触不良。

2）显示器自身故障。

3）显卡损坏。

4）显示器被磁化，此类现象一般是由于与有磁性能的物体过分接近所致。磁化后还可能会引起显示画面出现偏转的现象。

（5）死机

出现此类故障一般多见于主板与显卡的不兼容或主板与显卡接触不良，显卡与其他扩展卡不兼容等。

（6）VGA 插头出现问题

显示卡上的 VGA 插头在多次插拔以后，可能会导致针孔中的簧片变松，使其不能和显示器良好接触。还有就是对显示器信号线的过力拉扯，也可能导致 VGA 插头信号传输问题。如果在对 VGA 插头过力操作以后，显示器黑屏，则基本上可以断定 VGA 插头出现了问题。

（7）显卡驱动程序丢失

显卡驱动程序载入，运行一段时间后驱动程序自动丢失。此类故障一般是由于显卡质量不过关或显卡与主板不兼容，使得显卡温度太高，从而导致系统运行不稳定或出现死机的情况，此时只有更换显卡。

5.3.2 LCD 显示器的常见故障与维护

1. LCD 显示器的日常维护

（1）不使用时就关掉液晶屏

LCD 面板是由液晶矩阵构成的，过长时间的连续使用，特别是如果长时间显示一种固定的内容，液晶晶体特性将会无法复原而造成永久损坏。设置屏幕保护程序或者直接关掉 LCD 都可以防止该问题出现。一般来说，不要超过 72 h 连续使用 LCD。如果暂时离开或者不使用计算机，请关掉 LCD。

（2）注意 LCD 的脆弱性

当 LCD 面板受到碰触或撞击时，极易发生面板破裂，这将直接导致 LCD 的报废。所以在运输、安装和清洁 LCD 时，请保护好 LCD 的安全。

（3）防止阳光直接照射 LCD 面板

直接的日光照射将造成 LCD 面板寿命大大缩短，因此需要将 LCD 面板摆放在日光照射较弱或者光线较暗的地方。

（4）正确清洁液晶屏

在清洁显示器之前，需要从电源插座拔出插头。将干净软布稍微以水湿润并拧干，使用它向同一个方向进行擦拭。如果可能的话，可使用专业的液晶屏清洁液，并按其说明方法擦拭。

（5）不要拆卸 LCD 显示屏

无论何时都不要拆卸 LCD。LCD 背景照明组件中的 CFL 交流器在关机很长时间后依然可能带有高达 1000 V 的电压，它可能会对人体造成的伤害可想而知。

2. LCD 显示器的常见故障及处理

（1）出现水波纹

首先仔细检查周边是否存在电磁干扰源，然后更换一块显卡，或将显示器接到另一台计算机上，确认显卡本身没有问题，再调整一下刷新频率。如果排除以上原因，很可能就是该液晶显示器的质量问题了，比如存在热稳定性不好的问题。出现水波纹是液晶显示器比较常见的质量问题，如果无法解决，则建议尽快更换或送修。

（2）出现花屏

有些液晶显示器在启动时会出现花屏问题，感觉就好像有高频电磁干扰一样，屏幕上的字迹非常模糊且呈锯齿状。这种现象一般是由于显卡上没有数字接口，而是通过内部的数字/模拟转换电路与显卡的 VGA 接口相连接。这种连接形式虽然解决了信号匹配的问题，但它又带来了容易受到干扰而出现失真的问题。究其原因，主要是因为液晶显示器本身的时钟频率很难与输入模拟信号的时钟频率保持百分之百的同步，特别是在模拟同步信号频率不断变化的时候。如果此时液晶显示器的同步电路，或者是与显卡同步信号连接的传输线路出现了短路或接触不良等问题，而不能及时调整跟进以保持必要的同步关系的话，就会出现花屏的问题。

（3）显示分辨率设定不当

传统的 CRT 显示器相对于所支持的分辨率较有弹性，而液晶显示器的屏幕分辨率却不能随意设定。LCD 只能支持所谓的"真实分辨率"，而且只有在真实分辨率下，才能显现最佳影像。当设置为真实分辨率以外的分辨率时，一般会通过扩大或缩小屏幕显示范围，以使显示效果保持不变，超过部分则会以黑屏处理。另外也可使用插值等方法，无论在什么分辨率下仍保持全屏显示，但这时显示效果就会大打折扣。

（4）显示屏黑屏，没有背光，电源灯绿灯常亮

斜视液晶屏有显示图像，多属于高压板供电电路问题。此时需要重点检查 12 V 供电保险丝和 3 V 或 5 V 的开关电压是否正常，然后进行相应处理。

（5）屏幕亮线、亮带或是暗线

这种问题，一般是液晶屏的故障。亮线故障一般是因连接液晶屏本体的排线出了问题或者某行和列之驱动 IC 损坏而导致的。暗线一般是屏的本体有漏电，或者 TAB 柔性板连线开路。如果出现以上两种问题则基本上没有检修价值了。

习题 5

一、填空题

1. 显卡一般由（　　）、（　　）、（　　）、PCI – E 接口和 Video BIOS 组成。

2. 显卡的作用是把 CPU 要处理的图形信息存储在（　　）中，并且将它转换成（　　）输出给显示器。

3. 显存也称（　　），它的作用是用来存储显卡芯片处理过或者即将提取的（　　）。

4. 显示芯片的主要任务是（　　），并对其进行（　　）和（　　）等工作。

5. 现在最常见的主要有：（　　）接口、（　　）接口、（　　）这几种输出接口。

6. 刷新频率：也称帧率（Frames per Second），是指图像在显示器上（　　）的速度，也就是（　　），单位为 FPS（帧/s）。FPS 越高，刷新频率越高，屏幕上图像的（　　）就越小，图像越稳定，视觉效果也越好。

7. API（Application Programming Interface）是（　　）的意思，而 3D API 则是指（　　）接口。

8. 显存带宽是衡量显卡性能好坏的重要参数，即（　　）以及（　　）之间在单位时间内数据交换量的大小，

9. 色深是指某个确定的（　　），描述每一个像素点的色彩所使用的数据的（　　），单位是（　　）。它决定了每个像素点可以有的（　　）的种类。

10. 计算机显示系统的（   　）、（   　）和（   　）与所使用显示卡和显示器的性能参数密切相关。

11. 像素填充率即为（   　），它决定了 3D 图形显示时可能达到的（   　），直接影响 3D 显卡运行时的显示速度。

二、简答题

1. 世界上第一台 PC 使用的显示系统是什么？

2. 显卡 BIOS 的英文全称是什么？它的作用是什么？

3. 显存的主要作用是什么？

4. 目前显卡使用的接口主要类型是什么？

5. 简述显卡的基本工作原理。

6. 显卡的基本性能指标有哪些？

7. 显示器的屏幕尺寸是指什么？

8. 目前显卡的主要新技术有哪些？

9. LCD 显示器有哪些常见故障？

10. LCD 显示器的日常维护应注意哪些问题？

11. 显示器的选用应注意哪些问题？

12. 什么是"核芯显卡"？

第6章 外部存储设备

外部存储设备主要包括硬盘、光存储设备和近些年迅速发展的一些移动存储的设备。

硬盘是最重要的存储设备。计算机在运行时，操作系统及所有的应用软件等都存储在硬盘中。

利用激光在光盘上记录和读取数据的设备，统称为光存储设备。目前，光存储设备主要包括：DVD－ROM、DVD＋/－R、DVD±RW、蓝光 DVD 等。

在使用计算机时，常常要进行数据交流，并对重要的数据做备份，因此就需要一种便于携带的存储介质，这就是移动存储设备。目前市场上有多种用于移动存储的设备。其中 USB 移动硬盘和 USB 闪存盘，因其具有较好的通用性和便于携带等优点，因而获得了广泛的应用。

6.1 硬盘

硬盘（Hard Disk Drive，HDD）全名温彻斯特式硬盘，是计算机主要的存储媒介之一，由一个或者多个铝制或玻璃制的碟片组成。这些碟片外覆盖有铁磁性材料。绝大多数硬盘都是固定硬盘，会被永久性地密封固定在硬盘驱动器中。

硬盘除了机械硬盘（HDD）外，还有固态硬盘（SSD）和混合硬盘（HHD）。SSD（Solid State Disk）采用闪存颗粒来存储，混合硬盘（Hybrid Hard Disk，HHD）是把磁性硬盘和闪存集成到一起的一种硬盘。

6.1.1 硬盘的发展概述

自 1956 年第一台硬盘诞生以来，在过去的半个多世纪里，硬盘技术突飞猛进，目前仍然保持着向更高速度、高性能、更低的单位成本目标稳步前进。

1956 年 9 月，IBM 的一个工程小组，向世界展示了第一台磁盘存储系统 IBM 350 RAM-AC。它重 1000 kg，50 张 24 英寸磁盘组成的系统能够保存 5 MB 的数据。1968 年 IBM 公司首次提出"温彻斯特"（Winchester）技术，其特点是："密封、固定并高速旋转的镀磁盘片，磁头沿盘片径向移动，在空气动力的作用下磁头悬浮在高速转动的盘片上方，而不与盘片直接接触"，这也是现代绝大多数硬盘的原型。随后，1973 年 IBM 公司制造出第一台采用"温彻期特"技术的硬盘，此后硬盘的发展一直沿用此种技术。到了 1979 年，IBM 又发明了薄膜磁头，为进一步减小硬盘体积、增大容量、提高读写速度提供了可能。20 世纪 80 年代末期 IBM 对硬盘的发展又作出了一项重大贡献，即发明了 MR（Magneto Resistive）磁阻磁头。这种磁头在读取数据时对信号变化相当敏感，使得盘片的存储密度能够比以往 20 MB 每英寸提高了数十倍。1991 年 IBM 生产的 3.5 英寸的硬盘使用了 MR 磁头，使硬盘的容量首次达到了 1 GB，从此硬盘容量开始进入了 GB 数量级。此后又开发出的 GMR（巨磁阻磁头技术）磁头，它比 MR 具有更高的灵敏性，进一步提高了硬盘的容量。1999 年 9 月 7 日，

Maxtor（迈拓）宣布了首块单碟容量高达 10.2 GB 的 ATA 硬盘，它从而把硬盘的容量引入了一个新的时代。

2000 年 3 月 16 日，硬盘领域又有新突破，第一款"玻璃硬盘"问世，全部硬盘几乎均采用 GMR，该技术最新的为第四代 GMR 磁头技术。2003 年 2 月 10 日，西部数据公司发布的猛禽（Raptor）SATA 系列硬盘引起了轰动，桌面级硬盘高达 1 万转/s。2005 年日立环储和希捷都宣布了将开始大量采用磁盘垂直写入技术（Perpendicular Recording），该原理是将平行于盘片的磁场方向改变为垂直（90°），更充分地利用储存空间。2007 年硬盘容量大突破，正式进入 TB 时代。2007 年 1 月，日立率先宣布了全球第一款 1 TB 容量的 3.5 英寸桌面硬盘"Deskstar 7K1000"。1 TB 的 Deskstar 7K1000 硬盘基于垂直记录技术，5 碟装，10 个磁头，即每面 100 GB。该硬盘采用 SATA 3 Gbit/s 或 PATA-133 接口，转速 7200R 单位。并且直接从 16 MB 缓存升级到 32 MB，效能更加好，硬盘因而正式进入 TB 时代。1 TB 硬盘可以存储 25 万首 MP3 歌曲、358 部电影、1000 h 视频、333.3 万张照片或者 500 多个游戏。2009 年，单碟容量突破至 500 G，最高达 2 TB。

2010 年推出硬盘容量达 3 TB 的硬盘系列。另外，随着人们对硬盘容量的要求日益增加，移动硬盘渐渐地被大多数人认可。250 G、320 G 乃至 TB 级的移动硬盘产品纷呈亮相，满足消费者日益增长的移动存储需求。同时，随着固态移动硬盘技术的逐渐完善，固态移动硬盘也开始崭露头角。

未来一段时间之内，HDD 机械硬盘的重点发展方向将放在容量的增长上，其中扩充单碟容量与整体容量就是主要手段。单碟技术猛进，使 HDD 进入 4 TB 时代。目前，如果关于机械硬盘第一个关键词是单碟 1 TB，则第二个关键词就是 4 TB 硬盘。不过，现在 HDD 所使用的垂直磁记录模式基本已经达到磁片面密度的极限。来自硬盘厂商的数据显示，磁片面密度每年的增幅已经小于 10%。

6.1.2　硬盘的工作原理和结构

硬盘是一种磁介质的外部存储设备，数据存储在密封、洁净的硬盘驱动器内腔的多片磁盘片上。这些盘片的片基表面被涂上磁性介质，在磁盘片的每一面上，以转动轴为轴心、以一定的磁密度为间隔的若干个同心圆，被划分成磁道（Track）。每个磁道又被划分为若干个扇区（Sector），数据就按扇区存放在硬盘上。在每一面上都相应地有一个读写磁头（Head），所有盘片相同位置的磁道就构成了所谓的柱面（Cylinder）。

硬盘的基本工作原理是：硬盘驱动器加电正常工作后，利用控制电路中的初始化模块进行初始化工作，此时磁头置于盘片中心位置。初始化完成后，主轴电机将启动，并高速旋转，装载磁头的小车机构移动，将浮动磁头置于盘片表面的 00 道，处于等待指令的启动状态。当主机下达存取磁盘片上的数据时，通过前置放大控制电路，发出驱动电动机运动的信号，控制磁头定位机构将磁头移动，搜寻定位它要存取数据的磁道扇区位置，进行数据读写。

硬盘的第一个扇区（0 道 0 头 1 扇区）被保留为主引导扇区。在主引导区内主要有两项内容：主引导记录和硬盘分区表。主引导记录是一段程序代码，其作用主要是对硬盘上安装的操作系统进行引导。硬盘分区表则存储了硬盘的分区信息。计算机启动时将读取该扇区的数据，并对其合法性进行判断（扇区最后两个字节是否为 0x55AA 或 0xAA55），如合法则跳转执行该扇区的第一条指令。所以硬盘的主引导区常常成为病毒攻击的对象，常被篡改，甚至被破坏。

硬盘在结构上可以分为外部结构、内部结构和控制电路3大部分。

1. 外部结构

（1）接口

接口包括电源接口插座和数据接口插座两部分。其中电源插座与主机电源相连接，为硬盘正常工作提供电力保证。数据接口插座则是硬盘数据与主板控制芯片之间进行数据传输交换的通道，使用时是用一根数据电缆将其与主板控制适配器的接口相连接。

（2）控制电路板

大多数的控制电路板都采用贴片式焊接，它包括主轴调速电路、磁头驱动与伺服定位电路、读写电路、控制与接口电路等。在电路板上还有一块 ROM 芯片，里面固化的程序可以进行硬盘的初始化，执行加电和启动主轴电动机，加电初始寻道、定位以及故障检测等。在电路板上还安装有容量不等的高速数据缓存芯片，一般为 2 ~ 8 MB。硬盘的外观如图 6-1 所示。

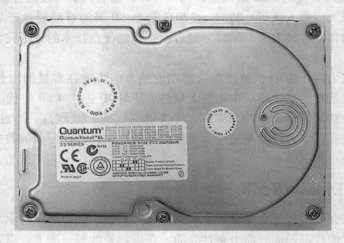

图 6-1　硬盘的外观

（3）固定面板

固定面板就是硬盘正面的面板，它与底板结合成一个密封的整体，保证了硬盘盘片和机构的稳定运行。在面板上最显眼的莫过于产品标签，上面印着产品型号、产品序列号、产品及生产日期等信息。除此，还有一个透气孔，它的作用就是使硬盘内部气压与大气气压保持一致。

2. 内部结构

硬盘内部结构由控制电路板、磁头、盘片、主轴、电机、接口及其他附件组成，如图 6-2所示。其中磁头盘片组件是构成硬盘的核心，它封装在硬盘的净化腔体内，包括浮动磁头组件、磁头驱动机构、盘片、主轴驱动装置及前置读写控制电路。

（1）浮动磁头组件

浮动磁头组件是硬盘中最精密的部位之一，它由读写磁头、传动手臂和传动轴3部分组成。磁头是硬盘技术最重要和关键的一环，实际上是集成工艺制成的多个磁头的组合。它采用了非接触式头和盘结构，加电后在高速旋转的磁盘表面移动，与盘片之间的间隙只有 0.1～0.3 μm，这样就可以获得很好的数据传输率。现在的硬盘都采用了巨型磁阻磁头（GMR），应用此种技术的硬盘的读、写是分别由不同的磁头来完成的，这可有效地提高硬盘的工作效率并使增大磁道密度成为可能。

图 6-2　硬盘的内部结构

（2）磁头驱动机构

由音圈电机和磁头驱动小车组成，同时还有高效的防振动机构。高精度的轻型磁头驱动机构能够对磁头进行精确的定位，并在很短的时间内精确定位到系统指令指定的磁道上，以保证数据读写的可靠性。

音圈电机是由中间插有与磁头相连的磁棒的线圈和其外部永磁机构组成的。当电流通过线圈时，在外磁场的作用下磁棒就会发生位移，进而驱动装载磁头的小车，并根据控制器在盘面上磁头位置的信息编码来得到磁头移动的距离，以达到准确定位的目的。音圈电动机是密封型的控制系统，能够自动调整，速度比早期的驱动电动机要快而且安全系数更高。

（3）盘片和主轴组件

盘片是硬盘存储数据的载体，现在的盘片大都采用金属薄膜磁盘，这种金属薄膜较之软磁盘的不连续颗粒载体具有更高的记录密度，同时还具有高剩磁和高矫顽力的特点。

主轴组件包括了轴承和驱动电机。驱动电机使盘片转起来。理论上，驱动电动机的转速越高，其数据读写速度也就越快，目前主流的驱动电动机转速为 5400 r/min 以及 7200 r/min，高端 SCSI 硬盘可以达到 10 000 r/min 甚至 15 000 r/min 的转速。主轴电动机的速度的不断提升，导致出现传统滚珠轴承电动机磨损加剧、温度升高、噪声增大的弊病，对速度的提高带来了负面影响。因而生产厂商开始采用精密机械工业的液态轴电动机（Fluid Dynamic Bearing Motors）技术，液态轴承电动机使用黏膜液油轴承，以油膜代替滚珠可以避免金属面的直接摩擦，使噪声和温度减小到最低。

（4）前置控制电路

前置电路控制磁头感应的信号、主轴电机调速、磁头驱动和伺服定位等。由于磁头读取的信号微弱，将放大电路密封在腔体内可减少外来信号的干扰，提高信噪比。

3. 控制电路

硬盘控制电路总得来说可以分为如下几个部分：主控制芯片、数据传输芯片、数据缓存芯片等，如图6-3所示。其中，主控制芯片负责硬盘数据读写指令等工作；数据传输芯片则是将硬盘磁头前置控制电路读取出数据经过校正及变换后，由数据接口传输到主机系统；高速数据缓存芯片是为了协调硬盘与主机在数据处理速度上的差异而设置的，缓存的容量越大，在读写琐碎文件时的性能就更突出，高端硬盘往往都配备大容量的缓存空间以确保的性能的稳定发挥。

图6-3　硬盘的控制电路板

6.1.3　硬盘的性能指标

1. 硬盘容量

硬盘作为存放计算机所安装的软件及各种多媒体数据的主要外部存储器，其容量的大小是一个非常重要的指标。硬盘的容量通常以MB（兆字节）、GB（千兆字节）或TB（1024 GB）为单位，目前主流硬盘容量为1 TB以上。影响硬盘容量大小的因素有单碟容量和盘片数量。传统机械硬盘已发展到4碟4 TB技术，比如希捷最新的4碟4 TB硬盘和东芝的单碟1 TB技术系列硬盘等。

在硬盘使用中，用户往往会发现计算机中显示出来的硬盘容量要比其标称值小，这是由于采用不同的转换关系造成的。在计算机中1 GB = 1024 MB，而硬盘生产厂家通常按1 GB = 1000 MB来标称硬盘容量的。

2. 平均寻道时间、平均潜伏时间和平均访问时间

硬盘的平均寻道时间是指磁头从初始位置移到目标磁道所需的时间，单位为ms（毫秒），它是影响硬盘数据传输率的重要参数。硬盘存取数据的过程大致是这样的：当硬盘接到存取指令后，磁头从初始位置移到目标磁道位置（经过一个寻道时间），然后等待所需数据扇区旋转到磁头下方（经过一个待等时间）开始读取数据。所以硬盘在读取数据时，要经过一个寻道时间和一个等待时间，那么硬盘的平均访问时间 = 平均寻道时间 + 平均等待时间。平均寻道时间越小越好。目前硬盘的单碟容量更高，磁头的寻道操作和距离都会减少，寻道时间得到改善。平均潜伏时间就是指磁头移动到目标数据所在磁道（存储操作）等待

存储数据的时间。该时间是指磁头找到指定数据的平均时间，通常它就是硬盘平均寻道时间（读取）和平均潜伏时间（存储）之和。平均存取时间最能代表硬盘找到某一数据所用的时间，数值越小越好，单位为 ms。

3. 转速

硬盘的转速是指驱动电动机主轴的转动速度，单位为 r/min。早期硬盘的转速不过是 3600 r/min，后来硬盘的转速达到 4500 r/min 和 5400 r/min，令硬盘的性能得到很大的提升。目前，主流硬盘的转速为 7200 r/min。虽然此后 10 000 r/min 的硬盘也开始出现，不过由于价格定位方面的原因，直到现在 10 000 r/min 的硬盘并未成为主流，占据市场主流的，依然是 7200 r/min 的产品。转速的快慢直接影响硬盘的性能，也是决定一个硬盘档次划分的重要因素。

4. 最大内部数据传输率

它也称作持续数据传输率，指磁头到硬盘高速缓存之间的传输速度，单位为 Mbit/s。如果要换算成 MB/s 的话，要以 Mbit/8s 来获得。最高内部传输速率的性能与硬盘转速以及盘片存储密度（单碟容量）有直接的关系。

5. 外部数据传输率

通称为突发数据传输率，是指从硬盘高速缓存与系统总线之间数据传输率，单位为 MB/s。这个数值通常也就是接口的峰值速率，比如 Serial ATA 3.0 就是 600 MB/s。

6. 数据缓存

是指在硬盘内部的高速缓冲存储器，目前硬盘的高速缓存储器一般为 16 ~ 64 MB，最高已达 128 MB。缓存高速缓存对大幅度较高硬盘的读写速度有着相当重要的作用。

除了转速之外，硬盘缓存也是制约硬盘性能的最重要因素之一，硬盘的缓存是硬盘与外部总线交换数据的场所。硬盘的读数据的过程是将磁信号转化为电信号后，通过缓存一次次地填充与清空，再填充，再清空，一步步按照 PCI 总线的周期送出。因此，对于硬盘而言，缓存的重要性不言而喻。

7. 硬盘接口

目前硬盘的接口主要为 IDE 接口、SCSI 接口和 SATA 接口。

IDE 接口也称为 ATA（Advanced Technology Attachment）接口。当前主流 IDE 接口的硬盘主要采用 Ultra ATA/133 标准，数据传输率为 133 MB/s。所有的 IDE 硬盘接口都使用相同的 40 针连接器。

SCSI（Small Computer System Interface）即小型计算机系统接口，它并不是专门为硬盘设计的接口，而是一种广泛应用于小型机上的高速数据传输技术。SCSI 接口具有应用范围广、多任务、带宽大、CPU 占用率低，以及热插拔等优点，但较高的价格使得它很难在普通硬盘上普及目前，SCSI 硬盘主要应用于中、高端服务器和高档工作站中。SCSI 接口近年来也经历了从最初的 SCSI（最大数据传输率 5 MB/s）、SCSI – 2（20 MB/s）、SCSI – 3（40 MB/s）到 Ultra 160/M SCSI、Ultra 320/M SCSI、Ultra 640/M SCSI 的演变，Ultra 640/M SCSI 的最大数据传输率目前已高达 640 MB/s。SCSI 硬盘接口有 3 种，分别为 50 针、68 针和 80 针，在硬盘标牌上标有的"N""W""SCA"表示的就是接口针数。N（Narrow）即窄口，50 针；W（Wide）即宽口，68 针；SCA（Single Connetor Attachment），即单接头，80 针。

SATA（Serial ATA）即串行 ATA。这是一种完全不同于并行 ATA 的新型硬盘接口类型。

使用 SATA 口的硬盘又叫串口硬盘，采用串行连接方式串行 ATA 总线使用嵌入式时钟信号，具备了更强的纠错能力，与以往相比其最大的区别在于能对传输指令（不仅仅是数据）进行检查。如果发现错误会自动矫正，这在很大程度上提高了数据传输的可靠性。串行接口还具有结构简单、支持热插拔的优点。

Serial ATA 1.0 定义的数据传输率可达 150 MB/s，Serial ATA 2.0 的数据传输率达到 300 MB/s，目前 Serial ATA 3.0 实现了 600 MB/s 的最高数据传输率。

8. 连续无故障时间（MTBF）

它是指硬盘从开始运行到出现故障的最长时间，单位是小时。一般硬盘的 MTBF 至少在 30 000 ~ 40 000 h。

6.1.4 固态硬盘（SSD）和混合硬盘（HHD）

1. 固态硬盘（SSD）

随着存储技术的发展，原本由硬盘主导的存储市场也面临着固态硬盘、闪存等新兴存储介质的挑战。固态硬盘（Solid State Disk/Solid State Drive，SSD）又称固态驱动器，是一种基于永久性存储器（如闪存）的计算机外部存储设备。SSD 固态硬盘使用 Flash 闪存颗粒作为存储单元，通过模拟的方式虚拟出传统硬盘存取方式和扇区（简单的理解固态硬盘就是一个采用硬盘接口（SATA/ATA 等）的"大 U 盘"），利用传统的 NAND Flash 特性，以区块写入和抹除的方式来作读写的功能。它与传统机械式硬盘相较，具有低耗电、耐振、稳定性高、耐低温等优点。固态硬盘是由控制单元和存储单元（Flash 芯片）组成，简单的说就是用固态电子存储芯片阵列而制成的硬盘，固态硬盘的接口规范、定义、功能及使用方法上与普通硬盘的完全相同，在产品外形和尺寸上也完全与普通硬盘一致。

现有的固态硬盘产品有 3.5 英寸、2.5 英寸和 1.8 英寸等多种类型，容量一般为 16 ~ 256 GB，如图 6-4 所示。

SSD 硬盘市场经过数年发展，已从三足鼎立到了百家争鸣。以第一代 SSD 为例，它们发展周期长达 4 年，读写速度从最初的不足 100 MB/s，推进到 SATAII 的极限速度 300 MB/s 附近。2009 年，首款第二代 SSD——Crucial 英睿达 C300 改写了 SSD 的历史。它是第一款采用 SATA 3.0 6 Gbps 速率接口的高速 SSD，随机读写能力达到数万 IOPS 值（IOPS 即每秒进行读写（I/O）操作的次数）。2012 年，酝酿长达 3 年之久的第一款三代 SSD——浦科特 M5P 面世。它延续了 SATA3.0 接口，读

图 6-4　固态硬盘

写速度逼近 600 MB/s，随机读写能力高达 10 万 IOPS。随着工艺的进步、产能的增加、成本的降低，SSD 固态硬盘应用也越来越广泛。

固态硬盘相对硬盘的最显著优势就是速度，例如一个每分钟 15 000 r/min 的硬盘转一圈需要 200 ms 的时间，而在 SSD 上由于数据是存放在半导体内存上的，它能够在低于 1 ms 的时间内对任意位置的存储单元完成 I/O 操作。因此在对许多应用程序来说最为关键的 I/O 性能指标——IOPs（即每秒多少次 IO 动作）上，SSD 可以达到硬盘的 50 ~ 1000 倍。采用

Flash 内存的 SSD 具备相当高的数据安全性，并且在噪声、便携性等方面都有硬盘所无法媲美的优势。相比于机械硬盘，固态硬盘的技术上还属于发展阶段，仍然存在着一些缺点。例如，寿命问题一直是用户不敢轻易尝试 SSD 的原因。固态硬盘的主要优势集中在读取方面，而在写入方面，优势并不是那么明显。固态硬盘目前最大容量和传统硬盘最大按 TB 容量衡量相比差距很大。另外从传统硬盘规模生产的性价比来看，固态硬盘居高不下的价格一直是阻碍其市场普及的主要因素。

SSD 固态硬盘（Solid State Disk、Ide Flash Disk）由控制单元和存储单元（Flash 芯片）组成，如图 6-5 所示。固态硬盘内主体其实就是一块 PCB 板，而这块 PCB 板上最基本的配件就是主控芯片、缓存芯片和用于存储数据的闪存芯片。

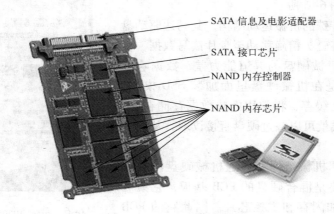

图 6-5　SSD 固态硬盘的结构

主控芯片：主控芯片实际是一个处理器，是固态硬盘的大脑，它的主要作用是合理调配数据在各个闪存芯片上的负荷，并且承担了整个数据中转，连接闪存芯片和外部 SATA 接口。不同的主控之间能力相差非常大，在数据处理能力、算法、对闪存芯片的读取写入控制上会有非常大的不同，会直接导致固态硬盘产品在性能上的差异。主控芯片主要分为压缩性算法和非压缩性算法两种。顶级主控基本采用非压缩算法，一般为双/三核架构。

缓存芯片：固态硬盘和传统硬盘一样需要高速的缓存芯片辅助主控芯片进行数据处理，而缓存的大小、有无，都是影响性能的关键。需要注意的是，有一些廉价固态硬盘方案为了节省成本，省去了缓存芯片，这样的做法会降低 SSD 固态硬盘的性能。

NAND Flash 闪存芯片：除了主控芯片和缓存芯片以外，PCB 上其余的大部分位置都是 NAND Flash 闪存芯片。NAND Flash 闪存芯片又分为 SLC（单层单元）和 MLC（多层单元）NAND 闪存。SLC（Single Level Cell）即单层式储存，因为结构简单，在写入数据时电压变化的区间小，所以寿命较长。传统的 SLC NAND 闪存可以承受 10 万次的读写。而且因为一组电压即可驱动，所以其速度表现更好，目前很多高端固态硬盘都是都采用该类型的 Flash 闪存芯片。MLC（Multi Leveled Cell）即多层式储存，它采用较高的电压驱动，通过不同级别的电压在一个块中记录两组位信息，这样就可以将原本 SLC 的记录密度理论提升一倍。作为目前在固态硬盘中应用最为广泛的 MLC NAND 闪存，其最大的特点就是以更高的存储密度换取更低的存储成本，从而可以获得进入更多终端领域的契机。不过，MLC 的缺点也很明显，其写入寿命较短，读写方面的能力也比 SLC 低，一般可擦写次数仅为 1 万次。

85

虽然固态硬盘现在还有诸多缺点，但是随着固态硬盘技术研发上的不断改进，闪存正朝着大容量、低功耗、低成本、高稳定性方面发展。加上对固态硬盘有更强优化处理的微软操作系统 Windows 7 的推出，固态硬盘的一些劣势也有了不错的解决方案。Windows 7 系统对固态硬盘性能和寿命方面的技术进行了更好的改善。无须用户的任何设置，系统会自动辨识存储设备是机械硬盘还是固态硬盘，如果为固态硬盘，则就会关掉磁盘整理功能，避免固态硬盘不断执行重复读写工作，从而降低固态硬盘芯片的损耗。而 Trim 指令则可以有效地防止固态硬盘在长期使用后速度下滑，并延长闪存使用寿命。

2. 混合硬盘（HHD）

混合硬盘（HHD）是把磁性硬盘和闪存集成到一起的一种硬盘，如图 6-6 所示。

机械硬盘拥有特殊的机械运动结构，其马达驱动盘片高速运转，摇臂将磁头精确移动至盘片读写数据，复杂的运动过程导致机械硬盘的寻道能力差，数据响应慢。混合硬盘也就是在机械硬盘里面加装 SSD 模块，作为机械硬盘的记忆缓存，将常用的热数据存储在内，这样系统在提取时候就可以绕过硬盘直接读取，从而加快了寻道速度。

图 6-6　希捷 Momentus XT 500 GB
7200 转 4 GB 混合硬盘

混合硬盘的内部机械结构和普通机械硬盘没有区别，但不同之处主要是混合硬盘的 PCB 基板，它集成了 SSD 闪存部分，如闪存和主控芯片。因此它的 PCB 基板面积会更大，显得电子元器件更为密集。

机械硬盘虽然可以很好的满足日常的应用及存储需求，但是较差的性能体验始终没能改变，在科技不断进步的时代中机械硬盘也没能发生改变，仅仅是容量上的提升。而混合硬盘很好的改变了现状，机械硬盘与固态硬盘的混合结构让用户有着比拟固态硬盘的使用体验，却能享受到机械硬盘的容量以及性价比。

混合硬盘有两种工作方式，第一种工作方式将独立的 SSD 作为缓存。这个缓存相当于降低速度的内存，整个机械硬盘拥有固态硬盘的速度。另一种工作方式利用 SSD 缓存记忆技术，它把 SSD 作为记忆缓存，并非全盘接收全部活动的数据，而是有选择性的预存数据，因此它的使用寿命更长，更加安全。它的工作原理是把频繁使用的各种应用和数据预存到 SSD 缓存，这个缓存具备学习和记忆功能，它预存的数据不会因为关机而消失。

SSD 缓存记忆技术因为数据安全性更高，技术开发难度较低。一些硬盘厂家率先应用这项技术把 SSD 和机械硬盘合二为一，经过二代产品磨练，它已成为一项成熟可靠的技术。

6.1.5　硬盘的维护与常见故障处理

1. 硬盘的维护

硬盘是微型机系统中最重要的软件载体和数据载体，集精密机械、微电子电路、电磁转换技术为一体，在系统中起着十分重要的作用。然而硬盘却非常脆弱，使用不当轻则造成存储数据丢失，重则可能损坏硬盘系统，因此应高度重视对硬盘的管理和维护。一般说来，在使用中应注意以下几点。

（1）防止硬盘受振动干扰

硬盘是十分精密的外部设备，工作时磁头在盘片表面的浮动高度只有几微米。因此硬盘在进行读写操作时，一旦发生振动，就可能造成磁头与数据区相撞击，导致盘片数据区损坏或划盘。因此硬盘工作时，切忌搬动、磕碰、摇晃机器。

（2）读写时切勿随意关机或重新启动系统

硬盘工作时正处于高速转旋状态（目前通常为 7200 r/min 或 5400 r/min），在读写数据时，突然关机或重新启动系统，可能导致磁头与盘片猛烈摩擦，从而损坏硬盘。所以，在强行关机或重新启动系统时，一定要注意面板上的硬盘指示灯，确保硬盘完成读写后，再进行此类操作。另外，也应防止硬盘读写时突然掉电。刚开启机器时，硬盘处于加速转动的过渡过程中，此时如要关机，也一定不要立即关掉电源，需等硬盘运行稳定后再关机。

（3）控制硬盘的工作环境

硬盘的主轴电动机、步进电动机及驱动电路工作时都要发热，在炎热的夏季，要注意硬盘的环境温度，不要超出产品许可的最高温度（一般为 40℃）。另外，尽管硬盘是密封体，但过多的烟、尘、水汽都可能影响硬盘的正常运行，因此要避免硬盘在污染的环境中使用。还需注意的是，尽可能使硬盘不要靠近磁场，如音箱、扬声器、电动机等，以免硬盘上的数据因磁化而受到破坏。

（4）不要轻易对硬盘做低级格式化

现在的 IDE 接口硬盘在出厂时已进行了物理格式化，用户不必再进行此类操作。这里也不建议用户做，尤其针对现在广泛使用的大容量硬盘，更不适合被用户做低级格式化，原因是以避免因参数设置不合适造成损坏，或破坏厂家写入大硬盘的引导信息。

（5）定期整理和维护硬盘

根目录一般存放系统文件和子目录，尽量少存放其他文件。要经常运行 Windows 的“磁盘碎片整理程序”对硬盘进行整理。注意要经常删除“回收站”与“\WINDOWS\Temp”目录中的临时文件。定期使用工具软件对磁盘进行优化，合并硬盘上的碎块，整理硬盘上的可用空间，以减少磁头的移动，从而提高磁盘的读写速度。

（6）硬盘上的数据保护

数据保护的本质是进行数据备份，对硬盘中所有的重要数据应定期进行可靠的备份，以免硬盘出现故障而又难以恢复，造成过多的损失。

（7）定期检测病毒

微型机病毒的主要危害就是破坏硬盘中存储的信息。所以，应定期利用较新版本的杀病毒软件来检测和清除硬盘上的病毒，以避免硬盘数据信息的破坏。

2. 硬盘的常见故障处理

硬盘故障从性质上分为硬故障和软故障两大类。硬故障又称之为物理故障，发生该类故障一般为硬盘驱动器的控制电路、机械、磁头、盘片等发生故障。软故障又称之为逻辑故障，是指由于硬盘的磁道记录格式遭到局部破坏，硬盘管理信息被破坏，或一些重要的、有特殊意义的数据丢失、损坏或被修改而引起的硬盘启动或读写故障。当硬盘出现故障后，应仔细分析故障现象，判断是属于软故障还是硬故障，以便进行相应的处理。在硬盘的故障中，软故障是最常见的，因其绝大多数发生在磁盘的系统信息区内，且硬盘中的大量文件或数据并没有丢失。所以排除这类软故障显得尤为重要。

硬盘的软故障现象有以下几种。

（1）系统不承认硬盘

开机时，找不到硬盘，在CMOS中搜索也找不到。这种故障大都出现在连接电缆或接口端口上。硬盘本身的故障率很少，可通过重新插拔硬盘电缆或者改换接口及电缆等进行替换试验，从而可很快发现故障的所在。

（2）CMOS设置引起的故障

CMOS设置的正确与否直接影响硬盘的正常使用，这里主要指其中的硬盘类型。当硬盘类型错误时，有时干脆无法启动系统，有时虽能够启动，但会发生读写错误。比如CMOS中的设置硬盘类型小于实际的硬盘容量，则硬盘后面的扇区将无法读写，如果是多分区状态则个别分区将丢失。还有一个重要的故障原因是，由于目前的IDE都支持逻辑参数类型，硬盘可采用Normal、Lba、Large等。如果在一般的模式下安装了数据，而又在CMOS中改为其他的模式，则会发生硬盘的读写错误故障。因为其物理地址的映射关系已经改变，将无法读取原来的正确硬盘位置。

（3）开机后屏幕上出现提示"Device error"，这主要是由于CMOS掉电造成信息丢失引起的。处理方法是首先打开机箱，观察电池是否松动，如果是，将其固定，再开机；如果不是，则可能是电池有故障，换块好的电池，重新设置CMOS参数，硬盘就可以正常启动了。

（4）分区表错误引导的启动故障

故障表现为开机后出现类似"Invalid Partition Table"（无效分区表）的启动提示，或者进入系统后打开资源管理器，只剩下一个主分区，逻辑分区丢失。

硬盘上一般只有主分区和扩展分区，逻辑分区是扩展分区下的一种分区类型，各逻辑分区使用链表的方式标识。当使用分区调整软件如"分区魔术师PQ"，或者在磁盘管理中对分区进行了调整，破坏链表就容易导致分区表错误。

解决方法是对分区表进行修复，建议使用"DiskGenius"。运行软件后单击"工具"→"搜索已丢失的分区"（重建分区表），然后选择"自动"搜索方式一般就可以恢复丢失的分区了（见图6-7）。

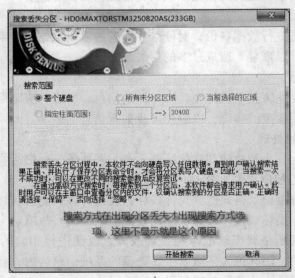

图6-7 搜索丢失的分区

建议不要在分区表出现错误时才进行恢复，最好的方法是在系统正常的时候将分区表备份好。备份分区表可同样借助"DiskGenius"。运行程序后选中需要备份分区表的硬盘，单击"硬盘"→"备份分区表"，将分区表备份到 U 盘等移动存储设备。之后再出故障时，单击"硬盘"→"还原分区表"即可（见图 6-8）。

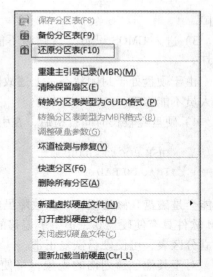

图 6-8　备份和还原分区表

（5）引导系统引起的启动故障

故障表现为开机后出现类似"press F11 start to system restore"的启动提示。

由于查找硬盘主引导记录（MBR）是启动硬盘的第一步骤，因此很多软件，特别是"一键 Ghost"之类的软件，为了达到优先启动，在安装后会更改硬盘 MBR。这样在开机后就会出现其他引导记录提示。但如果软件有缺陷或者和 Windows 7 不兼容则很容易导致 Windows 7 无法启动。

解决方法是进行引导记录的修复操作，Windows 7 安装光盘就自带修复工具"bootsect. exe"（位于光盘的"\boot"目录下）。如果还可以进入 Windows 7 系统，则进入系统后以管理员身份启动命令提示符，输入"L:\boot\bootsect\nt60 c:\mbr"（L 为光盘盘符），当屏幕提示"Bootcode was successfully update on all target volumes."则表示成功更改硬盘 MBR 为 NT60 格式。如果系统无法进入，可以使用"Windows 7 PE 维护系统"进入，执行上述命令即可。

（6）找不到活动主分区

故障表现为开机时提示"Non – System disk or disk error, Replace disk and press a key to reboot"。由于系统引导文件必须要安装在活动分区中才能引导系统，当用户错误地将保存系统引导文件的分区设置为非活动分区时，系统将无法启动。对于 Windows 7 来说这种故障经常出现在硬盘存在 100 MB 隐藏分区的计算机中。由于这个隐藏分区保存着 Windows 7 引导文件，并且默认是活动主分区，如果用户在磁盘管理中误将当前 C:盘设置为活动分区则就会出现上述故障。这种故障也经常出现在新硬盘分区后，使用 Ghost 安装 Windows 7 的情况下。由于没有激活主分区，Ghost 后仍然无法启动 Windows 7。

解决方法是重新激活主分区，可以使用 Windows 7 PE 维护系统启动到 PE，首先右击"计算机"图标，选择"磁盘管理"，然后右击需要更改的主分区，选择"将分区标记为活动分区"即可。

硬盘的硬故障现象有以下几种。

1）主电动机失速，引起啸叫，伴随着指示灯不断闪烁，自检时显示出错信息：

HARD DISK ERROR

这说明硬盘的控制电路有故障。

2）系统加电后，硬盘腔体有异常振动响声或"撞车"声，说明硬盘腔体内有机械故障。

3）进入 CMOS 设置，对硬盘不能识别，可能是主电动机或磁头等损坏或盘面大面积损坏。

由于硬盘处于封闭状态，上述故障只能由专业人员在专门的净化间中进维修，一般非专业人员不能修理。

4）硬盘经较长时间自检后，在引导时显示：

```
DISK BOOT FAILURE
TRACK 0 BAD
```

可能会是磁盘 0 磁道损坏。此故障虽然属于硬故障但可用软件方法进行修复。由于老版本的 DM 软件具有使硬盘 0 磁道上下偏移的功能，所以可用它来对硬盘进行分区。在新的磁道上建立分区表，可使硬盘恢复正常。

对于其他磁道划伤的现象，可使用 Windows 中的磁盘扫描工具软件。扫描并标记硬盘上的坏道，标记后，硬盘读写时，可跳过这些坏磁道。如果发现的坏磁道很多，可把硬盘分成若干个小区，逐个格式化或扫描盘面，找到坏区的大致柱面或扇区的位置，把它单独分成一个小区，用快速格式化处理后，不再使用。

5）系统在开机自检过程中，屏幕提示 "Hard Disk Not Present" 或类似信息，此时如果检查 CMOS 中硬盘参数设置正确无误，则有可能是由于硬盘控制器与硬盘驱动器连接不正确或连接移动所造成的。应仔细检查各连接处。此故障很易排除。

6.1.6 硬盘的选用

目前，硬盘价格在不断下滑，大容量的硬盘越来越受到用户的欢迎。1 TB、2 TB 甚至 4 TB 逐渐成为市场中的主流。如今，7200 r/min 仍为绝对主流，10 000 r/min 尚属一枝独秀。硬盘市场中串口的 SATA 已逐渐替代 PATA 接口。在 SATA 硬盘中 SATAR 3.0 已成为主流。在缓存方面，SATA 硬盘全面提升至 32 ~ 64 MB，128 MB 大容量缓存的硬盘也开始入驻市场。目前市场中硬盘的品牌相对较少，仅有希捷、西部数据、日立、三星等大厂的产品。选用硬盘，除了注意品牌，还应考虑质保时间。长久以来，硬盘作为计算机零组件中非常重要的一部分，它的可靠性、质保服务一直是用户最关心的。无论是再高档次的配件，其价值总是有限的。然而用户的数据价值却可能是无限的，因此大多数用户宁愿用更高的价格，也要购买质保期更长的产品。一般，正规厂家生产的硬盘的标准修期都是三年，而且这种所谓的保修大多数都应该是直接更换新品。

总之，选择硬盘的时候，很多因素都需要考虑，但最主要的因素就是品牌、价格、容量和硬盘整体性能了。下面介绍各个品牌的特点和代表产品等。

1. 希捷新酷鱼 2 TB/7200 r/min 硬盘

希捷新酷鱼 2 TB/7200 转硬盘采用业界最高存储密度的盘片术（625 GB/英寸），如图 6-9 所示。加上采用的 OptiCache 技术，可大幅提升硬盘性能，其最大读写速度可达 210 MB/s，持续读写速度可达 156 MB/s。希捷新酷鱼 2 TB/7200 转硬盘采用 SATA 3.0 6 Gbit/s 速率接口、7200 r/min 转速以及高达 64 MB 的 DDR2 缓存。其尺寸大小为 46.99 mm（长）× 101.6 mm（宽）×26.1 mm（高），长度和宽度均为标准 3.5 英寸规格。希捷新酷鱼 2 TB 硬盘的外壳具有强烈的金属感，它采用新酷鱼 3 TB 硬盘的模具，合金外壳显得更有光泽。

图 6-9　希捷新酷鱼 2 TB/7200 r/min 硬盘

2. 日立单碟 1 TB 硬盘

日立（Hitachi）单碟 1 TB 硬盘编号为 HDS721010DLE630，属于 Hitachi 7K1000. D 桌面级系列。其电动机转速为 7200 r/min，"630"表示 SATA 3. 0 6 Gbit/s 速率接口和 32 MB 缓存，如图 6-10 所示。此外，由于硬盘采用单碟 1 TB 技术，其电压较之老款双碟 1 TB 硬盘，5 V 降低为 30 mA，12 V 降低为 280 mA，硬盘发热进一步减少，突出了节能方面的优势。

图 6-10　日立 DeskStar 7K250 硬盘

3. 西部数据 WD20EARS 2 TB 绿盘

西部数据是第一个推出扇区大小为 4 KB 的硬盘厂商，其产品为 WD10EARS，属于 Caviar Green 系列。西部数据 Caviar Green 2 TB 硬盘由于设计之初便定位为更加绿色环保，性能方面并没有进一步苛求，如图 6-11 所示。

图 6-11　西部数据 160 GB/RE/SATA/16 MB

外观上，绿盘表面采用了不锈钢顶盖设计，上面的绿色标签也表明了其属于节能的绿色系列，主推环保节能理念。西部数据 WD20EARS 具有 3 大特色功能：优化降低寻道功耗（IntelliSeek），闲置时将磁头撤出降低功耗（IntelliPark），工作负载智能调节硬盘转速（IntelliPower）。从这些特点来看，这个系列就是追求性能与功耗、噪声的平衡点。此外，它还具备了能改善振动时性能的 StableTrac 技术，工作情况下功耗 7.4 W，节能模式下只有 4.0 W。另外，需要注意的是该硬盘为专门配合微软 Windows 7 操作系统而生的存储解决方案。如果使用 Windows XP 操作系统，只需下载安装 WD align 软件即可正常使用。

WD20EARS 总容量 2 TB，单碟容量 500 GB，缓存 64 MB，接口 SATA 3 6 Gbit/s，转速 5400 r/min（参考值），噪声空闲 24 dBA，寻道模式 0：29 dBA、寻道模式 3：25 dBA，功耗休眠与待机为 0.8 W，空闲为 3.7 W，读写为 6.0 W。

4. 三星 840 EVO 250GB SSD 硬盘

SSD 硬盘经过数年发展，如今第一代 SSD 已淡出，二代和三代 SSD 共存于市场，三代 SSD 繁衍出新品，高性能 256 G/SSD 渐成主流。其中三星 840 EVO SSD 为当中的典型代表，其型号为 MZ-7TE250。它从 840 系列的 21 nm 闪存芯片升级为 19 nm，主控芯片从 MDX 升级为更高频率的 MEX。此外，它支持 TurboWrite 和 RAPID 实时加速等技术，从而在技术、软件层面提高了 SSD 性能。三星 840 EVO 250 GB 拥有 256 GB 闪存，其中 6 GB 用作模拟 SLC 缓存，因此实际容量为 250 GB，如图 6-12 所示。三星 840 EVO 250 GB SSD 硬盘，接口类型 SATA 3（6 Gbit/s），数据传输率读出：540 MB/s，写入 520 MB/s，硬盘尺寸 2.5 英寸，缓存 512 MB。三星 840 EVO 250 GB SSD 属于上代产品的加强版，它的写入速度得到翻倍提高，读写速度跻身顶级 SSD 标准。

图 6-12　三星 840 EVO 250 GB SSD 硬盘

6.1.7　硬盘的安装

硬盘固定在机箱的 3.5 寸硬盘托架上。对于普通的机箱，只需要将硬盘放入机箱的硬盘托架上，拧紧螺钉使其固定即可。现在很多机箱使用了可拆卸的 3.5 寸机箱托架，机箱中有 3.5 寸托架的扳手，拉动此扳手即可固定或取下 3.5 寸硬盘托架（见图 6-13a）。将硬盘装入托架中（见图 6-13b），并拧紧螺钉。可将托架重新装入机箱，并将固定扳手拉回原位固定好硬盘托架（见图 6-13c）。

硬盘是计算中最脆弱的部件之一，安装时尽量避免碰撞，这也是把它放在最后安装的原因。安装时需要注意四个螺钉都要拧上。

a)   b)   c)

图 6-13 安装硬盘

a) 可拆卸的 3.5 寸硬盘托架   b) 将硬盘装入托架中   c) 拧紧固定螺钉

目前，硬盘按接口可分为 IDE 硬盘和 SATA 硬盘。如图 6-14 所示，上面为 SATA 硬盘，下面为 IDE 硬盘。

图 6-14 IDE 硬盘和 SATA 硬盘

（1）连接 SATA 硬盘电源与数据线

SATA 串口有更高的传输速度，数据线设计更加合理，也给安装提供了更多的方便，逐渐替代 PATA 并口成为当前的主流，如图 6-15 所示。

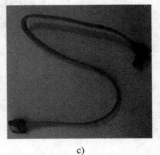

a)   b)   c)

图 6-15 SATA 硬盘接口、电源与数据线

a) 主板上的 SATA 接口 b) SATA 硬盘的供电接口 c) SATA 数据线

连接电源与数据线很简单，接口采用防呆式的设计，方向反了根本无法插入。具体操作步骤如图 6-16 所示。

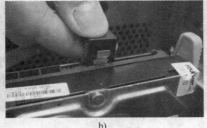
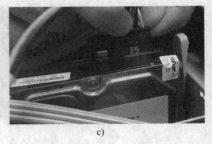

图 6-16　连接 SATA 硬盘电源与数据线

a）插入主板上 SATA 接口　b）插入硬盘 SATA 接口　c）连接电源线

（2）连接 IDE 硬盘电源与数据线

跳线设置：硬盘在出厂时，一般都将其默认设置为主盘，跳线连接在"Master"的位置。如果计算机上已经有了一个作为主盘的硬盘，要连接一个作为从盘，则需要将跳线连接到"Slave"的位置，如图 6-17 所示。

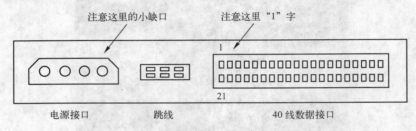

图 6-17　硬盘连接板

IDE 硬盘连线包括电源线与数据线。对于电源的连接，方法与 SATA 硬盘相同。数据线为 40 针 80 芯的接口电缆（见图 6-18a），连接时，一般将电缆红线的一端插入硬盘数据线插槽上标有"1"的一端（见图 6-18b），另一端也插入主板 IDE 口上标记有"1"的那端（见图 6-18c）。

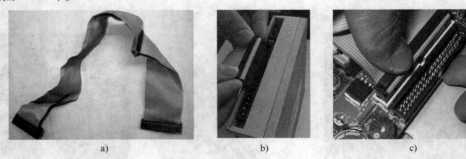

图 6-18　硬盘连接线

a）IDE 数据线　b）插入硬盘数据线插槽　c）插入主板数据线插槽

6.2　光存储设备

光存储设备是目前容量较大的外存储设备，它是由光盘驱动器和光盘片组成的光盘驱动系统。光盘驱动器（光驱）是一个结合光学、机械及电子技术的产品。光存储容量已经随着激光波长的缩短和频率的提高，容量变得越来越大。目前，光盘驱动器可分为 CD – ROM 驱动器、DVD 光盘驱动器（DVD – ROM）、蓝光 DVD（BD – ROM）、CD – R、CD – RW 和 DVD 刻录机等。

6.2.1 光存储设备的工作原理和结构

光存储方式有别于计算机技术中常用的磁存储方式，是一种通过光学的方法读写数据的技术。它的工作原理是改变存储单元的某种性质（如反射率、反射光极化方向等），利用这种性质的改变来存储二进制数据。在读取数据时，光检测器检测出光强和极化方向等的变化，从而读出存储在光盘上的数据。由于激光光束可以聚焦到很小的直径，因此它比其他存储技术有较高的存储容量。

光存储设备都是利用光盘来作为存储体，利用激光头来读写，其硬件结构大体是相同的，如图 6–19 所示。

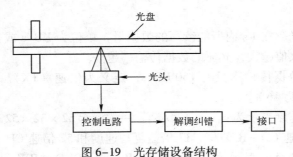

图 6–19 光存储设备结构

CD 和 DVD 光驱等一系列光存储设备，主要是由激光发生器和光监测器构成。其中，激光发生器是一个激光二极管，可以产生一定波长的激光，照射到光盘上反射回来，由光监测器捕捉反射的信号，从而识别实际的数据。

（1）激光头

激光头主要包括：激光发生器（又称激光二极管）、半反光棱镜、物镜、透镜以及光电二极管这几部分。当激光头读取盘片上的数据时，从激光发生器发出的激光透过半反射棱镜，汇聚在物镜上，物镜将激光聚焦成为极其细小的光点并打到光盘上。此时，光盘上的反射物质就会将照射过来的光线反射回去，透过物镜，再照射到半反射棱镜上。由于棱镜是半反射结构，因此不会让光束完全穿透它并回到激光发生器上，而是经过反射，穿过透镜，到达了光电二极管的上面。由于光盘表面是以突起不平的点来记录数据，所以反射回来的光线就会射向不同的方向。人们将射向不同方向的信号定义为"0"或者"1"。发光二极管接收到的是那些以"0""1"排列的数据，并最终将它们解析成为所需要的数据。在激光头读取数据的整个过程中，寻迹和聚焦直接影响到光驱的纠错能力以及稳定性。寻迹的作用是保持激光头能够始终正确地对准记录数据的轨道。

（2）控制处理电路

1）伺服系统。为了读取光盘上的数据，要求激光束必须精确聚焦，误差必须非常小。通常要求轴向误差小于 1 mm，径向误差小于 0.1 mm。为了达到这样高的精密程度，就需要伺服系统。

2）主轴电机控制。主轴电机的转速以 PWM 脉宽调制方式控制，通过霍尔元件组成的码盘来检测转速。

（3）解调、纠错

为了防止数据出错，光盘上的数据信息是经过调制的，当光头读取到这些数据信息后，就需要解调。

（4）接口电路

光存储设备都有一个与计算机进行通信的接口，通常是 IDE 或 SCSI 接口。

目前，所用的激光已经从红光在向蓝光迈进。现主流的 DVD 光存储采用的是波长为 650 nm 的红色激光，而新一代的激光将可能采用波长为 450 nm 的蓝色激光。随着激光波长的缩短，其分辨率和在光盘介质上可写入的容量会大幅提高。如何缩短激光波长，实际上是激光存储设备发展的关键，而这决定于非线性光学晶体材料的发展进程。

6.2.2　光存储设备的性能指标

1. 数据传输率

数据传输率是指光驱在 1 s 内所能读写的数据量，单位为 KB/s 或 MB/s。它是衡量光驱性能的最基本指标。该值越大，光驱的数据传输率越高。

最初 CD-ROM 数据传输率只有 150 KB/s，定义为倍速（1X）。DVD-ROM 的 1X 为 1358 MB/s，主流倍速为 16 X。

CD-RW 刻录机速度表示为：写/复写/读。一款标示 52×32×52 的 CD-RW 刻录机表示该款刻录机为 52 倍速 CD-R 刻写、32 倍速复写速度和 52 倍速 CD-ROM 读取能力。

DVD-RW 刻录机速度表示为：DVD+/-R 写入/DVD+RW 复写/DVD-RW 复写/DVD+/-R DL 写入/DVD-RAM 写入。

一般情况下无须过多关注高倍速问题，或者说这不是关注的重点。因为很多标称为 18 倍速甚至 20 倍速的 DVD 光驱，只有在读取光盘最外圈时才有可能达到，而读内圈时就有可能降到 16 倍甚至 12 倍速了。DVD-ROM 的主要功能是读取数据信息，在普通使用中速度差距所带来的效率差异并不大，例如观看 DVD、读取数据文件等。目前市场主流的 16 倍速的 DVD-ROM 就可以满足了。其次，由于 DVD-ROM 还能读取 CD 光盘，因此用户在选购时还应该关注其 CD-ROM 的读取速率。一般来说，目前的 DVD-ROM 采用的 CD-ROM 读取速率在 48~52X 之间，如果对 CD 光盘读取速率有较高要求的用户，可选择 52X 读取速率的 DVD 光驱。

2. 平均访问时间（Average Access Time）

平均访问时间又称为平均寻道时间，是指光驱的激光头从原来的位置移动到指定的数据扇区，并把该扇区上的第一块数据读入高速缓存所花费的时间。其值一般在 80~90 ms。

3. CPU 占用时间（CPU Loading）

CPU 占用时间是指光驱在保持一定的转速和数据传输率时所占用 CPU 的时间。这是衡量光驱性能的一个重要指标，光驱的 CPU 占用时间越少，系统整体性能的发挥就越好。

4. 缓存容量

它主要用于存放临时从光盘中读出的数据，然后发送给计算机系统进行处理。这样就可以确保计算机系统能够一直接收到稳定的数据流量。缓存容量越大，读取数据的性能就越高。

5. 接口类型

市场上的光驱接口类型主要有 SATA、IDE、SCSI 和 USB。

6. 纠错能力

光驱纠错能力是指光盘驱动器对一些质量不好的光盘的数据读取能力。目前，各个品牌的产品都差不多，建议购买品牌产品，这样在售后服务上有保证。

7. 区域代码

区域代码是 DVD 光驱的特有专利，在 DVD 光驱的面板上或说明书上一般都有明显的标记或说明。用户选购时要注意购买标有我国区域代码的产品。

8. 刻录方式

刻录方式分为 4 种：整盘、轨道、多段和增量包。

整盘刻录无法再添加数据。

轨道刻录每次刻录一个轨道。CD - R 最多支持刻写 99 条轨道，但要浪费几十 MB 容量。

多段刻录与轨道刻录一样，也可以随时向 CD - R 中追加数据，每添加一次数据，就会浪费数 MB 容量。

增量包的数据记录方式与硬盘类似，允许在一条轨道中多次添加小块数据，这避免了数据备份量少的浪费，刻意避免发生缓存欠载现象。

9. 旋转方式

旋转方式是指激光头在光盘表面横向移动读取轨道数据时，光驱主轴电机带动光盘旋转分 3 种方式：恒定线速度（Constant Line Velocity，CLV）方式，恒定角速度（Constant Angular Velocity，CAV）方式，局部恒定角速度（Partial - Constant Angular Velocity，P - CAV）方式。

6.2.3 DVD - ROM 驱动器

DVD - ROM 驱动器在诞生的短短数年中，取得了飞速发展。随着 DVD 光驱性能的不断提高，价格不断降低，DVD 光驱已取代 CD - ROM 光驱（见图 6-20），成为市场主流。

图 6-20　DVD - ROM

1. DVD 的主要特点

DVD 具有大容量、高画质、高音质、高兼容像、高可靠性和具有导航功能的特点。

1）大容量：DVD 光盘的大小与普通的 CD 光盘完全一样，但由于采用了数据存储的新标准，大大增加了光盘的容量。DVD 定义了四种格式，即单面单层、单面双层、双面单层、双面双层，存储容量分别是 6.7 GB、8.5 GB、9.4 GB、17 GB，而普通 CD – ROM 的光盘只有 640 MB。

2）高画质：DVD 光盘采用的是无明显失真的国际上通用的 MPEG – 2（ISO/IEC13818）压缩技术，在 PAL 制式下图像分辨率为 720×576、30 帧/s，达到广播级图像质量（解析度可达到 500～1000 线），要比以往的 VHS（视频信号）或 MPEG – 1 压缩标准的影像清晰得多。

3）高音质：在音效上 DVD 光盘采用了杜比（Dolby Digital）– AC3 数码环绕立体声，声音输出有左、中、右、左环绕、右环绕和超重低音六个完全独立的声道。除了五个全频带的声道外，还有一个效果声道，用来表现如爆炸声等特殊效果（俗称 0.1 声道），简称为 5.1 声道。用户可以听到分离度相当高的声音，感觉到身临其境的三维效果。

4）高兼容性：DVD 驱动器均可以播放 CD 和 VCD 光盘。它也可以方便地读取 CD – ROM 光盘的数据，这样可以有效地利用已有的信息资源。

5）高可靠性：DVD 采用 RS – PC（Read Solomon Product Code）纠错编码方式，确保数据读取可靠。

6）多格式支持：一般来说，DVD 驱动器除了可兼容 DVD、CD、VCD 和 CD – ROM 等常见的格式外，对于 CD – R/RW 等也有很好的支持。

2. DVD 盘片

DVD 盘片的物理结构，从表面上看，DVD 盘片与 CD 盘片很相似，其直径均为 1.2 mm，但实质上两者之间有本质的差别。DVD 光盘是由两片厚度均为 0.6 mm 的基片贴合而成，组成单面使用或双面使用的光盘。按单/双面与单/双层的各种组合，DVD 光盘可以分为单面单层、单面双层、双面单层、双面双层 4 种物理结构，其容量分别为 4.7 GB（DVD – 5）、8.5 GB（DVD – 9）、9.4 GB（DVD – 10）、17 GB（DVD – 18）。CD 光盘的最小凹坑长度为 0.834 μm，道向距为 1.6 μm，采用波长为 780～790 nm 的红外激光器读取数据。而 DVD 光盘的最小凹坑长度仅为 0.4 μm，道向距为 0.74 μm，采用波长为（635～650）nm 的红外激光器读取数据。

DVD 盘上的数据是按扇区（Sector）形式组织的、扇区之间没有间隙，并按如下方式连续的存放在盘上：

1）对于单层盘，从导入区的开始处到导出区的结束处。

2）对于双层盘的第 0 层，从导入区的开始处到中间区的结束处。

3）对于双层盘的第 1 层，从中间区的开始处到导出区的结束处。

4）对于采用 OPT 方式的双层盘，第一层中间区开始处的扇区号由第 0 层数据区的最后一个扇区号按位取反而得，此后的扇区号连续增加直至第一层导出区的结束处。数据区的第一个扇区号总是指定为 196608（030000H）。

导入区、数据区、导出区和中间区所含的扇区数是可变的，主要取决于文件内容的长度。导出区由参考码和控制数据组成，其中参考码由 32 个扇区长的两个纠错块组成；控制数据由 192 个纠错块组成，主要包括盘的物理格式信息、盘的制造信息等。

3. DVD 驱动器的区域码

为了保护软件版权，DVD 技术采用了一项限制措施——分区制，将全球划分为 6 个 DVD 系统播放软件区域，规定各区号的 DVD 机只能播放区号相同的 DVD 光盘。具体划分的 6 个区是：

1）第一区：美国和加拿大地区。
2）第二区：欧洲和日本地区。
3）第三区：远东地区（除日本、中国外）。
4）第四区：中美洲、南美洲和澳洲。
5）第五区：俄罗斯、蒙古、印度、东欧、韩国、北非、西北亚一带。
6）第六区：中国地区。

6.2.4　CD-R/RW 和 DVD 刻录机的工作原理

1. CD-R 驱动器的工作原理

CD-R 刻录机工作时，在 CD-R 盘片上存在一层利用激光就可以改变其反光特性的特殊染料层，它被称之为染料层或记录层。在对 CD-R 盘片写入数据时，CD-R 刻录机发出的大功率激光束使激光焦点照射的染料层微区产生不可逆的物理化学变化，形成与 CD-ROM 光盘凹坑相类似的具有光学反射特性的信息凹坑。目前 CD-R 盘片都使用有机染料作为记录层的主要材料。由于记录层的改变是不可逆的，所以被刻录到 CD-R 光盘上的数据信息是永久性的，无法被擦写和删改，只能写入一次，不能重复写入。其工作原理如图 6-21 所示。

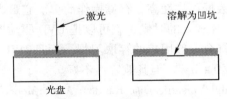

图 6-21　CD-R/RW 驱动器的工作原理

2. CD-RW 驱动器的工作原理

CD-RW 刻录机是允许用户反复进行数据擦写操作的刻录机。与 CD-R 的记录原理不同的是，CD-RW 使用的是 Phase—Change 相变技术。在 CD-RW 盘片的记录层中，Ag-In-Se-Te（银-铟-硒-碲）4 种元素所组成结晶层取代了 CD-R 盘片上的染料层。这个结晶层的特点是它具有结晶态与非结晶态两种形态，结晶态能够反射激光，而非结晶态反射激光性能较差。在大功率激光束的照射下，结晶层可以在这两种状态之间相互转换，利用这种原理就可以形成如同 CD 盘片上的平面（Land）与凹洞（Pit），因而可以用来记录数据。又因为这种相变的过程是可逆的，所以这种光盘可反复擦写。

3. DVD 刻录机的工作原理

DVD 刻录机的格式标准并不统一。目前常见的 DVD 规格有四种，分别是 DVD-R/RW、DVD+R/RW、DVD-RAM 和 DVD-DL。这几种格式各具优势，但由于技术阵营上的壁垒，这几种主流规格之间并不兼容，因此给用户造成了很大的麻烦。DVD 刻录机与 CD-R/RW 一样是在预刻沟槽中进行刻录，不同的是这个沟槽通过定制频率信号的调制而成为"抖动"形，被称作抖动沟槽。它的作用就是更加精确地控制电动机转速，以帮助刻录机准确掌握刻录的时机，这与 CD-R/RW 刻录机的工作原理是不一样的。另外，虽然 DVD-R/

RW 和 DVD + R/RW 的物理格式是一样的，但由于 DVD + R/RW 刻录机使用高频抖动技术，所用的光线反射率也有很大差别，因此这两种刻录机并不兼容。先锋（Pioneer）公司的刻录机如图 6-22 所示。

图 6-22   先锋 DVD 刻录机

DVD 刻录机的格式标准如下。

（1）DVD - RAM（Digital Versatile Disc Random Acess Meory）

DVD - RAM 是以日本的日立（HITACHI）、松下、东芝（Toshiba）等公司为首的集团开发的一种可重写 DVD 格式，是最先问世的可擦写的 DVD 规格。相对来说，DVD - RAM 格式具有较快的刻录速度，数据可靠性高，存储操作简单。它最大的优势是支持随机存储数据，也就是在 DVD - RAM 盘片载入的时候，就可以把 DVD 驱动器当做硬盘一样，用鼠标拖动来添加删除数据，这样更符合一般用户的存取习惯。而且 DVD - RAM 盘片的复写测试也远远高于 DVD - RW 或者 DVD + RW。但其兼容性不好。

（2）DVD - R/RW（Digital Versatile Disc Random Acess Meory）

DVD - R/RW 是由先锋公司力推的一种 DVD 格式，它通过了 DVD 论坛的认证，能够更好地兼容于现有的 DVD 播放器，其标志如图 6-23 所示。

图 6-23   DVD - R/RW 标准的标志

DVD - R 格式的数据写入后就不能再被修改，所以也称为一次性写入式 DVD 刻录格式。DVD - R 盘片的刻录原理与 CD - R 的刻录原理相似，是利用激光在染料层上写入数据，供 DVD - ROM 光驱读取，也可以在 DVD - Video 播放机中播放。DVD - R 有两种格式：DVD - R（G）（DVD - R for General）和 DVD - R（A）（DVD - R for Authoring）。两者的不同之处在于记录时激光的波长不同，DVD - R（G）使用 650 nm 的激光而 DVD - R（A）使用的是 635 nm 波长的激光。前者是用在专业 DVD 视频母盘制作用途，后者则为通用格式，用于刻录 Video（视频）或 Data（数据）。而 DVD - RW 可以重复多次擦写数据，DVD - RW 盘允许被刻录 1000 次并保持 4.7GB 的容量。DVD - R/RW 的优势是兼容性好，大部分 DVD - ROM 驱动器都可以很好地读取 DVD—R/RW 盘片，其缺点是刻录速度较慢。

（3）DVD + R/RW（Digital Versatile Disc ReWritable）

DVD + RW 是 HP（惠普）和 Philips（飞利浦）所推崇的一种 DVD 格式，是 DVD 联盟支持的标准之一，其标志如图 6-24 所示。DVD + R/RW 格式最大的优势在于其兼容性，它几乎可以工作在当前所有的 DVD 播放器和驱动器中。它的功能很全面，写入速度也较快。

图 6-24　DVD + RW 标准的标志

（4）DVD + / - R DL（DVD + R Double Layer）

DVD + / - R DL 的记录层为单面双层的 DVD 刻录盘，通常被称作 D9，其容量为 DVD + / - R 的两倍。其工作原理是将资料层增加到两层，中间夹入一个半透明反射层。如此一来读取第二层资料的时候，不需要将 DVD 盘片翻面，直接切换激光读取头的聚焦位置就可以了。

由于 DVD 刻录标准的不统一，选择一款 DVD 刻录机最常用的词就是"全兼容"，即对 DVD + / - R、DVD + / - RW、DVD + / - R DL 和 DVD - RAM 均有支持，图 6-25 所示的三个标志就是目前最典型的全兼容规格标志。

a)　　　　　　　　　　　　b)　　　　　　　　　　　　c)

图 6-25

a）全兼容机标志　　b）先锋的全兼容机标志　　c）明基独家的 DVD³ 全兼容标志

6.2.5　BD - ROM 驱动器

蓝光驱动器（BD - DVD）用于读取蓝光盘，如图 6-26 所示。蓝光盘（Blue - ray Disc，

图 6-26　BD - ROM

BD）利用波长较短（405 nm）的蓝色激光读取和写入数据，并因此而得名。而传统DVD需要激光头发出红色激光（波长为650 nm）来读取或写入数据。通常来说波长越短的激光，能够在单位面积上记录或读取更多的信息。因此，蓝光极大地提高了光盘的存储容量。一个单层的蓝光光碟的容量为25 GB或是27 GB，足够存储一个长达4 h的高解析影片。双层的蓝光光碟容量可达到46 GB或54 GB，足够存储一个长达8 h的高解析影片，而容量为100 GB或200 GB的，分别是4层及8层。BD又分为单次写入（BD－R）和多次写入（BD－RE）两种格式。

蓝光光碟拥有一个异常坚固的层面，可以保护光碟里面重要的记录层，以此保证蓝光产品的存储质量数据安全。和现有CD或DVD相同的是，蓝光光盘的直径是120 mm，厚度也是1.2 mm。在技术上，蓝光刻录机系统可以兼容此前出现的各种光盘产品。蓝光产品的巨大容量为高清电影、游戏和大容量数据的存储带来了可能和方便。

蓝光光碟像DVD一样，内含区码，以便发行商为不同地区发行相对内容。蓝光光碟的区码有三区：

1）第一区：北美洲、中美洲、南美洲（不包括法属圭亚那）、日本、中国香港、中国台湾、韩国及东南亚。

2）第二区：欧洲、格陵兰、法属殖民地、中东、非洲、澳洲及新西兰。

3）第三区：印度、俄罗斯、中国大陆（除中国香港和中国澳门）、孟加拉、尼泊尔、巴基斯坦及中南亚。

6.2.6 光驱动器的安装

光驱动器的安装比较简单，与硬盘安装相似，一般安装步骤如下。

（1）固定光盘驱动器

光驱动器一般安装在一个空着的130 mm（5.25英寸）驱动器的框架上，安装时需要导轨，导轨上有前后两组八个孔位。安装导轨应注意孔的位置，两边的导轨要对齐，并且螺钉要拧紧。

（2）连接数据线

目前，光驱的按接口可分为IDE和SATA两种接口，一些光驱依旧采用大4PIN D型供电接口插头。这种插头也带有反插保护，连接时需要用点力气才能将其全部插入（见图6-27a）。IDE数据线的一侧有一条蓝或红色的线（见图6-27b），安装数据线时这条线位于电源接口一侧（见图6-27c）。

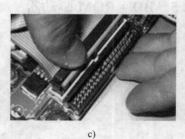

a)   b)   c)

图6-27　连接光盘电源与数据线

a) 供电接口插头　b) IDE数据线　c) 安装数据线

若光驱是 SATA 接口，用 SATA 数据线两端分别直接插入主板和光驱的 SATA 接口即可。

（3）连接光驱动器的电源线

光驱动器与硬盘一样，使用标准的 4 芯 D 型电源线，从开关电源上任选取一个电源线插入光驱动器的电源插座即可。插入时应注意方向，如果反了则插不进去。

6.2.7 光驱动器的使用与维护

（1）光盘的正确使用

用好光驱动器与正确使用光盘是分不开的。在光盘使用中应该注意以下几点。

- 光盘在使用中保持清洁是非常重要的，因为光盘上的灰尘不但会影响光驱动器的正常读取，而且会影响光驱动器的寿命。
- 不要在光盘上贴标签，因为光盘上面的标签会使光盘在高速旋转时失去平衡，在光驱动器中翘起或变形。另外，粘胶剂也可能会渗过光盘保护膜而损坏光盘表面。
- 应避免光盘受阳光照射，以防光盘变形。
- 光盘用完后最好装放在光盘盒中，在这种盒中，光盘不会移动。盘面与盒体之间有一定的空隙，不会因移动而划伤。
- 取放光盘时，不要触摸光盘的数据存放面，以免对光盘造成任何轻微的划伤。
- 不要用标志笔在光盘表面书写，因为标识笔的墨水能渗透过盘片的保护漆膜，从而造成盘片的损坏。

（2）光驱动器的维护

光驱动器是一个非常怕灰尘的部件。如果激光头、折射镜或光敏元器件上布满灰尘，则光驱动器的读盘能力和纠错能力会明显下降，所以光驱动器在使用中要特别注意防尘，也不要将不清洁的光盘放入光驱动器，以免带进灰尘。

光驱动器在不使用时里面不要放光盘。因为这时虽然不读光盘上的内容，但只要其中有盘，主轴电动机就会高速旋转，激光头就会不停寻迹对焦，这样会加速机械磨损和器件老化。尤其在开机时，如果光驱动器中有光盘，由于这时激光头与光盘间的间隙很小，突然起动电动机很易划伤激光头。

不要在光驱动器读盘时强行退盘，这时很容易会造成光盘和激光头组件的损坏。

尽量将光盘放在光驱动器托架中央。目前一些光驱动器托盘很浅，若光盘未放好就进盘，易造成光驱动器关门机械错齿卡死而造成光盘损坏。

光驱动器日常维护主要是除尘。一般简单清洁时，只需使用带湿的干净软布将托盘和托盘仓口擦净即可。光驱动器内部的清洁可以使用棉签、软毛刷、微型吸尘器等工具。对于激光头和透镜等光学组件不要用酒精等有机溶剂擦试，建设尽量使用皮老虎（清洗工具）或吹气球等非接触工具将光学组件上的灰尘去掉，或者用干净的棉签或擦镜纸去除表面的灰尘。

光驱动器在连续工作一段时间后光头免不了有一定程度的老化，发射功率衰减，常规方法可以用手动调节光头增益电阻作为补偿，以增强光驱动器的读盘能力。控制光头增益的可变电阻一般在激光头的侧面，调节部分外形类似一个螺钉，可用钟表螺钉旋具调节。调节前可先用笔做一个原始位置的记号，以便于复位。每一次调节幅度一般不要太大，可通过试读盘片确定哪个旋转方向是增大激光头增益。增加激光头增益应适可而止，否则，虽然光驱动器读盘能力增强了，但对激光头的寿命非常不利。

6.3 移动存储设备

目前，常用的移动存储设备主要是 USB 移动硬盘和 USB 闪存盘。

1. USB 移动硬盘

移动硬盘具有可存储容量大、便携轻巧、传输速度快、使用方便的四大特点。USB 移动硬盘使用方便，支持热插拔，即插即用，不必打开机箱，也不用重新启动计算机，只需将 USB 硬盘的数据线插到计算机的 USB 接口上即可。USB 移动硬盘及内部结构如图 6-28 所示。操作系统会自动识别出该设备并生成一个标志为可移动磁盘的盘符，然后就可以像使用本地硬盘一样进行复制及共享等操作。当工作完成之后，停止设备，拔下数据线就可以了。

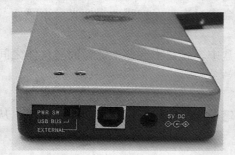

图 6-28　USB 移动硬盘外观和其内部结构

目前常见的移动硬盘尺寸有三种：3.5 寸移动硬盘、2.5 寸移动硬盘和 1.8 寸移动硬盘。其中 3.5 英寸移动硬盘，是三种移动硬盘中尺寸和重量最大的一个，对于防震方面并没有特殊的设计，一定程度上降低了数据的安全性，而且携带也不大方便，但在价格和容量方面还具备一定的优势。2.5 英寸移动硬盘则灵巧方便，体积重量都较小，在防震方面有专门的设计，抗震性能也不错，因此深受消费者喜爱，但是相对于 3.5 英寸移动硬盘，同等容量的价位相对较高。1.8 英寸移动硬盘，抗震方面非常好，而且尺寸和重量也是三者中最小的，但其技术工艺要求较高，价格一直处于高位，因此并没有广泛普及开来，更适合特殊需要的用户。

移动硬盘接口会直接影响移动硬盘的数据传输速度，因此接口技术越成熟，读取数据时间越短，说明移动硬盘性能更佳。就目前而言，USB 3.0 接口应是首选。

1.8 英寸移动硬盘大多提供 60 GB、80 GB，2.5 英寸的有 500 GB、640 GB、750 GB、1000 GB（1 TB）的容量，3.5 英寸的移动硬盘盒有 750 GB、1 TB、1.5 TB、2 TB 的大容量。除此之外还有桌面式的移动硬盘，容量更达到 4 TB 的超大容量。随着技术的发展，移动硬盘将会发展得容量越来越大，体积越来越小。

近年，无线移动存储产品的发展值得关注，当越来越多的智能设备的容量需求受到限制时，无线硬盘的诞生也在合情合理的范围之内。

无线硬盘，就是一个带 WiFi 的移动硬盘，用户通过手机或者平板电脑连接到硬盘上，可以随时同步上传或者下载使用里面的数据。例如通过计算机存放 10 部电影到无线移动硬盘中,使用设备时直接通过 WiFi 就可以观看。

2. USB 闪存盘

USB 闪存盘又称为优盘（U 盘）,如图 6-29 所示,是使用闪存（Flash Memory）作为存储介质的一种半导体存储设备,采用 USB 接口标准。闪存盘具备容量大、速度快、体积小、抗震强、寿命长等众多优点。随着闪存盘容量的不断增长,价格不断下降,闪存盘已逐渐成为移动存储领域的新宠。

闪存盘在使用上同使用 USB 移动硬盘一样方便,直接将闪存盘插在计算机的 USB 接口上,系统就会自动识别出 USB 设备,对于使用 Windows 操作系统的用

图 6-29　USB 闪存盘（U 盘）

户来说,一般不需要安装驱动程序就可使用。闪存盘的容量最大可达 32 GB。闪存盘比 USB 移动硬盘的体积更小,携带更方便,而且抗冲击能力也比后者强。

习题 6

一、填空题

1. 通常将每块硬盘（即硬盘实物）称为（　　　）,而将在硬盘分区之后所建立的具有"C:"或"D:"等各类"Drive/驱动器"称为（　　　）。

2. 硬盘分区可以更好的管理和使用硬盘,而高级格式化则可以为硬盘分别建立（　　　）、（　　　）和（　　　）。

3. 当从硬盘启动时,有且只有一个分区中的操作系统投入运行,这个投入运行的分区被称为（　　　）,而其他的分区则被称为（　　　）。

4. 包含操作系统启动所必需的文件和数据的硬盘分区是（　　　）。

5. 外部存储设备主要包括（　　　）、（　　　）、（　　　）和近期迅速发展的一些移动存储设备。

6. 目前,光存储设备主要包括（　　　）、（　　　）和（　　　）等。

7. 在使用计算机时,常常要进行数据交流,并对重要的数据做备份,于是需要一种便于携带的存储介质,这就是（　　　）。

8. SATA 接口标准,把计算机与硬盘之间的传输速率提高到（　　　）。

9. S. M. A. R. T. 技术即（　　　）、（　　　）和（　　　）。

10. 目前市场中硬盘的品牌有（　　　）、（　　　）、（　　　）、（　　　）等大厂的产品。

11. DVD 具有大容量、（　　　）、（　　　）、（　　　）和导航功能的特点。

12. DVD 光盘可以分为（　　　）、（　　　）、（　　　）、（　　　）四种物理结构,其容量分别为（　　　）、（　　　）、（　　　）、（　　　）。

13. 目前,市场上的刻录机基本上都兼容（　　　）和（　　　）两种格式,习惯上称之为 CD－R/RW。

14. DVD 驱动器的接口主要有（　　　）接口和（　　　）接口两种。

15. 康宝（COMBO）驱动器就是把（　　　）刻录机和（　　　）光驱结合在一起的"复

合型一体化"驱动器。

16. 目前常见的 DVD 刻录机的格式标准有四种：分别是（　　　）、（　　　）、（　　　）、
（　　　）。

二、简答题

1. 目前硬盘的接口主要有哪两大类？

2. 硬盘高速缓存的主要作用是什么？

3. 硬盘的平均寻道时间是指什么？

4. 简述硬盘的发展过程。

5. 在硬盘使用中，往往发现计算机中显示出来的硬盘容量要比其标称值小，这是为
什么？

6. 什么是温彻斯特（Winchester）技术？

7. 硬盘在使用过程中应该注意哪些事项？

8. 硬盘常见的硬故障现象有哪些？

9. 硬盘常见的软故障有哪些？都如何处理？

10. 常用来进行硬盘分区的工具软件有哪些？

11. 光存储设备采用什么样的读取和记录方式？它具有什么优点？

12. 光驱动器的有哪些重要性能参数？

13. 日常应如何对光驱进行维护？

14. DVD 定义了哪四种格式？存储容量分别是多少？

15. 全球划分为几个 DVD 系统播放软件区域？中国位于第几区？

16. CD – ROM 和 DVD – ROM 有什么异同点？

17. 光盘使用中应该注意什么？

18. CD – R/RW 光盘刻录机使用的盘片有哪两类？

19. 简要叙述 CD – R/ RW 刻录机的记录原理及主要性能指标。

20. USB 1.1 接口标准的理论最大传输率为多少 MB/s？USB 2.0 接口标准的理论最大传
输率为多少 Mb/s？

21. USB 闪存盘又被称为什么？它使用什么作为存储介质的一种半导体存储设备？采用
什么接口标准？

22. 以三种常见的存储设备简要叙述它们的工作原理及性能特点。

23. 什么是垂直记录技术？

24. DVD 刻录相对于传统 CD 刻录来说有哪两大优势？

25. 选用刻录机应当考虑哪些问题？

26. 固态硬盘（SSD）的特点是什么？它和混合硬盘（HHD）的特点是什么？

第7章 机箱、电源、键盘与鼠标

机箱、电源、键盘和鼠标是计算机的周边辅助配件。但是，这些周边辅助配件对计算机整体性能的影响却往往很大。尤其是电源，它是一台计算机的动力核心，担负着为计算机内所有部件供电的重任。电源质量的好坏，直接影响着计算机性能发挥和使用寿命。

机箱是计算机主机的外壳，它不仅要为计算机内部各组件提供一个良好的安放空间，同时也应具有漂亮的外观和优秀的品质。

7.1 机箱

机箱作为计算机配件中的一部分，它的主要作用是放置和固定各计算机配件，起到承托和保护的作用。此外，计算机机箱还具有屏蔽电磁辐射的重要作用。

7.1.1 机箱简介

机箱作为计算机主机的外壳，除了外观更应该注重的是机箱的结构和品质。机箱既是PC 的系统设备安装架，同时还是整个系统的散热设备和保护设施。优质的机箱箱体通常采用具有一定厚度的 SECC 冷镀锌钢板制成，面板采用 ABS 或 HIPS 工程塑料压制而成。

机箱的结构与主板密不可分，主板是机箱中最大的部件之一，它的构造直接影响到机箱的结构，主板的制造与机箱、电源具有统一的结构规范约束。按机箱的尺寸分类，机箱可分为超薄、半高、3/4 高和全高机箱；按外形分类机箱有立式机箱和卧式机箱之分；从结构上可以分为 AT、ATX、MicroATX、NLX、WTX（也称 Flex - ATX）等，而市面上常见其实就是 ATX 和 MicroATX 两种，也就是俗称的大机箱与小机箱。目前机箱主要品牌有银欣、联力、伟训、酷冷至尊、航嘉、百盛、长城等。

机箱前部的塑料面板是用户经常接触的地方，这部分的材质最常见的为 ABS 工程塑料和普通塑料。ABS 工程塑料具有抗冲击、韧性强、无毒害且不易褪色可长久保持外观颜色的特点，而普通塑料使用时间一长就会泛黄、老化甚至开裂。另外，现在机箱前面板还使用一种彩钢板，又叫彩色钢板，它采用尖端复合技术将钢材与色泽鲜艳丰富的腹膜高度融合成一体，兼备多种材料的良好性能，具有更有效的防锈和防腐性能。

随着计算机内部各配件散发的热量越来越大，Intel 为了确保处理器能在一个安全的环境内工作，于是推出了一个机箱散热标准测试 CAG（Chasis Air Guide），即机箱散热风流设计规范）规范。此规范旨在检验机箱内各部件的冷却散热解决方案。

1. CAG 1.1 标准（38℃机箱）

38℃是一个机箱的温度指数。Intel 在 2003 年推出了近乎于苛刻的 CAG 1.1 标准，即在25℃室温下，机箱内 CPU 散热器上方 2CM 处的四点平均温度不得超过 38℃，达到这个标准的机箱则称为 38℃机箱。简单来说，38℃机箱就是按照 Intel CAG 1.1 规范设计，通过 TAC 1.1 标准检测的机箱。

TAC（Thermally Advantaged Chassis）是机箱设计认证的意思。从它的中文字面上可以看出，相比于 CAG 规范，TAC 则是针对制造机箱所制定的一个全面的规范认证。它不仅包括了 CAG 散热风道设计，还包括了诸如 EMI 防磁设计、噪声控制设计等关于机箱设计全方位的规范认证。只有通过 Intel TAC 1.1 认证的 38℃机箱，才是一款真正符合 Intel 的 CAG 1.1 规范标准的 38℃机箱。此类机箱散热原理如图 7-1 所示。

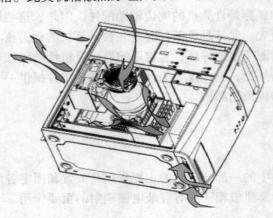

图 7-1 38℃机箱的散热原理

2. TAC 2.0 标准（40℃机箱）

TAC 2.0（Thermally Advantaged Chassis）是继 CAG 1.0、CAG 1.1 之后，Intel 主导的第三个机箱标准，主要针对 CPU 和 GPU 发热源距离缩短和 GPU 发热大增而设计的标准。TAC 2.0 规范的核心内容就是侧板去掉了导风罩，从接近 CPU 正上方到 PCI-E 显卡插槽的位置上长 150 mm 宽 110 mm 的区域开孔（通常是覆盖了 CPU、北桥、显卡三个发热区域）。这样的设计须使 CPU 风扇进风口温度相比室温的温升不超过 5℃，即 35℃室温下不超过 40℃，所以也叫 40℃机箱。机箱散热原理如图 7-2 所示。

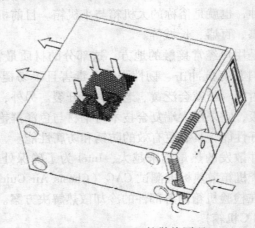

图 7-2 40℃机箱散热原理

3. EMI 弹片/触点

电磁波会与电子元器件作用，产生干扰现象，这种现象被称为 EMI（Electromagnetic Interference）。计算机运行时，内部配件如电源、主板、内存、显卡、显示器等都有电流通过，当电流方向和大小持续不断变化时就会产生电磁波并向外辐射。而机箱除了装载必要的 PC 配件外，还有一个重要的用途就是保护用户远离电磁辐射。

机箱上的 EMI 弹片和触点可以加强机箱各金属部件之间的紧密接触而让机箱各部分连通成一个金属腔体，以让电磁辐射难以向外泄漏出去。防辐射能力良好的机箱在基座、前板、顶盖、后板边甚至电源接口处都会设计大量的 EMI 弹片和触点。

7.1.2　机箱的选用

机箱的选择长期以来并没被用户所重视。事实上，就机箱的选择，还有许多细节之处需要注意，否则，轻则令安装、使用感到不便，重则影响系统稳定，甚至可能造成人身伤害。

1.　钢板的厚度

好的机箱不会偷工减料。厚实的钢板能保证机箱不易变形，另一方面也保证了里面硬件的安全。这个比较容易判断，可以通过目测或拿在手里掂量即可。

2.　材料边角的处理

很多用户在装机时候都有被划伤的经历，原因就是机箱内的结构都是棱角分明的，没有经过处理的话用户很容易被划伤。选机箱时应注意机箱是否经过折边处理，这是比较基本的标准和要求。

3.　散热性能

好的机箱不仅仅是做工要好，出于对硬件稳定性的考虑还必须拥有良好的散热性能，背部风扇出风口是必备的。如果用直吹式 CPU 散热器的话建议选用有导风口侧面板的机箱。

4.　扩展性能

机箱要想用起来方便，预留有齐全的接口很重要。前置面板至少要有音频的输入/输出接口，USB 接口以及开关和重启这些配置。有条件的可以选择扩展性能更强的配置，比如 e－sata 接口和多功能读卡器等。

5.　易用性

随着机箱的发展越来越人性化，出现了不少针对机箱易用性方面的技术改进。其中之一就是免螺钉的硬盘仓装卸设计，选购机箱的时候可以优先考虑这样的产品。

7.2　电源

电源是计算机主机的动力核心，它担负着向计算机中所有部件提供电能的重任。电源性能（功率的大小、电压、电流的稳定度等）的好坏直接影响着计算机的工作性能和使用寿命。目前，计算机中所使用的电源均为开关电源（Switching Power Supply）。ATX（AT Extend）规范是 1995 年由 Intel 公司制定的主板及电源结构标准。ATX 电源规范经历了 ATX 1.1、ATX 2.0、ATX 2.01、ATX 2.02、ATX 2.03 和 ATX 12V 系列等阶段。目前，国内通行的电源标准是 ATX 2V 标准，而该标准可分为 ATX12V 1.2、ATX12V 1.3、ATX12V 2.0、ATX12V 2.2、ATX12V 2.3 和 ATX12V 2.31 等多个版本。

7.2.1　计算机开关电源的基本原理

计算机上使用的开关电源与常见的线性稳压电源在原理上有着本质的区别，原理如

图 7-3 所示。线性稳压电源一般是将 220 V 的交流电（市电）经过工频变压器进行变压，而转换为低电压的交流电，然后再用二极管组成的全桥进行整流而输出脉动的直流电，最后用大容量电容滤除其中的交流成分而输出稳定的直流电。而开关电源则是直接对市电进行整流和滤波，输出高压直流电，然后用开关电路将直流电转换为高频率的脉动直流电，并送到高频开关变压器上。此时，可以选择体积小巧的铁氧体变压器来完成高压到低压的转换，然后对输出的低压电进行整流和滤波并最终输出。根据控制电路的信号导通和截止，其工作频率达到数十 kHz 或数百 kHz。当需要提升输出电压时，就增加开关管导通的时间，反之则增加截止的时间。

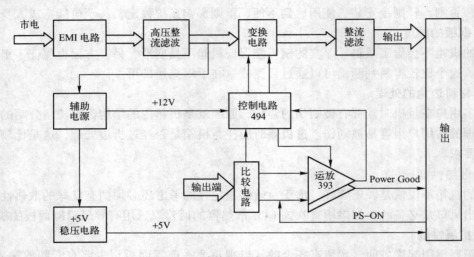

图 7-3　计算机开关电源原理图

　　ATX 电源电路结构较复杂，各部分电路不但在功能上相互配合和渗透，且各电路参数设置非常严格，稍有不当则会导致电路不能正常工作。从图 7-3 中可以看出整机电路由交流输入回路、整流滤波电路、推挽开关电路、辅助开关电源、PWM 脉宽调制电路、PS - ON 控制电路、保护电路、输出电路和 PW - OK 信号形成电路组成。

7.2.2　电源的性能指标

　　（1）输入电压范围
　　ATX 标准中规定市电输入的电压范围应该在 180 ~ 265 V（针对中国大陆），在这个范围内 ATX 电源的指标不应该有明显的变化。此外还对过压范围、开机涌浪电流大小等也做出了规定，所以如果用户使用环境比较恶劣，则要选择带宽电压输入功能的 ATX 电源。
　　（2）输出电压范围
　　规定直流输出端的电压不能偏离太多。电压输出端最大偏差范围： + 12VDC ± 5%、+ 5VDC ± 5%、+ 3.3VDC ± 5%、− 5VDC ± 10%、− 12VDC ± 10%、+ 5VSB ± 5%。
　　其中 + 12VDC 端在输出最大峰值电流的时候允许 ± 10% 的误差。以 + 5VDC 为例，当输出端的电压在 4.75 ~ 5.25 V 之间（ ± 5%）变化时都是标准所允许的范围，如果电源输出电压超过了这个范围则就属于不正常的情况了。

（3）输出功率和电流

ATX 标准详细制定了多种功率输出时各个电压输出端的最大输出电流，要求电源厂家在铭牌上对电源的 +3.3VDC、+5VDC 和 +12VDC 等输出端的最大电流做出具体的说明。由于 +3.3VDC 和 +5VDC 共用变压器的一组绕组，不可能同时输出其标称的最大电流，所以 ATX 标准还规定厂家应该给出它们合并输出的最大功率。其实 +3.3VDC、+5VDC 和 +12VDC 三者之间也有类似的限制，为了体现这种相互的制约，ATX 标准详细绘制了三端电压输出的功率分配图。但在实际应用中用户不可能去对照 ATX 标准所提供的功率分配图，一般输出功率大的相应输出电流也就大，价格也就高。

（4）转换效率

要求最大功率输出时的转换效率应不低于68%。

（5）输出纹波

虽然经过了多重的滤波，开关电源的输出端也不可能完全没有纹波。ATX 标准对电源纹波输出的大小做出了规定，纹波越小，电源的品质也越好。输出电压纹波输出（mVp - p）为：+12VDC 120、+5VDC 50、+3.3VDC 50、-5VDC 100、-12VDC 120 +5VSB 50。

（6）负载调整率

电源负载的变化会引起电源输出的变化，负载增加，输出降低。相反，负载减少，输出升高。好的电源负载变化会引起的输出变化减到最低，通常指标为 3% ~ 5%。

（7）线路调整率

指输入电压在最高和最低之间变化（180 ~ 264 V）时，输出电压的波动范围。一般为 1 ~ 2%。

（8）电磁兼容标准与安全认证

计算机采用的开关电源虽然具有重量轻、体积小、转换效率高等特点，但工作时产生的 EMI（电磁干扰）和 RFI（射频干扰）较大，容易对内外产生干扰。因此电源内部还要加入杂波滤除电路，以减少对外界的干扰。

许多国家对电器的 EMI 都有明确的规定，计算机电源也要遵从这样的标准，常见的 EMI 标准有日本的 VCC1 类和 2 类、美国的 FCCP15J A 类和 B 类、德国的 VDE0871 A 类 B 类和国际上的 CISRPub1、Pub12 等，认证标志如图 7-4 所示。

图 7-4　电源的各种安全认证标志

电源自身安全与否也会对用户构成威胁，安全认证的确立是为了防止电器设备因电击、着火、机械危险、热危险、能量危险、辐射危险和化学危险而对人体产生伤害及财产损失。所以电源还必须通过一定的安全认证，只有通过电磁兼容标准与安全双认证的电源才能说是一种安全而合格的产品。认证中对电源的爬电距离、抗电强度、漏电流和温度等都有严格的规定。

7.2.3　主动式与被动式 PFC

PFC（Power Factor Correction）即"功率因数校正"。功率因数指的是有效功率与总耗电量（视在功率）之间的关系，也就是有效功率除以总耗电量（视在功率）的比值。目前 PFC 有两种，一种是无源 PFC（被动式 PFC），另一种是有源 PFC（主动式 PFC，见图 7-5）。

图 7-5　主动式 PFC

主动式 PFC 主要由高频电感、开关管、电容以及控制 IC 等元器件构成，可简单地归纳为升压型开关电源电路，这种电路的特点是构造复杂，但其优点很多：功率因数高达 0.99，低损耗和高可靠，输入电压可以从 90～270 V（宽幅输入）等。由于输出 DC 电压纹波很小，因此采用主动式 PFC 的电源不需要采用很大容量的滤波电容。

被动式 PFC 通常为一块体积较大的电感，如图 7-6 所示，其内部由多块硅钢片外部缠绕铜线而组成。它的原理是采用电感补偿方法，通过使交流输入的基波电流与电压之间相位差的减小来提高功率因数。被动式 PFC 的功率因数不是很高，只能达到 0.7～0.8 W，因此其效率也比较低，发热量也比较大。被动式 PFC 也并非一无是处，其结构简单，稳定性好，比较适合中低端电源。不过，功率因数并不就等于转换效率。现在有些商家将主动式 0.99 的功率因数解释为能得到 99% 的电源转换效率，这显然是不对的。虽然两个都是描述省电的概念，但对于而言两个概念的意义是不一样的。PFC 功率因数高是为国家省钱，而转换效率高是用户为用户个人省钱。

图 7-6　被动式 PFC

7.2.4　电源的选用

怎样才能选购一个好的电源？对于一般的用户，不可能用专门的设备对电源的各项性能指标一一进行测试。因此多数情况下，只能从外观上来判定一个电源的好坏。

1）外观检查：电源重量好的电源一般比较重一些。对于电源输出线，因为电源盒输出电源一般较大，很小的一点电阻将会产生较大的压降损耗。质量好的电源必定是粗线。

2）散热片的材质：从外壳细缝往里看，质量好的电源采用铝或铜散热片，而且较大、较厚。

3）如果能打开电源盒的话，则可以发现质量好的电源用料考究。如多处用方形 CBB 电容，输入滤波电容值较大，输出滤波电容值也较大。同时内部电感、电容滤波网络电路多，并有完善的过压、限流保护元器件。

4）一个质量合格的电源应该通过安全和电磁方面的认证，如满足 CCEE 和 FCC－B 等标准。这些标准的认证标识应在电源的外表上有所体现。

5）选购电源的时候应该尽量选择更高规范版本的电源。首先，高规范版本的电源完全可以向下兼容。其次，新规范的 12 V、5 V、3.3 V 等输出的功率分配通常更适合当前计算机配件的功率需求。同时，高规范版本的电源还直接提供了当前主板、显卡、硬盘等硬件所需的电源接口，而无需额外的转接。

6）关于电源功率的选择，根据目前普通流行配置，按满载功耗（即最大功耗）考虑。目前主流的 CPU，最大功耗不会超过 170 W。一般主板最高满载功耗不会超过 40 W。显卡是整个主机中功耗最大的配件，性能越强的显卡，功耗也相对越大，也就需要越高功率的电源。目前最高端的显卡满载 300 W 左右，主流显卡满载一般不会超过 200 W。除去显卡，处理器和主板三个主要部件外，存储配件硬盘、光驱和内存也是有功耗的。它们的功耗有两个特点：一是较低，基本功耗低的仅 1～2 W，高的也不过 20 W 左右；二是固定，无论什么品牌和类型的产品的基本功耗都相差不大。

在综合显卡、主板和 CPU 的功耗之和的基础上，向上浮动 50 W 的功耗，基本上就是所用电源的功率大小了。虽然这样做不是很严谨，但是对于选择电源还是很有帮助的，可以作为参考。一般集显的主机，用额定 300 W 的电源是没有问题的。为了系统能更安全的运行，留有余量非常重要。

7.2.5 常见故障处理与维护

电源使用寿命通常在 80 000～100 000 h 以上。因此，正常情况下电源发生故障的几率应该很小。但是如果使用不当，比如外接设备超过电源的容量，或者使用环境恶劣、机箱放置的位置不当导致电源散热不良等，都会造成电源的损坏。

电源的故障依据其在使用中的表征，可以分为显性和隐性两类。所谓显性故障，就是明显的电源故障，如机器无法启动、电源输出电压为零，或偏差较大等；所谓隐性故障是指，表面上看电源没有问题，机器可以正常启动，但是运行不正常，如莫名其妙的死机，或重新启动等。

电源的显性故障是比较容易看出来的，接上电源后按下 Power 键主机没有反应，这时应将电源的所有输出插头全部从设备上拔下，用一根细导线将 20 位方口插头的绿线与任一黑线连接后，再用万用表测量个输出电压。若不正常则证明确实是电源出了问题，应将电源从机箱上拆下来进行维修。反之则说明用电设备存在短路，造成电源保护电路动作，或者是主板上的移动电路出了问题。不过这情况很少见，一般都是由于某个设备的电源端对地短路造成的。而隐性故障就不那么容易被察觉到，这类故障多数情况下只能通过替换法来查找。因此当遇到一些很奇怪的故障，用其他办法不能解决时，可以试着替换一下电源。

7.3 不间断供电系统 UPS

不间断电源系统 UPS（Uninterruptible Power Supply）是随着微型计算机的应用日益普及，信息处理技术不断发展的需要对供电质量要求越来越高的情况下，为保证避免计算机在运行期间因供电中断，导致随机存储器中的数据丢失和程序被破坏，甚至使装置损坏，造成难以弥补的损失，而发展起来的一种高技术产品。

不间断电源主要是由整流器、逆变器和蓄电池构成的系统。它的基本结构是一套将交流电变为直流电的整流/充电装置和一套把直流电再度转换为交流电的 PWM 逆变器。蓄电池在交流电正常供电时储存能量，这时它一直维持在一个正常的充电电压上。一旦市电供电中断，蓄电池会立即对逆变器供电，以保证不间断电源交流输出电压供电的连续性。

1. 不间断电源的类型

不间断电源按工作原理来分有以下两种。

1）离线式（Off Line）不间断电源又称后备式。该装置是指在市电供电正常时，由市电直接向计算机提供电源。当市电供电异常时，蓄电池才对逆变器供电，并由不间断电源的逆变器向计算机等用电设备提供交流电源。不间断电源的逆变器总是处于对用电设备提供后备供电的状态。

2）在线式（On Line）不间断电源是指平时采用市电→整流器→逆变器的方式向计算机等用电设备提供交流电源。一旦市电异常，即改由蓄电池→逆变器的方式提供交流电源。只有当蓄电池放电至终了电压时，才可由控制电路发出信号进行控制，关断逆变器。当市电恢复时，又切换到了原工作方式对用电设备供电。在正常情况下，它总是由逆变器对用电设备供电。

2. 不间断电源的工作原理

（1）离线式

离线式不间断电源又称后备式不间断电源，在当市电正常时，市电经射频滤波和抗浪涌无源滤波电路后直接输送给负载，同时充电器给蓄电池充电。这时，逆变器不工作。当市电异常时，逆变器启动将电池的直流电转换为交流电（即 DC/AC 转换），并输送给负载。此间有一个转换时间，其主要是由继电器的机械跳动时间和逆变器的启动时间决定的，一般要求在（3~8）ms 内完成。离线式不间断电源的特点是电路简单，易于实现，价格便宜。但由于它有切换时间，电源输出容易受电网波动的影响，因此供电质量相对不是太高。

（2）在线式

在线式不间断电源是在电网正常供电时，它首先将市电交流电源变为直流电源。然后，逆变器在机内的脉宽调制（PWM）控制信号的作用下，将直流电源变成被功率放大的脉宽调制脉冲，在经逆变器的输出滤波器，重新变成正弦波电源向负载提供。

3. 不间断电源的使用与维护

准确掌握性能参数，合理的使用与正确的维护不间断电源是延长其使用寿命和降低故障率的重要前提。有关不间断电源的使用和维护应注意以下几点。

1）不间断电源的实际可带负载量与负载的功率因数密切相关。

2）一般情况，在线式不间断电源在使用过程中不宜"带载"开机和"带载"关机。

3）在离线式不间断电源的前级不宜增添带有大电抗元件的交流稳压器（如净化电源），因为它会造成离线式不间断电源的市电供电→逆变器供电转换时间明显的增长，极有可能造成有的计算机在运行中产生错误的自检启动动作，致使正在被计算机运行的软件遭到破坏。

4）用户在不间断电源运行期间尽量减少开机和关机的次数。

5）当不间断电源中的蓄电池的可供使用的容量被大部分释放掉，且又遇到市电供电中断而由电池供电时，不应让不间断电源继续处于重载条件下运行。因为当电池放电电压将到接近电池允许的最低电压时，如果这时市电突然恢复正常供电，则容易造成整流滤波器或充电器因输出电流过大而发生故障。严重时还会引起电池损坏或逆变器故障。

6）方波输出的离线式不间断电源不能带感性负载。

以上提到的是不间断电源在使用中的一般要求。具体到某一台不间断电源的话，还会有一些特殊的和具体的使用操作规范，请查阅随机所带的用户手册。

7.4　键盘

键盘是计算机最重要的外部输入设备之一，用户使用键盘向计算机输入各种指令和数据。PC 键盘是从打字机演变而来的，最初的键盘为 84 键，后来出现了 101 键、104 键和108 键等。之后的键盘键数越来越多，主要提供一些多媒体的功能，如 CD 播放、互联网应用等。

现在的键盘除了键位越来越多以外，还发展到无线键盘，带手写板的键盘等，功能越来越多，也越来越方便。但无论如何，键盘在今后很长的一段时间里都将依旧是计算机最重要的输入设备之一。

7.4.1　键盘类型

1. 键盘按键的类型

按键设计是键盘设计的另外一个重要方面。目前按键设计主要有三种类型：硅胶单点圆顶设计、剪刀脚设计和机械脚设计。

（1）硅胶单点圆顶设计键盘

那些随 PC 附带的键盘，一般使用的为硅胶单点圆顶设计。这种设计采用两层波纹硅胶膜构成一个网格状的橡胶泡沫或圆顶作为每一个按键的开关。由于硅胶富有弹性，所以按键时非常柔软舒适，但是这种开关设计类型需要每个按键按到底才能完成一个字母的输入。另外，因为橡胶膜反复的弯曲会容易损坏，所以随着时间的推移硅胶圆顶类的按键开关会逐渐失去弹性，响应速度也会延缓。

（2）剪刀脚开关设计键盘

现在，一些较新的键盘通常会模拟笔记本和超级本上所使用的巧克力风格键盘。这类键盘一部分使用纯硅胶圆顶开关设计，绝大部分则使用剪刀脚开关设计。由于该种设计添加了机械稳定器，所以每个按键触感都非常类似。另外，每一个按键帽下还附加了柱塞用于缩短按键深度。因此，使用剪刀脚开关设计的键盘时会有一种很轻盈的感觉，相对橡胶圆顶开关设计业更耐用。

（3）机械开关设计键盘

机械开关设计这类键盘的设计稍微有些复杂，每一个按键下均有一个富有弹性单独的开关控制闭合。目前有几款不同的版本，每种使用起来都具有不同的触感和敲击声音。一般来说，机械按键键盘可以提供更好的触感以及更多"咔嗒咔嗒"的打字声。这种开关设计机制更坚固，弹簧的弹性也更持久有明显，因此使用寿命更长，也更加易于修理。

2. 有线键盘与无线键盘

有线键盘一般通过 PS/2 键盘接口或 USB 接口与主机连接。无线键盘是指键盘盘体与计算机间没有直接的物理连线，通过红外线或无线电波将输入信息传送给特制的接收器，准确来说就是蓝牙设备。所谓蓝牙（Bluetooth）技术，实际上是一种短距离无线电技术，利用它能够有效地简化移动通信终端设备之间的通信，也能够成功地简化以上这些设备与互联网之间的通信。蓝牙采用分散式网络结构以及快跳频和短包技术，支持点对点及点对多点通信，工作在全球通用的 2.4 GHz ISM（即工业、科学、医学）频段。其数据速率为 1 Mbit/s。采用时分双工传输方案实现全双工传输。

使用无线键盘时，需将随机带的无线接收设备连接到主机的 USB 口，用来接收无线信号。之后启动计算机，进入系统，确保键盘上安装正确，打开键盘开关（键盘开关的初始位置为"ON"）。将键盘移近主机，使两者距离小于 25 cm，然后连续的任意按下键盘上的无线复位键，当绿灯停止闪烁时表示主机和键盘的连接已建立，即可以正常使用键盘了。

7.4.2 键盘的布局与基本工作原理

1. 布局和功能

除了标准的 QWERTY 按键以外，并非所有键盘的布局都相同。一般的键盘会提供具有10 个单独数字的小键盘，该数字小键盘对于那些需要经常进行数据统计或电子表格数据输入的用户来说十分有用。另外也会配置方向键、〈Page Up〉和〈PageDown〉、〈Home〉以及〈End〉等按键。据悉，最新的几款键盘还添加了针对 Windows 8 的功能键，例如 Charm 条。此外，目前大多数键盘也具有基本的媒体功能键，如播放控制和音量增减按键，如图 7-7所示。

图 7-7 键盘

一般游戏键盘通常还会配备专门的软件以及额外的宏命令按键，用户可以预先设置杂的字符串的命令并能通过一个按钮实现命令激活。虽然不同的键盘其宏命令按键的数量也不相同，但这一功能设计却十分有用。

尽管所有的键盘都提供了必要的打字按键，但有时候打字并不是用户主要关心的问题。

游戏键盘就是专为竞技游戏设计的，针对特定风格的游戏进行了专业的控制优化设计，并建立了严格的响应能力和耐久性标准。这类键盘为了吸引游戏玩家，在设计上也融合了多种元素，如脉冲背光和吸引眼球的色彩方案。高端游戏键盘一般会使用专用的高档机械按键开关，按键并提供大量可定制的功能，如前面已经提到的可编程宏命令、可调节背光以及〈W〉〈A〉〈S〉〈D〉键或可交换的按键等具体的功能。防按键冲突也是一项重要的功能，该功能可以允许同时按下多个按键而不会出现按键冲突效应。

键盘上其他配件还包括 USB 端口以及音频接口，用来帮助简化外设与计算机的连接。

2. 人体工程学设计

为了避免造成腕部综合症以及重复性应力损伤，现在许多键盘都进行了特别的设计，可以让使用者在打字的时候手能处于一个舒适的位置。这些新的设计不仅可以舒缓腕部的不适，还可以避免关节和肌腱出现问题。目前来看，人体工程学设计包括很多：从简单的腕垫到精心设计的键盘曲线和坡度。

3. 键盘的工作原理

计算机键盘的功能就是及时发现被按下的键，并将该按键的信息送入计算机。实际上，键盘中有发现按下键位置的键扫描电路，产生被按下键代码的编码电路，将产生的代码传入计算机的接口电路，这些电路被统称为键盘控制电路。依据键盘工作原理，可以把计算机键盘分为编码键盘和非编码键盘。

键盘控制电路的功能完全依靠硬件自动完成，这种键盘被称为编码键盘，它能自动将按下键的编码信息传入计算机。编码键盘响应速度快，但它以复杂的硬件结构为代价，而且其复杂性随着按键功能的增加而增加。

另外一种键盘，它的键盘控制电路功能要依靠硬件和软件共同完成，这种键盘被称为非编码键盘。它的响应速度不如编码键盘快，但可通过软件为键盘的某些按键重新定义，为扩充键盘功能提供了极大的方便，因此得到了广泛的使用。

7.4.3 键盘选用与维护

1. 键盘的选用

选购时通常可以从下面几个方面加以考虑。

（1）验看键盘的品质

购买键盘时，首先要验看键盘外露部件加工是否精细，表面是否美观。劣质的计算机键盘不但外观粗糙、按键的弹性很差，而且内部印刷电路板工艺也不精良。

（2）注意键盘的手感

键盘的手感很重要，手感太轻、太重都不好，除非用户已习惯了这样的键盘；手感太重、太硬，则击键响声大。

（3）考虑按键的排列习惯

挑选计算机键盘，应该考虑键盘上的按键排列，特别是一些功能键的排列是否符合个人的习惯。一般说来，不同厂家生产的计算机键盘，按键的排列不完全相同。

（4）检查键盘的插头类型

一般计算机键盘的插头采用五芯的标准插头，可以插入任何类型主板的键盘插座中。但有些原装机键盘插头的形状和尺寸较为特别，不能插入到兼容机主板的键盘插座中。

目前，国内市场上常见的键盘品牌有 BENQ（明基）和 Logitech（罗技）等。

2. 键盘的日常维护

1）键盘是根据系统的设计要求配置的，而且受系统软件的支持和管理，因此不同机型的键盘不允许随意更换。更换键盘时，必须在切断计算机电源的情况下进行，且事先应将键盘背面的选择开关置于与机型相应的位置。

2）操作键盘时，切勿用力过大，以防按键的机械部件受损而失效。

3）注意保持键盘的清洁，键盘一旦有油渍或脏物，应该及时清洗。清洗时可以用柔软的湿布沾少量洗衣粉进行擦除，然后用柔软的湿布擦净，使用的湿布不要过湿，以免滴水进入键盘内部。切勿用酒精清洗键盘。对于电容键盘的故障很多是由于电容极间不洁净而导致的，某些键位出现反应迟钝的现象，需要打开键盘内部进行除尘处理。清洗工作应该在断电情况下进行。

4）切忌将液体洒到键盘上。因为大多数键盘没有防溅装置，一旦有液体流进，则会使键盘受到损害，造成接触不良、腐蚀电路和短路等故障。一旦大量液体进入键盘，应立即关机断电，将键盘接口拔下。先清洁键盘表面，再打开键盘用吸水布（纸）擦干内部积水，并在通风处自然晾干。充分风干后，再确定一下键盘内部应完全干透，方可试机，以免短路造成主机接口的损坏。

5）注意防尘屑杂物。过多的尘土会给电路正常工作带来困难，有时甚至造成误操作。杂物落入键的缝隙中，会使按键被挤住，或者造成短路等故障。

6）当有必要拆卸计算机键盘时，应首先关闭电源，再拔下与主机连接的电缆插头。有的键盘壳有塑料倒钩，拆卸时需要格外注意。

7.5 鼠标

除了键盘之外，鼠标则是用户平时使用最多的输入设备。鼠标利用自身的移动，把移动距离及方向的信息变成脉冲送给计算机，再由计算机把脉冲转换成鼠标光标的坐标数据，从而达到指示位置的目的。鼠标经历了从原始鼠标、机械鼠标、光机鼠标到如今的光电鼠标、无线鼠标的发展历程，如图7-8所示。

图7-8　新型光电鼠标

鼠标的历史比键盘短得多，1968年12月9日它诞生于美国加州斯坦福大学，发明者是道格拉斯·恩格尔巴特（Douglas Englebart）博士。1999年，安捷伦公司（Aeilent，后改组为安华高Avago）发布了IntelliEye光学引擎，继而市场上出现了不需要专用鼠标垫的光电鼠标，光电鼠标的普及由此开始。2003年，罗技与微软分别推出以蓝牙为通讯协定的蓝牙鼠标。2005 年，罗技与安华高合作推出第一款激光鼠标（无线，可充电，Logitech MX1000）。2006 年，第一只克服玻璃障碍的有线激光鼠标问世，同年蓝牙激光鼠标问世（Acrox）。2008 年，微软推出采用 Blue Track 技术的蓝光无线鼠标，几乎兼容所有接口（Microsoft Side Winder X8）。鼠标器体积小巧，操作起来比较舒服和自然，上面的键很少，很容易掌握它的使用方法。2009 年，Apple 推出新鼠标 Magic Mouse，采用承袭自 iPhone、iPod Touch、Mac-Book 的多点触控技术，把所有鼠标按键、滚轮都去掉，只设置一整片多点触控板，就能提供等同一般鼠标的左、右键以及 360°滚轮的功能，并有两指操作更多的手势功能。

7.5.1　光电鼠标

光电鼠标器是微软公司设计的一款高级鼠标。它采用 NTELLIEYE 技术，在鼠标底部的小洞里有一个小型感光头，面对感光头的是一个发射红外线的发光二极管。这个发光二极管每秒钟向外发射 1500 次，然后感光头就将这 1500 次的反射回馈给鼠标的定位系统，以此来实现准确的定位。所以，这种鼠标可在任何地方无限制地移动。

光电鼠标的底部没有滚轮，也不需要借助反射板来实现定位，其核心部件是发光二极管、微型摄像头、光学引擎和控制芯片。工作时发光二极管发射光线照亮鼠标底部的表面，同时微型摄像头以一定的时间间隔不断进行图像拍摄。鼠标在移动过程中产生的不同图像传送给光学引擎进行数字化处理，最后再由光学引擎中的定位 DSP 芯片对所产生的图像数字矩阵进行分析。由于相邻的两幅图像总会存在相同的特征，通过对比这些特征点的位置变化信息，便可以判断出鼠标的移动方向与距离。这个分析结果最终被转换为坐标偏移量来实现光标的定位。它既保留了光电鼠标的高精度、无机械结构等优点，又具有高可靠性和耐用性，并且使用过程中无须清洁亦可保持良好的工作状态。

7.5.2　鼠标的性能指标

但对于那些有"特殊要求"的用户（如 CAD 设计、三维图像处理、超级游戏玩家等），在选择鼠标的时候应当考虑以下几个性能指标。

1. 分辨率的大小

分辨率高表示光标在屏幕上移动定位较准且移动速度较快。它一般是采用 dpi（Dots Per Inch，每英寸采样点数）指标来衡量，这很容易会让人误认为它在概念上与显示器的分辨率类同。其实不然，鼠标分辨率的正确单位应该是 cpi（Count Per Inch，每英寸测量次数），它所指的是鼠标在桌面上每移动 1 英寸距离鼠标所产生的脉冲数，脉冲数越多，鼠标的灵敏度也越高。光标在屏幕上移动同样长的距离，分辨率高的鼠标在桌面上移动的距离则较短，给人感觉"比较快"。目前主流光学鼠标的分辨率在 400cpi/800cpi 标准。必须注意的是，鼠标的分辨率并非越高越好，它必须与显示器的分辨率结合起来考虑。鼠标分辨率越高，屏幕上的移动速度就越快，倘若屏幕尺寸/分辨率低，那么就会感觉屏幕上的光标快速飞动而无法定位。但如果使用的是高分辨率、大尺寸屏幕，而鼠标分辨率很低，那么要将光标从一头移到另一头就会相当吃力，鼠标需要在桌面上移动长长的距离，可用性很差。从实践经验来看，若是 1024×768 分辨率的屏幕，400cpi/800cpi 指标较为适合。如果屏幕分辨率高于这一指标，则选择 800cpi 的鼠标是必要的。

2. 采样频率

是光学鼠标独有的性能指标，它所指的是感应器每秒钟采集/分析图像的能力，单位为帧/秒。安捷伦早期的 H2000 光学引擎的采样率只有 1500 帧/s，也就是说它在一秒钟内只能采集和处理 1500 张图像，此时它所能追踪到鼠标的最快移动速度为 14 英寸/s。倘若鼠标的移动速度超过这个范围，便会出现追踪失败光标暂时消失的现象，这个弊端给游戏玩家们造成相当大的困扰：在 CS、Quake3 之类的竞技游戏中，玩家们往往需要以 30 英寸/s 的高速度甩动鼠标，区区 1500 帧/s 采样频率显然无法满足要求。为此许多人认为光学鼠标不适合用来玩游戏，但后来光学引擎的发展克服了这一缺陷。

3. 手感

如果经常使用计算机，鼠标手感的好坏就显得至关重要了。如果鼠标有设计缺陷（注意：造型漂亮并不意味着设计合理，而一般的家庭用户存在只注意鼠标外形的新、奇，忽略了手感的好坏的情况），则当长时间使用鼠标时就感到手指僵硬难以自由舒伸，手腕关节经常有疲劳感。如果用户是游戏玩家，相信就经常有这种感觉，长此以往将对手部关节和肌肉有一定损伤。一个符合生理构造的外形，可以让手腕更加舒适，避免诱发职业病。好的鼠标应该是具有人体工程学原理设计的外形，握时感觉舒适、体贴，按键轻松而有弹性。一般衡量一款鼠标手感的好坏，试用是最好的办法：手握时感觉轻松、舒适且与手掌面贴合，按键轻松而有弹性，移动流畅，屏幕指标定位精确。有些鼠标看上去样子很难看，歪歪扭扭的，但其实这样的鼠标手感却非常的好，适合手型，握上去也很贴切手掌面。

习题 7

一、填空题

1. 按照按键方式的不同，键盘可分为（　　）和（　　）两类。
2. 按照工作原理的不同，鼠标可以分为（　　）、（　　）和（　　）。
3. 衡量鼠标性能的指标是（　　）和（　　）。
4. 根据机箱的外形，机箱可以分为（　　）和（　　）两类。
5. 选购机箱，首先是考虑机箱的（　　），然后选择（　　），第三步考察机箱的（　　）。
6. 目前，计算机中所使用的电源均为（　　）。
7. 关于 ATX 12V 电源，主板应该从 ATX 电源的（　　）端取电，而以前主板都是从（　　）端取电的。
8. ATX12V 2.2 属于最新的（　　）电源标准，相对 ATX12V2.0 来说，改进并不大。其中最突出的改进是，为了给双核的高端平台提供强劲供电，在 ATX12V 2.2 规范中加入（　　）的输出。
9. 不间断电源主要是由（　　）、（　　）和（　　）构成的系统。
10. 不间断电源按工作原理来分有（　　）、（　　）两种。
11. 键盘依据开关接触方式可分为（　　）、（　　）两类。
12. 鼠标根据其测量位移部件的类型可以分为（　　）、（　　）、（　　）三类。

二、简答题

1. 机箱从结构上可以分为哪四类？简述机箱的结构。

2. 机箱的"三大二小二隐藏"表示什么？

3. 38℃机箱和40℃机箱之间的差别是什么？

4. ATX 标准的主要是什么？

5. 电源的主要性能指标有哪些？

6. 电源常见的故障有哪些？都应如何处理？

7. UPS 是什么名称的缩写，它的作用是什么？

8. 有关不间断电源的使用和维护应注意哪几点？

9. 键盘主要有哪三部分组成？

10. 键盘的日常维护应注意那些问题？

11. 键盘常见故障有哪些？都应如何处理？

12. 简述鼠标的性能指标。

13. 电源的选用应注意哪些问题？

14. 键盘的选用应注意哪些问题？

第 8 章　常用多媒体部件与网络连接部件

计算机能够处理声音、图形、图像和视频等多种媒体信息。在自然界中，各种媒体信息一般是以模拟信号的形式出现的，计算机系统在处理这些媒体信息前，必须要先经过各种多媒体部件将媒体信息转换成为数字信息形式。

计算机要接入局域网，或接入互联网时需要相应的网络连接部件。本章将较详细介绍应用这些连接部件接入网络的方法。

8.1　声卡与音箱

声卡是实现音频信号/数字信号相互转换的硬件电路，把来自话筒、磁带、光盘的原始声音信号加以转换，输入到计算机中，并可将声音数据输出到耳机、扬声器、扩音机、录音机等音响设备，或通过音乐设备数字接口（MIDI）使乐器发出美妙的声音。声卡如图 8-1 所示。

图 8-1　声卡

8.1.1　声卡的发展

早期，计算机处理声音仅仅是由简单的门电路合成后，通过 PC 喇叭播放出来的。由于合成方法非常简单，所以只能够产生方波锯齿波之类的简单波形，听到的也是很单调的声音。

到了 20 世纪 80 年代后期，新加坡的 Creative（创新）公司推出了其第一代声卡产品——Sound Blaster（声霸卡），这才真正把声卡带入到了个人计算机应用领域。Sound Blaster 推出之后，Creative 又研发了其后续产品 Sound Blaster Pro，它增加了立体声功能，进一步加强了 PC 的音频处理能力。

20 世纪 90 年代初，Creative 推出了具有 16 bit、44 KHz 采样率并支持立体声的 Sound Blaster 16 系列。它的推出使计算机的录音和放音质量第一次在技术规格上达到了唱片的品质。到了 20 世纪 90 年代中期，一种名为"波表合成"的技术开始趋于流行，在试听效果上远远超越了 FM 合成。Creative 便因此在 1995 年推出的 Awe 32 系列声卡，1996、1997 年 Awe 64 系列声卡又陆续问世。Awe 与以往的 Sound Blaster 系列最大的不同在于改进了 MIDI 合成引擎，弃用了性能较为落后的 FM 芯片，而将波表合成的理念首次引入多媒体声卡。

随着技术的进一步发展，ISA 接口过小的数据传输能力成为了声卡发展的瓶颈。把接口形式从 ISA 转移到 PCI 成为了声卡发展的大势所趋。Creative 在 1998 年推出的采用 EMU10K1 芯片的"SB Live!"声卡，就是基于 PCI 总线。

PCI 声卡流行以后，3D 音效、多声道环绕声场在计算机上得到了应用。在以后推出的一些中高档声卡上，出现了同轴 SPDIF 输出口。这个接口一个非常有价值的功能则在于，可传输 Dolby AC - 3 信号，这样声卡就可以通过 SPDIF OUT 口外接 AC - 3、dts 解码设备，从而组成家庭影院系统。此后，随着 MD 的流行，光纤数字录音技术开始应用，带有光纤 SPDIF 输入/输出的相关产品，也逐渐发展起来。

目前，声卡逐渐从标准配置单中剔除，主板整合的声卡已占了几乎 97% 的份额。

8.1.2 声卡的主要类型和工作原理

1. 声卡的主要类型

声卡发展至今，主要分为板卡式、集成式和外置式三种接口类型，以适用不同用户的需求，三种类型的产品各有优缺点。

（1）板卡式

板卡式产品是现今市场上的中坚力量，产品涵盖低、中、高各档次，售价从几十元至上千元不等。早期的板卡式产品多为 ISA 接口。由于此接口总线带宽较低、功能单一、占用系统资源过多，目前已被淘汰。PCI 则取代了 ISA 接口成为目前的主流，它们拥有更好的性能及兼容性，支持即插即用，安装使用都很方便。

（2）集成式

声卡只会影响到计算机的音质，对用户较敏感的系统性能并没有影响。此类产品集成在主板上，具有不占用 PCI 接口、成本更为低廉、兼容性更好等优势，能够满足普通用户的绝大多数音频需求，自然也就受到市场青睐。而且集成声卡的技术也在不断进步，PCI 声卡具有的多声道、低 CPU 占有率等优势也相继出现在集成声卡上，它也由此占据了主导地位和声卡市场的大半壁江山。集成声卡大致可分为软声卡和硬声卡。软声卡仅集成了一块信号采集编码的 Audio CODEC 芯片，声音部分的数据处理运算由 CPU 来完成，因此对 CPU 的占有率相对较高。硬声卡的设计与 PCI 式声卡相同，只是将两块芯片集成在主板上。

（3）外置式

大部分通过 USB 接口与电脑连接，具有使用方便、便于移动等优势。但这类产品主要应用于特殊环境，如连接笔记本电脑实现更好的音质等。目前市场上的外置声卡常见的品牌有创新、华硕、乐之邦等。

2. 声卡的工作原理

声卡对输入的声音信号基本处理流程是：从麦克风或 Line In 输入模拟声音信号，通过模数转换器（ADC），将声波振幅信号采样转换成数字信号后，通过主芯片处理，或者被录制成声音文件存储到计算机中，或者再通过 D/A 转换放大输出。

声卡模拟通道输出声音的基本工作流程是：数字声音信号首先通过声卡主芯片进行处理和运算，随后被传输到一个数模转换器（DAC）芯片中进行 D/A 转换，转换后的模拟音频信号再经过放大器的放大，通过多媒体音箱输出。

声卡在工作时涉及多种音频信号格式。

（1）数字化波形音频

数字化波形音频采用采样的方法把模拟信号转换成数字信号来记录。声音信号是一种模拟信号，计算机中的声音数据是用逻辑数字 0 和 1 来表示的。在计算机上处理声音的本质，就是把模拟声音信号转换成数字信号。反之，在播放时则是把数字信号还原成模拟声音信号输出。

（2）MIDI 合成音频

MIDI（Musical Instrument Digital Interface），即音乐设备数字接口，是用于电子乐器之间以及电子乐器与计算机之间的一种数据交换协议。MIDI 音频数据是声音媒体在计算机中存在的另一种形式，是一种使用指令序列表示声音的方法，在计算机中以 MID 或 RMI 的文件形式存储下来。

（3）CD 音频

CD 音频指利用 CD 唱片存储的音频数据形式。它是多媒体计算机中音频存在的第三种形式，也是一种高质量的音频数据纪录形式，几乎可以完整的重现自然界中的各种声音。CD 音频唱片的输出有两种形式：一种是通过与 CD–ROM 前段的耳机插孔输出，另一种是经声卡处理后由与声卡相连的音箱输出。

声卡的基本功能是对上述三种音频信号进行处理，主要包括。

- 对音频信号的编辑、重放、输入/输出、放大等。
- 声音模拟信号与数字信号之间的转换。
- MIDI 音乐的合成。
- 提供话筒和音箱的接口，用于声音的输入与输出。
- 提供信号的功率放大与调节。
- 提供 MIDI 键盘、游戏杆、CD–ROM 的接口。

8.1.3 声卡的主要技术指标及相关术语

1. 采样位数与采样频率

音频信号是连续的模拟信号，而计算机处理的却只能是数字信号。因此，计算机要对音频信号进行处理，首先必须进行模/数（A/D）的转换。这个转换过程实际上就是对音频信号的采样和量化过程，即把时间上连续的模拟信号转变为时间上不连续的数字信号。只要在连续量上等间隔的取足够多的点，就能逼真地模拟出原来的连续量。这个"取点"的过程被称为采样（Sampling），采样精度越高（"取点"越多）数字声音越逼真。其中信号幅度（电压值）方向采样精度，被称之为采样位数（Sampling Resolution），时间方向的采样精度称为采样频率（Sampling Frequency）。

采样位数指的是每个采样点所代表音频信号的幅度。8 bit 的位数可以描述 256 种状态，而 16 bit 则可以表示 65，536 种状态。对于同一信号幅度而言，使用 16 bit 的量化级来描述自然要比使用 8 bit 来描述精确得多。其情形就犹如使用毫米为单位进行度量要比使用厘米为单位要精确一样。一般来说采样位数越高，声音就越清晰。

采样频率是指每秒钟对音频信号的采样次数。单位时间内采样次数越多，即采样频率越高，数字信号就越接近原声。采样频率只要达到信号最高频率的两倍，就能精确描述被采样的信号。一般来说，人耳的听力范围为 20 Hz ~ 20 kHz，因此，只要采样频率达到20 kHz × 2 = 40 kHz 时，就可以满足人们的要求。目前大多数声卡的采样频率都已达到 44.1 kHz 或 48 kHz，即达到所谓的 CD 音质水平了。

2. 声道数

声卡声道数有以下几种类型。

1）单声道：单声道是早期的声卡普遍采用的形式。两个扬声器播放的声音相同。这种缺乏位置感的录制方式是早期的技术产物。

2）立体声：立体声技术中声音在录制过程中被分配到两个独立的声道，从而达到了很好的声音定位效果，听众可以清晰地分辨出各种声音所来自的方向，更加接近于临场感受。立体声技术广泛运用于自 Sound Blaster Pro 以后的大量声卡，成为了影响深远的一个音频标准。

3）四声道环绕：三维立体声音效的主要目的是为用户带来一个虚拟的声音环境。通过特殊的技术营造一个趋于真实的声场，从而获得更好的听觉效果和声场定位。而要达到这种效果，靠两个音箱是不够的。四声道环绕规定了四个发音点：前左、前右，后左、后右，听众则被包围在这中间建议增加一个低音音箱，以加强对低频信号的回放处理。四声道技术已经被各种中高档声卡采用，成为了未来发展的主流趋势。

4）5.1 声道：5.1 声道来源于 4.1 环绕，不同之处在于它增加了一个中置单元。这个中置单元负责传送低于 80 Hz 的声音信号，在欣赏影片时有利于加强人声，可把对话集中在整个声场的中部，以增加整体效果。

3. 复音数

在各类声卡的命名中，经常会发现诸如 64、128 之类的数字。有些用户乃至商家将它们误认为是 64 位、128 位声卡，代表的是采样位数。其实 64、128 代表的只是此卡在 MIDI 合成时可以达到的最大复音数。所谓"复音"是指 MIDI 乐曲在一秒钟内发出的最大声音数目。波表支持的复音值如果太小，一些比较复杂的 MIDI 乐曲在合成时就会出现某些声部被丢失的情况，直接影响到播放效果。复音越多，音效越逼真，但这与采样位数无关。如今的波表声卡可以提供 128 以上的复音值。

4. 动态范围

动态范围指当声音的增益发生瞬间态突变，也就是当音量骤然或突然毫米波时，设备所有能承受的最大变化范围。这个数值越大，则表示声卡的动态范围越广，就越能表现出作品的情绪和起伏。一般声卡的动态范围在 85 dB 左右，能够做到 90 dB 以上动态范围的声卡就已是非常好的声卡了。

8.1.4 音箱

完整的计算机系统中，音箱也是不可缺少的。声卡只提供对音频信号的处理能力，而要让计算机发出声音，音箱则是关键设备，如图 8-2 所示。

图 8-2　音箱

声卡将数字音频率信号转换成模拟音频信号输出。此时音频信号的电平幅值较低，不能带动扬声器的正常工作。这时候就需要有带放大器的音箱对音频信号进行放大，再将其在扬声器上输出，从而发出声音。

1. 音箱的组成

多媒体音箱由放大器、接口部分、扬声器单元与箱体四部分组成。放大器部分对音频信号加以放大，使之足以推动扬声器的正常发声；接口部分用来连接计算机声卡，提供音频信号的输入；扬声器单元用于把音频信号转换成声波；而箱体则提供对整个音箱系统的保护及支持。最新推出 USB 音箱中采用了最新技术，可直接从计算机 USB 接口引入数字音频信号，由内部芯片将数字音频信号转为模拟音频信号，经过放大后在扬声器上输出，从而省去了声卡。

2. 音箱的分类

音箱的分类多种多样，比较常见的分类方法有以下。

1）按音箱箱体的材质不同：分为塑体音箱与木质音箱。

2）按扬声器单元的数量：分单扬声器单元音箱和双扬声器单元音箱。

3）按与计算机的接口：分普通接口音箱与 USB 音箱。其中 USB 音箱内部集成了声卡，可以完全替代声卡的功能，因此使用极其方便。

4）按有无功率放大器：分有源音箱与无源音箱。

5）按用途：分为普通用途、家庭影院用以及专业音箱。

6）扬声器材质：通常音箱都是双单元二分频设计，一个较小的扬声器负责中高音的输出，而另一个较大的扬声器负责中低音的输出。多媒体有源音箱的高音单元现在以软球顶为主，它与数字音源相配合能减少高频信号的生硬感，给人以温柔、光滑、细腻的感觉。低音单元常见的材质有四种。

- 纸盆：有音色自然、廉价、较好的刚性、高内阻尼等优点。缺点是防潮性差、制造时一致性难以控制。

- 防弹布编织盆：有较宽的频响与较低的失真，是酷爱强劲低音者之首选。缺点是成本高，制作工艺复杂，轻音乐效果不甚佳。
- 羊毛编织盆：质地稍软，优点是对柔和音乐的表现十分完美。缺点是低音效果不好，摇滚乐和进行曲的表现力不尽如人意。
- PP（聚丙烯）盆：广泛流行于高档音箱中，一致性好，失真低，各方面表现都十分不错。

8.2　视频卡和数字摄像头

计算机不但可以处理自然界中的声音，也可以处理自然界中的图形及影像信息。所谓影像信息，是指自然界中存在的人眼可观察的连续动作的影像，这在多媒体技术中被称为视频。与动画一样，视频信息由连续的画面组成，相邻的画面很相似，但却不相同。这些连续的画面按一定的顺序连接在一起，以一定的速度在多媒体系统中播放出来，就形成了富有动感的视频信息。

8.2.1　视频卡

视频卡也称为视频采集卡，它将模拟摄像机、录像机、LD 视盘机、电视机输出的视频信号等视频数据或者视频音频的混合数据输入计算机，并转换成计算机可辨别的数字数据存储在计算机中，成为可编辑处理的视频数据文件。很多视频采集卡能在捕捉视频信息的同时获得伴音，使音频部分和视频部分在数字化时同步保存和播放。

在计算机上通过视频采集卡可以接收来自视频输入端的模拟视频信号，对该信号进行采集、量化成数字信号，然后压缩编码成数字视频。大多数视频卡都具备硬件压缩的功能，在采集视频信号时首先在卡上对视频信号进行压缩，然后再通过总线接口把压缩的视频数据传送到主机上。一般的 PC 视频采集卡采用帧内压缩的算法把数字化的视频存储成 AVI 文件，高档一些的视频采集卡还能直接把采集到的数字视频数据实时压缩成 MPEG‒1 或 MPEG‒2 格式的文件。

图 8‒3　视频卡

视频卡选用时应注意以下方面。

1. 明确视频卡使用的目的

视频采集卡有许多型号，它们可能是由不同的生产厂商生产制造的。而且每个型号的视频采集卡都是侧重于某个具体功能的，因此在选购视频采集卡之前最好能明确购买卡的目的，要注意其是否具有实用性。

2. 选择制式

视频采集卡根据其结构的不同可以分为内置和外置两种制式，外置式视频卡也叫视频接收盒，它是一个相对独立的设备，大都可以独立于计算机主机工作，也就是说无须打开计算机和运行软件就可以利用视频接收盒来接收视频信息了。在附加功能上都提供 AV 端子和 S 端子输入、多功能遥控、多路视频切换等。外置视频盒安装和操作都比较简单，更像在使用一种家电，而且其收视清晰度常常优于内置的产品。内置的视频卡除提供标准视频接收功能外往往还提供了不同程度的视频捕捉功能，它可以把捕捉动态/静态的视频信号转换成数据流。具备视频捕捉的视频卡在接收视频信息之余，还能配合模拟制式摄像装置构成可视通信系统。

3. 捕捉效果

在捕捉效果上，应尽量选择动态捕捉效果更接近于标称的 30 帧/s 或 25 帧/s 的产品。这其中还应保证捕捉到的图像画面的色彩、亮度、对比度的失真最小。

4. 分辨率

视频采集卡的分辨率与所连的计算机密不可分的，如果想通过视频采集卡来获得一些高质量的视频画面，应该留意一下视频采集卡在播放动态视频时的分辨率大小，分辨率越高的则越好。目前大多数用户购买视频卡实际上主要是用来进行视频处理或者欣赏游戏，因此应该尽可能地选择分辨率稍微高一点的视频卡。

5. 视频格式

如果购买视频卡主要是用来进行视频编辑处理的，则就要注意采集卡捕捉影像之后可以转存的视频格式。有的视频采集卡只能保存为 AVI 这一种视频格式，并且没有影像压缩的功能。为了能适应多种格式的视频信息的编辑处理，最好选用分辨率高，并且可以保存为多种影像，且具有图像压缩功能的视频采集卡。

8.2.2 数字摄像头

1. 数字摄像头的原理

数字摄像头，如图 8-4 所示，它是一种数字视频的输入设备，它利用光电技术采集影像，通过内部的电路把这些代表像素的"点电流"转换成为能够被计算机所处理的数字信号的 0 和 1。而不像视频采集卡那样首先用模拟的采集工具采集影像，再通过专用的模数转换组件完成影像的输入，数字摄像头在这个方面显得集成度更高。

图 8-4 数字摄像头

数字摄像头将摄像头和视频捕捉单元做在一起。它的优点是使用简单，一般都通过计算机并行通信口连接或 USB 连接，即插即用，安装简单。

不过数字摄像机的缺点也是比较明显的，由于使用了 CMOS 作为感光器件，这使得在 640×480 分辨率以上捕捉速度不是很快（小于 30 帧）。现在市场上大多数的摄像头的分辨率都在 640×480 左右，一般在 352×288 时能够达到 30 帧/s。另外，一些产品有一块加速芯片，而且使用的是数码相机镜头，像素十分高，加速芯片能把信号在输出之前进行放大，抵消的信号衰减。

USB 数字摄像头是使用软件捕捉压缩的，需要 CPU 的强大支持，如果 CPU 不够强大也就只能进行捕捉，而视频捕捉后就要进行整理压缩。如果 CPU 可以支持捕捉兼实时压缩的话，效果与使用模拟摄像头加捕捉卡是没有很大差别，有的质量甚至比使用捕捉卡更好。

另外，最近采用 FireWire（火线 1394）技术的网络摄像头也已经发布。由于 1394 的高速度，这使得在 640×480 分辨率的条件下，图像显示帧频仍保持在 30 帧/s 左右，图像质量可以接近于数字视频摄像机。

8.3　扫描仪

扫描仪是一种光机电一体化的高科技产品，是把传统的模拟影像转化为数字影像的设备，如图 8-5 所示。目前扫描仪已被广泛应用于各类图形图像处理、出版、印刷、广告制作、办公自动化、多媒体、图文数据库、图文通信、工程图纸输入等许多领域，并为这些领域的科技进步以及工作方式的改变起了相当大的作用。

图 8-5　平板扫描仪

8.3.1　扫描仪的工作原理

扫描仪内部基本组成部件包括光源、光学透镜、感光元器件，还有一个或多个的模拟/数字转换电路。从最基本的原理上看，扫描仪就是把模拟数据转化为数字数据。感光元器件一般是电荷耦合器（CCD）排列成横行，电荷耦合器里的每一个单元对应着一行里的一个像素。在扫描一幅图像的时候，光源照射到图像反射回来，根据图像稿件不同地方亮暗程度的不同，形成强弱不等的反射光线。反射光线穿过透镜聚焦在镜头另一端的感光元器件 CCD 上，CCD 将光学信号转换为相应的电信号，这些信号最终通过 A/D 转换器转化为计算机所能识别的数字信号，然后经不同的接口，如 EPP、USB 或 SCSI 输送到计算机。整个扫描过程涉及光学、机械和电子等不同方面，任何一个部件的设计都会影响到最终的数字化结果。不同级别的扫描仪的构造基本一样，平板扫描仪的工作原理如图 8-6 所示，但所使用的部件及技术却大不相同。

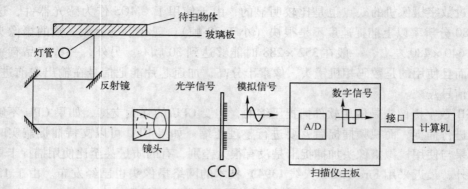

图 8-6　平板扫描仪的工作原理

8.3.2　扫描仪的种类

扫描仪可分平板扫描仪、滚筒式扫描仪、便携式扫描仪、胶片扫描仪和名片扫描仪等类型。

1. 平面扫描仪

平台式扫描仪或台式扫描仪，这种扫描仪诞生于 1984 年，是办公用扫描仪的主流产品。扫描幅面尺寸一般为 A4 或者 A3。

2. 滚筒式扫描仪

它是专业印刷排版领域应用最广泛的产品，使用的感光器件是光电倍增管。

3. 便携式扫描仪

便携式扫描仪具有小巧轻便的设计，随着技术的发展扫描分辨率也提高到了 600 dpi，颠覆着以往传统扫描仪移动困难，操作滞后的形象，引领起一场跨时代的办公革命。现国内便携式扫描仪厂家有 3R、Anyty、HP 等。

4. 胶片扫描仪

光学分辨率一般可以达到 2700ppi 的水平。

扫描仪的接口是指扫描仪与计算机之间的连接方式，目前常见的有 SCSI、EPP、USB、IEEE 1394 四种。

1）SCSI 接口方式传输速度高，而且由于 SCSI 接口自带一块微处理器，因此可以大大减轻 CPU 的负担。但其安装较为复杂，容易和其他的板卡发生地址冲突。目前除了少数高档扫描仪外，很少有采用 SCSI 接口方式的机器了。

2）EPP 接口方式采用并口连接，使用安装简单，不会和其他设备产生冲突。但 EPP 接口传输速度较慢，一般只能达到 1 MB 左右，在很大程度上影响了扫描仪的工作速度。所以目前市场主流产品也很少采用 EPP 连接方式。

3）USB 连接方式兼容性好，支持热插拔，即插即用，安装简单方便，数据传输速度快（主流的 USB2.0 达到了 480 MB/s 的数据传输率）。一经出现立刻深受大家欢迎，并被各大厂商广泛采用。目前已经成为扫描仪接口的主流方式。

4）IEEE 1394 接口是一种高效的串行接口标准，而且它具有热插拔、高性能、大容量、价格适中的特点，深受用户的欢迎。虽然 USB 接口与 IEEE 1394 接口具有同样的灵活性，但是 IEEE 1394 则在高出不多的价位上提供了近 30 倍的速度。随着用户对 IEEE 1394 扫描仪的认识，市场的需求也会随着增长。

8.3.3 扫描仪的各项性能指标

1. 分辨率

分辨率是扫描仪最重要的性能指标，通常用用每英寸长度上的点数，即 dpi 作单位。它直接决定了在扫描时所能到达的精细程度，是衡量一台扫描仪扫描品质的高低的关键指标。扫描仪的分辨率又可分为光学分辨率、插值分辨率和机械分辨率三项指标。

- 光学分辨率：它是扫描仪硬件水平所能达到的实际分辨率，是决定扫描仪扫描质量和扫描仪价值的关键指标，所以又被称为物理分辨率或真实分辨率。光学分辨率还可细分为水平分辨率和垂直分辨率，例如一台 1200×2400 dpi 的扫描仪（目前的主流光学分辨率）的水平分辨率是 1200 dpi，垂直分辨率是 2400 dpi。水平分辨率和扫描仪光电耦合器即 CCD 的真实分辨率与相关的硬件电路有关，是重中之重；垂直分辨率主要和扫描仪的传动机构精密程度相关。
- 插值分辨率：这个参数是利用软件对扫描出的图像进行修补计算后的分辨率，又被称为最大分辨率。
- 机械分辨率：它是衡量扫描仪传动机构精密程度的参数，代表扫描头在垂直方向上每移动一英寸，步进电动机所走过的最大步数。例如，"600×1200 dpi" 意味着这台扫描仪的光学分辨率为 600 dpi，而机械分辨率是 1200 dpi。

一般光学分辨率是真正衡量扫描仪扫描精度最关键的参数。

2. 色彩深度

色彩位数是衡量扫描仪能捕获色彩层次信息的重要技术指标，高色彩位数可得到更多的色彩信息，呈现出更加艳丽逼真的色彩还原能力。即使经过一系列的图像处理后，色彩信息虽然有一定损失，但也不至于对输出效果产生较大的影响。目前 1200 dpi 扫描仪中大多采用 42 位色。

3. 灰度级

灰度级反映扫描仪扫描时提供由暗到亮层次范围的能力，具体指扫描仪从纯黑到纯白之间平滑过渡的能力。

4. 锐利度

平台式扫描仪扫描后输出的图像上会有一种蒙上一层雾的感觉，这也就是平常所说的平台扫描仪扫描图片锐利度不够的缺陷。造成这种现象的原因有两个，其一是平台式扫描仪在光路设计上采用了较多的反射镜条，由于这些镜条不可能做到 100% 平整，光线会在镜条微小的凹凸面上形成漫反射，这些漫反射光线通过镜头聚焦到 CCD 上就产生上述现象；其二是扫描仪的光学镜头组是一个运动的组件，在运动过程中不可避免地会产生振动，导致光学镜头在成像时焦距略微发虚，从而产生上述现象。今后的扫描仪厂商将会在光路设计和运动机构设计上做很大的调整，尽量不采用或少采用反射镜条，以让光线直接进入镜头。

5. 扫描幅面

表示可扫描图稿的最大尺寸，常见的有 A4、A4 加长和 A3 幅面等。平板式扫描仪的幅面一般分为 A4、A3 和 A4 加长三种。家庭用户多数会选择 A4 幅面的机器，A3 幅面扫描仪的价格相比 A4 幅面扫描仪呈几何级数增长。

6. 扫描密度与动态范围

密度是描述扫描稿的指标，是指扫描仪光源的入射光在扫描稿上会反射（或者透射）。入射光与反射光（或透射光）的比值在取对数后的值就是密度值。扫描稿上越黑的地方密度越大。一张扫描稿可以达到的最大密度与最小密度之差，称为稿件的密度范围，也叫动态范围。曝光准确的冲扩彩色照片动态范围一般为 2.0 左右，彩色反转底片可以达到 3.0 以上。扫描仪在保证质量的情况下可以扫描的稿件密度越大，则代表扫描仪的性能越好。

7. 信噪比

信噪比就是信号强度与噪声强度的比值。扫描仪的信噪比不是一个恒定值，扫描比较明亮的部分信噪比较高，而在扫描暗处的部分信噪比较低，表现为暗处存在花斑等现象。如何提高暗处扫描的信噪比一直是扫描仪技术发展的难题。

8.3.4 扫描仪的选用

选用扫描仪应根据各自用途进行选择，选用时应根据应用的侧重点不同选用适合自己的扫描仪。在选用扫描仪时应考虑以下因素。

1）扫描幅面：扫描幅面有 A4、A4 加长、A3 等几种。一般扫描仪的最大扫描幅面为 A4，专业级的扫描仪的扫描幅面较大，但相对价格较为昂贵。

2）分辨率：扫描仪的分辨率越高，扫描出来的图像就越清晰。用户应主要考虑光学分辨率，标称分辨率对实际的扫描精度影响不大。

3）色彩位数：色彩位数主要指扫描仪的动态色域的层次大小，反映出扫描图像色彩的与实物色彩的接近程度。扫描仪色彩位数有 24 位、30 位、36 位和 42 位等常见标准。普通用户使用 30 位色彩的扫描仪就已经足够了。

4）灰度级：灰度级指使用黑白方式扫描时，扫描图像由纯黑到纯白的灰度层次。一般市家用扫描仪的灰度级大多为 10 位。

5）接口：USB 接口扫描仪安装使用方便，数据传输速度较快，且安装简便、价格便宜、兼容性好等诸多优点，是目前应用最广泛的品种。

6）软件：扫描仪的功能要结合相应软件才能实现，一般扫描仪应该带有图像编辑、OCR 软件。好的软件能够增强扫描仪的功能，方便用户的使用。

8.3.5 扫描仪的安装与使用

和其他类型的多媒体部件相同，扫描仪的安装同样分为硬件连接与软件安装两部分。各种扫描仪由于接口类型不同，其安装方式也不同。

USB 接口的扫描仪是当前的主流产品，使用 USB 接口的设备由计算机的主板直接提供电源，因此我们不必为扫描仪提供单独的电源连接。各种扫描仪使用不同的驱动程序，驱动程序由生产厂商提供，可将附带的光盘放入光驱中，单击"SETUP"按钮运行安装相应的驱动程序。

OCR 指的是光学识别系统。扫描仪扫描的内容只能以图形格式储存，要扫描文字，必须配合 OCR 软件使用。也就是用扫描仪先将资料以图形格式扫下来，再进行文字识别，以减轻汉字录入的负担。通常，扫描仪产品都附带 OCR 软件。

8.3.6 扫描仪日常维护及简单故障处理

1. 日常使用注意事项

扫描仪是极其精密的计算机设备，内部包括了各种光学组件及精密的机械和电子部件，因而在使用过程中必须倍加小心，以免对扫描仪造成损伤，缩短寿命，影响其使用。正确的使用扫描仪不但能够延长其使用寿命，还能够提高扫描效果。扫描仪使用过程中应注意以下事项：

1）扫描头的保护：扫描仪的光学成像部分非常精密，其中的光学组件位置稍有偏移就会影响扫描仪的扫描质量，甚至可能造成扫描失败。因此应尽力避免移动扫描仪，以免在移动过程中对扫描头造成损伤或位置偏移。如果处于特殊需要来移动扫描仪，应使用扫描仪上专用的锁定装置锁定扫描头，保证在移动过程中其位置不会发生移动。

2）预热：在进行扫描工作以前应让扫描仪有几分钟的预热时间。这是因为扫描仪在刚加电时，扫描光源不稳定，并且强度没有达到扫描仪正常工作所需的要求。因此，如果要得到满意的扫描效果则必须对扫描仪进行预热。

3）工作环境的清洁：应注意保持环境的清洁，降低空气中的含尘量，避免灰尘或其他杂质对扫描质量造成干扰。

4）网纹的去除：在扫描的印刷品时，扫描的结果经常带有各种网纹，这是由于印刷品特殊印刷方式造成的。许多扫描仪都带有去网纹的功能，该功能可由软件或硬件完成。扫描时可以用去网纹方式扫描，或使用图像处理软件中的模糊功能。

5）扫描仪及扫描物的摆放：扫描仪摆放尽可能平整，这样电机运转时不会有额外负荷，可以保证达到理想的扫描仪垂直分辨率。要扫描的印刷品或手写品一定要摆放在扫描起始线的正中，以最大限度地减小由于光学透镜导致的失真。

2. 扫描仪常见故障及解决方法

1）开机后扫描仪指示灯为桔黄色。此情况表明扫描仪电压不稳或电压过低。这时则应关闭扫描仪电源，并检查扫描仪电源与电源插座的连接情况。

2）打开扫描仪开关时，扫描仪发出异常响声。这是因为有些型号的扫描仪有锁，其目的是为了锁紧镜组，防止运输中震动，因此在打开扫描仪电源开关前应先将锁打开。

3）扫描仪接电后没有任何反应。有些型号的扫描仪是节能型的，只有在进入扫描界面后灯管才会亮，一旦退出后会自动熄灭。

4）扫描时显示"没有找到扫描仪"。此现象有可能是由于先打开主机后打开扫描仪所导致的，可重新启动计算机或在设备管理中刷新即可。

5）扫描时噪声特别大。拆开机器盖子，找一些缝纫机油滴在卫生纸上将镜组两条轨道上的油垢擦净，再将缝纫机油滴在传动齿轮组及皮带两端的轴承上（注意油量适中），最后适当调整皮带的松紧。

6）输出图像色度不够。如果扫描的图像色度不够，有可能是由显示器造成的。可以调整显示器的亮度、对比度和 Gamma 值，也可以在图形处理软件中对图形的色度进行调整，或者在使用之前对扫描仪进行色彩校正。

7）扫描仪扫描的图像颜色模糊，局部颜色不正确。用户可以检查平板玻璃清洁度，将玻璃用干净的布或纸擦干净。此外还有可能是因为扫描仪分辨率或显示器设置不正确造成的。分辨率为 300 dpi 的扫描仪扫描 1200 dpi 以上的图像会比较模糊。当显示器色彩和分辨率设置不正确时，扫描结果在显示时同样会出现图像模糊及颜色失真现象。

8.4 网络连接部件

随着网络技术的迅速发展，"网络就是计算机"已成为人们的共识。现在越来越多的计算机通过网卡接入局域网，或通过调制解调器接入因特网。网卡和调制解调器（ADSL）等网络连接部件已成为计算机系统中的标准配置。

8.4.1 网卡

网卡即网络接口卡，又称网络识配器。网卡插在计算机的扩展槽上，通过网线与网络上的其他计算机交换数据以及共享资源，如图 8-7 所示。

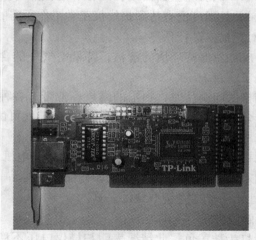

图 8-7 网卡

目前，网卡一般可分为普通工作站网卡和服务器专用网卡。按所支持带宽的不同可分为 10 M 网卡、100 M 网卡、10/100 M 自适应网卡、10/1000 M 自适应网卡。

1. 网卡的选用

目前，绝大多数的局域网采用以太网技术。下面以太网网卡为例，说明选用网卡时要注意的问题。

以太网网卡有 10 M、100 M、10 M/100 M 及千兆网卡。对于大数据量网络来说，服务器应该采用千兆以太网网卡，以提高整体系统的响应速率。而 10 M、100 M 和 10 M/1000 M 网卡则属于常用的网络设备。所谓 10 M/100 M 自适应是指网卡可以与远端网络设备（集线器或交换机）自动协调，确定当前的可用速率是 10 M 或 100 M。目前大部都广泛使用 10 M/1000 M 网卡，这样既可用于通常一般的文件共享等应用，也可用于语音和视频等应用。

由于网卡技术的成熟性，目前生产以太网网卡的厂商非常多，知名品牌有 3COM、Intel、IBM、D – Link 等。

2. 网卡的安装

将网卡在主板上找到一个合适的扩展槽安装好，随后安装其驱动程序。通常，操作系统支持即插即用，开机时系统会提示发现新设备，要求加载设备驱动程序。这时可插入随卡所带的软盘，找到该网卡在该操作系统下的驱动程序，然后可按提示的步骤安装。

如果系统启动时没有找到网卡，可选择"控制面板"→"添加新硬件"，然后单击"搜索新硬件"按钮，再按上述方法加载设备驱动程序。确认后，重新启动计算机。

8.4.2 ADSL 宽带接入技术

接入技术要解决的问题是如何将用户连接到各种网络上。作为网络中与用户相连的最后一段线路上所采用的技术，接入技术已成为目前网络技术的一大热点。为了提供端到端的宽带连接，宽带接入是必须要解决的一个问题。

ADSL（Asymmetric Digital Subscriber Line）即非对称数字用户线路，如图 8-8 所示。

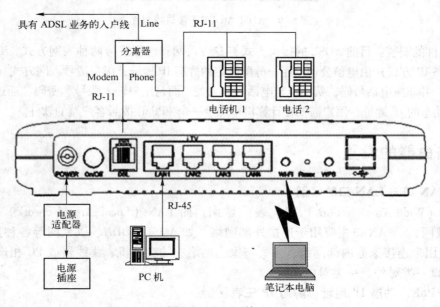

图 8-8 ADSL 接入

ADSL 可直接利用现有的电话线路，通过 ADSL Modem 后进行数字信息传输。因此，凡是安装了电信电话的用户都具备安装 ADSL 的基本条件（只要当地电信局开通 ADSL 宽带服务）。安装时用户需拥有一台 ADSL Modem 和带网卡的计算机。

虽然 ADSL 的最大理论上行速率可达到 1 Mbit/s，下行速率可达 8 Mbit/s，但目前国内提供的实际速率多为下行 512 kbit/s，提供下行 1 Mbit/s 甚至以上速度的很少。值得注意的是，这里的传输速率为用户独享带宽，因此不必担心多家用户在同一时间使用 ADSL 会造成网速变慢。

8.4.3 ADSL 宽带安装

1. ADSL 设备的安装

准备好 ADSL Modem 和一条电话线，然后到电信局办理 ADSL 的业务部门，开通此项服务后，就可以开始安装了。安装步骤如下。

1）安装 ADSL 的滤波器：ADSL 的滤波器从左到右的连线依次是：电话入户线（Line）、电话信号输出线（Phone）和数据信号输出线（Modem），依次连接好各条线。

2）连接 ADSL Modem：ADSL Modem 背面有众多的接口，从左到右分别是电源接口、ADSL 进线接口、网线接口和 RS232 接口，依次将各线路连接好，如图 8-9 所示。如果是局域网用户，还需用网线把 ADSL Modem 和局域网的集线器或交换机连接起来。

图 8-9   ADSL MODEM 接口连接图

3）软件的安装：目前 ADSL 的接入方式有专线入网和虚拟拨号两种入网方式。专线入网方式（即静态 IP 方式）由电信公司给用户分配固定的静态 IP 地址；虚拟拨号入网方式（即 PPPOE 拨号方式）并非拨电话号码，费用也与电话服务无关，而是用户输入账号和密码，通过身份验证获得一个动态的 IP 地址，用户需要在计算机里加装一个 PPPoE 拨号客户端的软件。

8.5   路由器的设置

1. WAN 口与 LAN 口的区别

WAN（Wide Area Network）即代表广域网，而 LAN（Local Area Network）指本地网（或叫局域网）。WAN 口主要用于连接外部网络，如 ADSL、DDN、以太网等各种接入线路，而 LAN 口用来连接家庭内部网络，主要与家庭网络中的交换机、集线器或 PC 相连。可以说这两类网口一类对外，一类对内。

2. PPPoE、动态 IP 地址、静态 IP 三者区别

1）PPPoE 用户（ADSL）：目前绝大多数家庭用户，还是使用 PPPoE 拨号上网方式，连接设备有分离器、电话、Modem。连接方式：分离器的 Line 端连接到电话端，另一端 ADSL 口连接到 Modem。然后输入由运营商提供的上网账号和密码，单击"保存应用"按钮，如正常，一般 30 s 左右即可获取 ADSL 的 IP 地址。

2）静态 IP 用户：一般使用静态 IP 的用户大多数是企业或集团客户，他们需要独立 IP 地址以便建立公司内部的邮箱、网站、FTP 等服务。设置方式也很简单，只需在快速配置下选择"静态 IP 用户"，然后在"WAN IP"地址栏中输入由运营商提供的静态 IP、子网掩码及网关。主、次 DNS 需由当地运营商提供。此选项提供给使用静态 IP 地址的客户，根据 ISP 提供的固定 IP 地址资料来输入各自的"WAN IP 地址""子网掩码""默认网关""主 DNS"和"次 DNS"。

3）动态 IP 用户（Cable Modem）：使用动态 IP 用户的方式上网在目前看来是比较少的，一般多用于企业内部网络或者是超大型集团网，然后由运营商专门提供地址段 IP 给其自动分配。

3. 路由器的设置

（1）连接路由器

在没有路由器之前，可通过计算机直接连接宽带来上网。但现在要使用路由器共享宽带上网，则首先要用路由器来直接连接宽带了。因此第一步工作就是连接线路，需要把前端宽带线连到路由器（WAN 口）上，然后把计算机也连接到路由器上（LAN 口），如图 8-10 所示（如果宽带是电话线接入的，请按照图 8-12 中①、②、③、④依次接线；如果是直接网线入户的，请按照②、③、④的顺序接线口）。

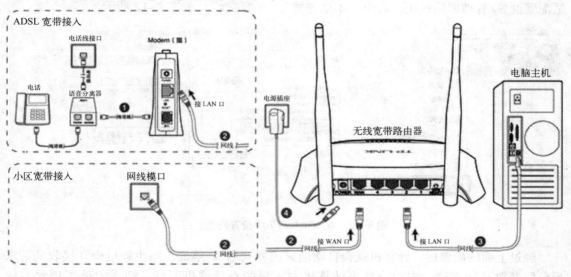

图 8-10 路由器连接示意图

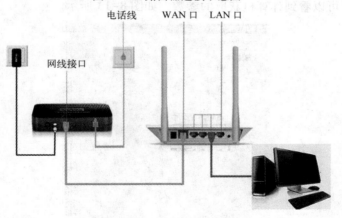

图 8-11 物理接线实物图

通电之后，路由器正常工作后系统指示灯（SYS 灯 或者是小齿轮图标 ）是闪烁的。线路连好后，路由器的 WAN 口和有线连接计算机的 LAN 口对应的指示灯都会常亮或闪烁。如果相应端口的指示灯不亮或计算机的网卡图标显示红色的叉 ，则表明线路连接有问题，可尝试检查下网线连接或换根网线。宽带线一定要连接到路由器的 WAN 口。WAN 口与另外四个端口一般颜色有所不同，物理上也有隔开，计算机可连接到路由器上的任意一个端口，如图 8-11 所示。

（2）计算机设置

计算机和路由器需要进行通信，因此首先要对计算机进行设置。对于绝大多数的计算机，默认设置即可，直接配置计算机的 IP 地址。

在 Windows 7 系统下，单击桌面右下角的"网络连接"图标，依次选择"打开网络和共享中心"→"更改适配器设置/管理网络连接"→"右击本地连接"→"属性"（或者选择"开始按钮"→"控制面板"→"网络和 Internet"→"网络和共享中心"→"更改适配器设置/管理网络连接，右击"本地连接"→"属性"）如图 8-12 所示。

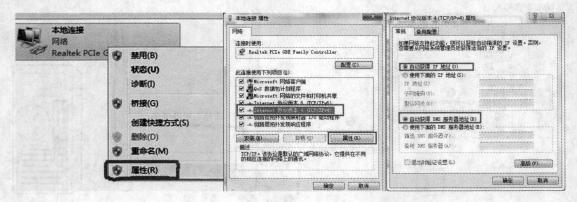

图 8-12 在 Windows 7 中设置网络连接

经过上面的配置后，计算机就会自动向路由器获取 IP 地址，路由器也会在接收到请求后分配参数给计算机，成功后单击计算机右下角的小计算机图标，则在本地连接状态的"支持"选项卡里可以看到计算机获取的参数，如图 8-13 所示。

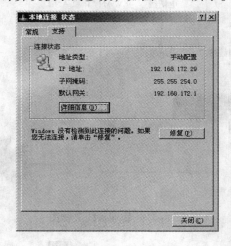

图 8-13 本地连接状态

（3）设置路由器

1）打开网页浏览器，在地址栏中输入"192.168.1.1"打开路由器的管理界面，在弹出的登录框中输入路由器的管理账号（用户名：admin，密码：admin）。

2）选择"设置向导"，单击"下一步"按钮，如图 8-14 所示。

图 8-14　路由器登录界面

3）选择正确的上网方式。常见上网方式有 PPPoE、动态 IP 地址、静态 IP 地址三种，可根据下面的描述来选择适合上网方式。

- PPPoE：拨号上网，单机（以前没使用路由器的时候）使用 Windows 系统自带的宽带连接来拨号，运营商提供了一个用户名和密码。这是目前最常见的上网方式，ADSL 线路一般都使用该上网方式，如图 8-15 所示。

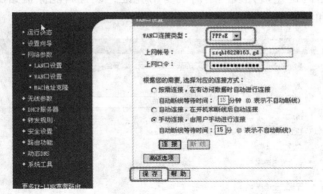

图 8-15　PPPoE 方式设置

- 静态 IP 地址：前端运营商给提供了一个固定的 IP 地址、网关、DNS 等参数，在一些光纤线路上有所应用，如图 8-16 所示。

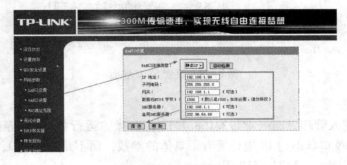

图 8-16　静态 IP 设置

- 动态 IP：没用路由器之前，计算机只要连接好线路，不用拨号，也不用设置 IP 地址等就能上网的，在小区宽带、校园网等环境中会有所应用，如图 8-17 所示。动态 IP 直接单"下一步"即可。

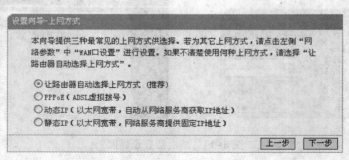

图 8-17 动态 IP 设置

（4）设置无线名称和密码（如果是有线宽带路由器，则此步跳过）

SSID 即路由器的无线网络名称（无线名称 SSID 建议设置为字母或数字的组合，尽量不要使用中文、特殊字符，避免部分无线客户端不支持中文或特殊字符而导致无法连接），可以自行设定。无线密码是连接无线网络时的身份凭证，设置后能保护路由器的无线安全。设置好无线信号名称和密码后，单击"下一步"按钮，如图 8-18 所示。

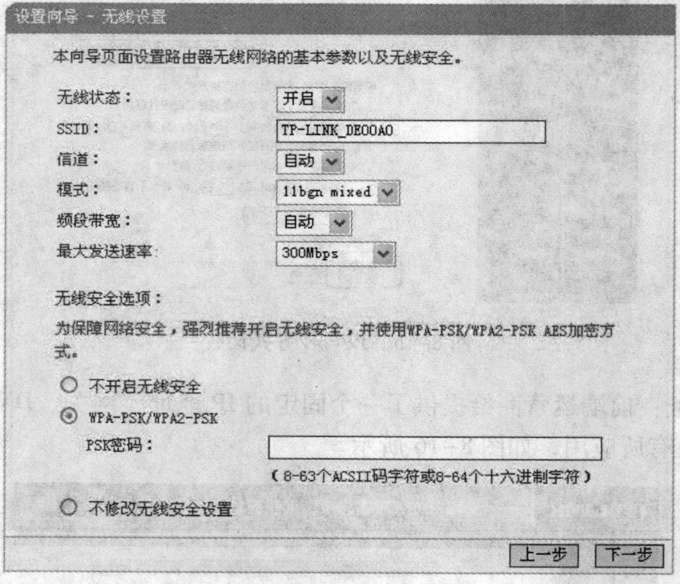

图 8-18 设置 SSID 界面

（5）设置完成

重启完成后进入管理界面（//192.168.1.1），选择"运行状态"，等待 1～2 分钟。正常情况下看到 WAN 口状态的 IP 地址后有了具体的参数，而不是 0.0.0.0，就说明此时路由器已经连接到互联网了，如图 8-19 所示。

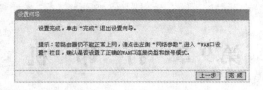

图 8-19　设置界面

习题 8

一、填空题

1. 计算机要接入局域网，或接入 Internet 需要相应的网络连接部件，常用的网络连接部件主要有（　　）和（　　）等。

2. 常用的多媒体部件有（　　）、（　　）、（　　）、（　　）、（　　）及其各种附属设备等。

3. 目前主流的声卡大致包括（　　）、（　　）、（　　）、（　　）。

4. 采样频率是指（　　）。单位时间内采样次数（　　），即采样频率（　　），数字信号就越接近原声。

5. MIDI 即（　　），是一种用于计算机与电子乐器之间进行数据交换的（　　）。

6. 多媒体音箱由（　　）、（　　）、（　　）、（　　）四部分组成。

7. 视频卡就是计算机系统中用于对视频（　　），（　　）的部件。

8. 目前，计算机系统的视频卡按功能主要有（　　）和（　　）两类。

9. 摄像带是摄像机最主要的（　　）。此外，最近一些厂家还开发了以（　　）、（　　）、（　　）为存储介质摄像机。

10. 网卡即网络接口卡，又称（　　）。网卡插在计算机的扩展槽上，通过网线与网络上的其他计算机（　　）和（　　）。

二、简答题

1. 计算机的多媒体部件主要有哪些？都分别起到什么作用？

2. 声卡的基本性能指标有哪几项？

3. MIDI 合成音频的方法有哪两种？它们各自的特点是什么？

4. 简述视频采集卡的硬件压缩和软件压缩的区别。

5. 扫描仪日常使用中应注意哪些问题？

6. 请简述 ADSL 接入技术的主要技术特点。

7. 音箱的主要性能指标有哪些？

8. 简述数字摄像头的原理。

9. 简述扫描仪常见故障及解决方法。

10. 简述数码相机的工作原理。

11. 选用网卡时要注意哪几个问题？

12. 目前主要的网络接入方式有哪几种？

13. 简述在 Windows 7 下建立 ADSL 连接的方法。

14. 简述无线路由器的设置步骤。

第9章 打 印 机

打印机是计算机系统重要外围输出设备之一，可以把在计算机上设计的文档，打印成真实的印刷品。本章将介绍打印机的一些基础知识，包括打印机的工作原理、分类、结构，以及打印机的安装、调试、维护和常见故障的诊断处理等各方面问题。

9.1 打印机概述

一般办公、家庭、学校和商务用户等可供选择的打印机有三种：激光打印机、喷墨打印机和针式打印机。

9.1.1 打印机的发展历史

第一代计算机打印技术是最初的办公室打字机的翻版，它和当时普通的打字机的工作原理相同。打印机上排列了许多字锤，当打印时，字锤敲击一条浸满墨水的色带上，将颜料印在纸上形成文字和各种符号。每一个字母或符号都有一个对应的字锤。但这样的打印机有一个明显的缺点：只能打印字符或字母，当需要打印图形时，它就束手无策，因此被称为面向字符的打印机。

由于实际应用迫切需要能够打印图形的打印机，因此就发明了点阵打印机。点阵打印机是模仿显示器的显像原理而成的。被打印的字符或图形由许多细小的点构成，这些点之间紧密排列，给人的感觉就是字符或图形是连续的。点是最基本的打印单位，一幅图像或一个符号最终可表示为若干点，这些组成图像或字符的点的阵列就称为点阵。点阵式打印机可以打印出复杂的图形，最早发明并投入应用的点阵式打印机就是针式打印机。

针式打印机具有相对低廉的价格、极低的打印成本和很好的易用性，因此在过去的几十年间占据着重要的位置。但随着打印技术的进步，尤其是喷墨打印机与激光打印机普及，针式打印机的缺点就被暴露无遗。它的低打印质量、高工作噪声等原理性缺陷，使它无法适应高质量、高速度的商用打印需要，因此正逐步淡出打印机市场。现在只有在银行、车站售票处和超市等使用票据打印的地方，还可以看见它的踪迹。

彩色喷墨打印机能够实现廉价的彩色图形输出，具有较高的性能价格比。此外还具有灵活的纸张处理能力，而且打印介质选择范围很广，既可以打印普通打印纸介质，也可以打印各种胶片、照片纸、卷纸等特殊介质。近几年来，随着彩色喷墨打印技术的不断成熟，越来越多的普通用户把目光投向了彩色喷墨打印。把数码相机与彩色喷墨打印机结合在一起，使人们可以对照片进行美化、渲染后再进行输出。

激光打印机具有较高的打印速度和较高的打印质量，但是价格比较昂贵，因此应用范围较窄，是打印机中的高端产品。随着打印机技术的发展，尤其是一些关键性技术的突破性进展，激光打印机成本不断下降趋势，低端黑白激光打印机的价格已经降到普通用户可以接受的水平。但彩色激光打印机的价位仍很高，限制了其应用范围，很难被普通用户接受。

在打印机的发展历史中，还有各种类型的其他打印机，它们的打印原理及应用领域不尽相同。现在，应用中的各种打印机除了以上三种最为常见的外，还有热转印打印机和大幅面打印机等各种专业打印机。

9.1.2 打印机的分类

1. 击打与非击打式打印机

现在人们所使用的打印机基本都属于点阵式打印机。目前点阵打印机可分为击打式和非击打两大类。

击打式打印机是利用机械作用，击打活字载体上的字符，使之与色带和打印纸相撞而印出字符。或者利用打印钢针撞击色带和打印纸打出点阵组成的字符或图形。

击打式打印机中最典型的就是针式打印机。针式打印机结构简单，技术成熟，性价比高，消耗费用低。在条形码打印、快速跳行打印和多份复制制作方面，有着非击打式打印机所无法取代的特点。针式打印机由打印头完成打印工作。打印头由打印针构成，由打印机微电路控制打印针敲击色带，在纸上印出字符。

非击打式打印机在打印时不是依靠机械的击打动作，而是利用各种物理、化学的方法打印子符和图形。非击打式打印机按照其印字原理可分为激光式、喷墨式、热敏式和热转印式等。

激光打印机是利用电子成像原理工作的。激光使感光鼓感光，在鼓面上形成电荷构成的字符影响，然后使鼓面吸附墨粉，印在纸上，形成印刷品。

喷墨打印机是利用压电晶和热膨胀产生的压力迫使墨水通过细小喷嘴，形成墨滴，在强电场的控制下，喷到纸上形成字符和图形。

热敏打印机利用热电阻形成热量，使热敏纸上的热敏层受热熔化，发生化学反应变色，在纸上形成字符和图形。

热转印式和热敏式打印机打印原理相似，不同的是热转印式利用一种特殊的热转印薄膜色带，将色带上的颜色印在纸上形成字符和图形。

2. 彩色与黑白打印机

按照可打印出的颜色，打印机分为彩色打印机与黑白打印机两大类。针式打印机一般只能打印黑白文稿，特殊的彩色针式打印机可以打印16色彩色文本和图形，但其彩色打印能力极差。喷墨打印机一般都能进行彩色打印。普通激光打印机只能打印黑白颜色，彩色激光打印机打出的彩色极为亮丽逼真，但价格较贵。

3. 通用与专用打印机

按照打印机的用途还可以分通用打印机和专用打印机等。

通用打印机具有打印效果清晰，较高的打印速度，消耗费用低，维护方便等优点，具有打印多份复制功能。同时还具有多种规格纸张打印的能力，在办公室环境中得到了充分的应用，其良好的性能致使还没有任何一种打印机能够完全替代它在办公事务处理中的地位。随着喷墨打印机和激光打印机的价格下降，它的打印质量好、低噪音、工作安静等诸多优点渐渐被人们认识，已成为通用打印机中的主流。

专用打印机包括商用打印机、票据打印机、便携式和网络打印机等。

商用打印机主要用于商业文档打印，为了适应精美、高质且快速打印的需要，专门制作出此类打印机。商业文档一般包括商业信函、建议书、报告、协议书等标准格式的印刷文件等，由于打印质量较好，此类打印机的价格较高。

蓝牙打印机是一种小型打印机，通过蓝牙来实现数据的传输，可以随时随地打印各种小票、条形码。与常规的打印机的区别在于可以对感应卡进行操作，可以读取感应卡的卡号和各扇区的数据，也可以对各扇区写数据。

便携式打印机体积小，重量较轻，耗电少，便于携带，一般与便携式笔记本计算机、卫星通信技术结合在一起可形成小型的移动办公系统。

网络打印机应用于批量用户打印服务。在一些大中规模公司中，一般都配有网络连接的打印机。它通过网络操作系统方便地实现集中打印和打印管理服务。作为网络打印机可以是专用装的网络打印机，也可以将一般打印机接入网络共享即可。这类打印机具有打印速度快、管理方便、实用性强等特点。

4. 按接口分类

打印机接口有并行接口、USB 接口以及 RS – 422 串行接口、网线接口等类型。

9.2 针式打印机

针式打印机是通过打印头中的 24 针击打印纸，从而形成字体。对于医院、银行、邮局、商业、餐饮等窗口行业用户，针式打印机是的必备产品之一。因为只有通过针式打印机才能快速的完成各项单据的复写，为用户提供高效的服务。

9.2.1 针式打印机的工作原理

针式打印机是由计算机、精密机械和电器设备构成的精密设备，基本可以分为机械装置与打印电路两大部分，如图 9-1 所示。

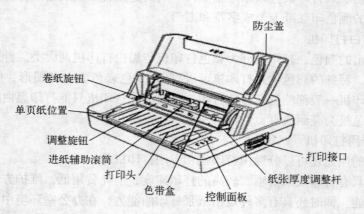

图 9-1　打印机表面部件图

针式打印机由机械装置和控制驱动电路组成，其机械装置包括打印头的横向运动、打印纸的纵向运动以及打印针的击针运动和色带的往复循环运动。针式打印机的主要部件是打印

144

头,利用电磁原理控制打印针的动作去撞击色带,从而使色带上的油墨在打印介质上生成打印效果。根据打印针的数目可分为 9 针、16 针和 24 针,市场上的针式打印机基本都是 24 针。

目前市场上的针式打印机主要有 Epson、Star、OKI、Stone 和 Fujitsu 等品牌的系列打印机。

9.2.2 针式打印机常见故障处理与日常维护

1. 针式打印机常见故障处理

(1)打印机断针情况的处理

打印机中打印头是使用频率最高的部分,打印头故障中断针发生的几率也最大。一旦打印头断针,所打印的字符及图形就会残缺不全,因而对打印头打印针的更换就成为应掌握的一种基本维修技巧。下面就 LQ - 1600K 断针故障的处理做具体说明。

1)打印头断针测试。用户可采用程序诊断法,用专门的断针测试诊断程序进行测试,检测出断针针号。

2)取下打印头,将打印头朝下固定好,用榔头轻击圆芯,将打印头芯从金属外壳中取出。

3)取出打印头芯后,仍将打印头顶部朝下,将固定上下层的三角卡取下,不要松手,将黄铜盖打开,就可清楚地看到成圆形排列的打印针衔铁。

4)LQ - 1600K 打印头采用双层结构,分长针层,短针层两层。此时若断针为长针,更换比较容易,可直接将断针取出,把其他打印头中抽出的完整的同型号长针小心地插入针孔即可。注意插入过程中要细心,顺其自然,不能硬插,避免新针发生弯曲及再次折断现象。短针的更换比较麻烦,必须先将上层中标 12 根长针全部取出,然后将断针更换。更换时,下层针要从下层的外边孔穿出,下层的内边孔是留给上层针使用的,切忌将上下两层针对应孔穿错。长针长度约为 3.45 cm,短针长度约为 2.45 cm。

5)按相反顺序安装好打印头,再用油石沾上油在各针表面打磨一下,将打印针头毛刺去除,即可装回打印机继续使用。

(2)字车不能正常复位

打印机开机后字车不能正常复位的原因有以下几种:

1)字车机构中,污垢太多,使打印机运行阻力增大。

2)由于字车导轨变形,阻碍字车运动所致。

3)由于主控电路受损,不能对字车进行正常控制。

4)由于字车机构线圈烧毁,不能为字车运动提供动力。

鉴于后两种情况出现几率较小,且维修难度较大,因而应重点针对前二种情况进行诊断。在实际使用中,此故障一般是由于打印机使用时间过长或维护不当而导致字车积灰引起的。排除时即用机油涂于导轨上,推动字车,使污垢沾在导轨上,再用干净纱布擦除,经多次反复后,污垢清除干净。开机后,字车正常复位,故障排除。

(3)打印机加电并装好打印纸后,面板仍显示缺纸状态,无法联机打印

这时要重点检查纸张传感器及其电路。纸张传感器一般有机械开关式和光电耦合式两种。机械开关式在长时间使用后,容易发生触点接触不良,导致检测不到纸张,此时需要清

洗或更换传感器。对于光电耦合式的，要注意是否有灰尘堵住传感器槽孔，一般清理干净即可解决问题。

（4）打印文本的上下起始位不固定

此种情况具体表现为，打印一行或数行文字后起始位向左或向右偏移，偏移距离不定，造成文本上下错位脱节，无法阅读。

导致上述问题最基本也是最直接的一个原因就是字车电动机负荷过重。这一般都是因为字车导轨太脏或生锈，致使字车来回移动的阻力太大或阻力不均匀。解决上述问题，一般要将字车导轨清理干净并加上优质润滑油。情况严重的，还要将字车机构与导轨分离拆开，清理字车滑动轴承部分，以保证字车运行自如。这样处理过后，错位及走动异常的现象基本都可解决。

（5）打印出的内容出现乱码

此情况大多是由于打印机与计算机主机并口的接线接触不良造成的，遇到此类故障，可插紧打印机和主机接线。其次也可能是驱动程序安装错误，选择正确驱动程序来安装即可；或可能是带点插拔了打印机和主机连接线，导致打印机主板的损坏。

2. 针式打印机的日常维护

针式打印机的日常维护是一项重要且繁琐的工作，保养维护得当，就会大大延长打印机的寿命，降低故障发生的频率。针式打印机的日常维护及使用注意事项有以下几点。

（1）打印机使用注意事项

1）打印机在不工作时，应关闭电源，以延长打印寿命。

2）在严劣环境时，应暂时停止使用，以避免外界环境造成的电源电压波动给打印机带来的冲击。

3）不要在打印机上放置重物，避免异物进入打印机内部。

4）禁止触摸打印头表面。

5）打印工作过程中，不要对字车和手动送纸旋钮做调整。

6）打印机不能连续工作过长时间，若长时间工作，应注意打印头的温度变化。若温度过高则应及时停止打印工作。

7）打印机电缆不应超过2 cm，联机并口电缆插头不能带电插拔，避免出现打印机接口电路或内部控制电路受损的情况。

8）正确使用操作面板上的进纸、退纸、跳行、跳页等按钮，尽量不要用手旋转手柄。若发现走纸或小车运行困难，不要强行工作，以免损坏电路及机械部分。

9）在打印中，一般情况下不要抽纸。因为在抽纸的瞬间很可能刮断打印针，造成不必要的损失。

（2）打印纸选择

针式打印机对打印纸有一定的要求，不符合要求的打印纸会缩短打印机的寿命，同时会降低打印质量。

1）打印纸应完整，质地均匀，光滑有一定强度，表面完整无皱折。

2）打印纸分为折页纸、卷筒纸、单页纸及多层纸等多种类型，打印使用时安装过程应按照打印机使用说明规定步骤进行。

（3）色带的更换

色带的更换要在断电关机的状态下进行，色带应选用颜料密度大、材质光滑耐磨、力度适中不易变形、油墨不易挥发等特点的优质色带，既可打出高质印刷品，又可保护打印头。旧色带应及时更换，应使用打印机型号规定型号色带，不同种类打印机间色带不可互换。

（4）日常维护

1）打印机应定期检查。主要检查范围包括机械装置有无螺丝钉松动；输纸、色带机构运作是否正常，必要时加以调整；检查色带有无毛边、破损现象，如有应及时更换，否则会破坏打印针；检查打印机与打印辊间隙是否符合标准；打印机开机时打印头初始位置是否正确等。

2）定期清洁。打印机应保持内外清洁，因此必须定期对打印机做清油处理，包括以下内容：

- 定期清洁外壳油墨、油污、灰尘等，保持外观整洁。
- 定期清洁内部，去除机内纸屑、灰尘和油墨等，定期清除字车导轨积灰，清除电路板上的积尘。
- 定期清洁打印辊及打印头。

9.3　喷墨打印机

喷墨打印机是用各种色彩的墨水混和印制。它可以把数量众多的微小墨滴精确地喷射在要打印的媒介上，对于彩色打印机包括照片打印机来说，喷墨是绝对的主流方式。

9.3.1　喷墨打印机的工作原理

喷墨打印机也是由机械装置和控制驱动电路组成的，其中机械部分包括墨盒、喷头、清洗部分、传感器、输纸机构和字车机械等几个部分，如图9-2所示。喷墨打印机按打印头的工作方式可以分为压电喷墨技术和热喷墨技术两大类型。

图9-2　喷墨打印机

压电喷墨技术是将许多小的压电陶瓷放置到喷墨打印机的打印头喷嘴附近，利用它在电压作用下会发生形变的原理，适时地把电压加到它的上面，压电陶瓷随之产生伸缩使喷嘴中的墨汁喷出，在输出介质表面形成图案。目前采用压电喷墨技术的产品主要是EPSON喷墨打印机，其墨盒和喷头为分离式结构。热喷墨技术是让墨水通过喷嘴，在强电场的作用下，将喷头管道中的一部分墨汁气化，形成一个气泡，并将喷嘴处的墨水喷到输出介质表面形成图案。采用热喷墨技术的产品比较多，主要有HP、Canon等公司产品，其墨盒和喷头为一体化结构。

目前，EPSoN、HP、Canon 三家公司生产的液态喷墨打印机代表了市场的主流产品，而它们在技术方面也是各有所长。

9.3.2　喷墨打印机故障诊断与日常维护

1. 喷墨打印机的常见故障

喷墨打印机故障种类很多，常见故障大致发生在以下部位：喷嘴故障、清洗系统故障、输纸异常故障、字车初始位置异常故障、接口故障、电源故障和软件故障等。

（1）打印机打印字符输出错误，打印结果和要打印的内容不一致

此故障可能是这几种错误引起的：计算机上打印机驱动程序不正确；接口或联机电缆损坏；打印机内部字库错误。

喷墨打印机打印机驱动程序文件错误时，会发生计算机输出数据错误现象。如果重新安装驱动程序后故障未排除，则应检查联机电缆和打印机接口电路。检查联机电缆中是否有断线情况，可采用万用表测量，如有则更换打印机联机电缆。

（2）打印机开机后无反应，打印机电源指示灯不亮

打印机开机后其操作控制面板上电源指示灯不亮，说明打印机内部电源或开关电路有问题。

一般喷墨打印机采用开关型稳压电源，应使用万用表测试电源输出电压及主开关电路，用原型号替换受损部件即可。

（3）打印机打印异常，只能打印半个字符

打印机只能打印半个字符，说明喷嘴只有一半能正常工作，造成这种情况的原因可能是由于打印头喷嘴被阻塞，或者控制电路有问题。

一般打印机控制电路故障的可能性不大，因此检查的重点应放在喷嘴阻塞问题上。在喷墨打印机中，打印头喷嘴出故障的几率很大。喷嘴阻塞故障排除的方法有两种，一是清洗喷嘴，另一种是直接更换打印头。

（4）打印机打印字符错位

打印机字符错位引起的原因之一是在搬运或打印过程中打印头错位引起的，其次是由于打印头在使用过程中撞车引起的。

对于此类问题的解决可使用软件来调整。打印机厂商出售打印机产品时，一般随机附带打印机的打印驱动程序，其中可以用"打印校准程序"可解决此类问题。

（5）打印过程中打印头撞车

撞车产生的原因有三种。

1）打印头控制电路故障。

2）打印头机械部分损坏。

3）打印导轨积灰严重，影响打印头的运动。

三种情况中前两种出现的几率较小，在实际应用中，大多数是由于第三种情况导致撞车的发生。用户只需要用干净的纱布蘸上机油擦拭导轨，擦去导轨上的积灰，直到看不见黑色油污为止即可。

（6）喷墨打印机不进纸

打印机如果打印量大的话就会很容易不进纸，其主要原因是进纸架的搓纸轮沾上纸灰，

导致摩擦力变小而不能进纸。处理方法是：先拆开机盖，打开纸架上一个齿轮的卡子，然后用棉花蘸上酒精清洗即可。

（7）打印时墨迹稀少，字迹无法辨认

该故障多数是由于打印机长期未用或其他原因，造成墨水输送系统障碍或喷头堵塞。

（8）更换新墨盒后，打印机在开机时面板上的"墨尽"灯亮

正常情况下，当墨水已用完时"墨尽"灯才会亮。更换新墨盒后，打印机面板上的"墨尽"灯还亮，发生这种故障，一是有可能墨盒未装好，另一种可能是在关机状态下自行拿下旧墨盒，更换上新的墨盒。解决方法：打开电源，将打印头移动到墨盒更换位置；将墨盒安装好后，让打印机进行充墨，充墨过程结束后，故障即会排除。

2. 喷墨打印机的日常维护

喷墨打印机应经常进行日常维护，使其保持良好的工作状态。喷墨打印机的日常维护工作有以下几个方面。

1）内部除尘：包括清理打印机表面污迹、内部陈灰、污迹、墨水、碎纸屑等，以及擦洗打印机导轨等工作。

2）墨水盒的更换：喷墨打印机的型号不同，所使用的墨水盒及墨水的型号也不同，使用不符合要求的墨水盒会造成打印头堵塞等故障。更换的操作步骤也不同，墨水盒的更换应参照产品附带的操作手册进行。更换过程中应避免墨水泄漏及墨水混杂质等情况的发生。

3）打印头的清洗：大多数的打印机都设置有专用的组合功能键来自动完成打印头的清洗。若打印头喷嘴堵塞，自动清洗无效后，可进行手工清洗。

手工清洗时应按照打印机操作手册要求拆下打印头。可准备一个医用注射器，在注射器前端套上一个导管，内外用严格过滤的清水冲洗干净后，用其对打印头及喷嘴进行冲洗。清洗过程中若发现有墨水干涸现象，可用墨水浸泡后清洗。

4）打印头的更换及拆卸：当打印头发生阻塞后清洗无效，就必须更换打印头。各种型号喷墨打印机的结构不同，其打印头的更换具体操作步骤也不同，应参照打印机的操作手册进行。对于打印头与墨盒一体的打印机，直接更换墨盒即可。

5）手工为墨盒添加墨水：喷墨打印机墨盒价格较贵，在打印机墨水耗尽后可以手工为墨盒添加墨水以降低打印成本。

目前，喷墨打印机的墨盒结构主要有两种：一种是打印头与墨盒一体制造，当墨水消耗完后，必须将整个墨盒更换，由于喷墨打印机的关键部分就是打印头，因此这种一体化的墨盒成本较高；另一种是打印头与墨盒分离，当墨盒中的墨水消耗殆尽时，可以只更换墨盒，这种设计避免了频繁更换昂贵的打印头，因而降低了打印机的运行成本。这两种墨盒设计方案各有优劣：分离式设计降低了墨盒的成本，但是对墨水的品质要求很高，如果更换的墨盒质量不好，则很容易堵塞打印头的喷嘴，造成打印质量下降，严重时还会将造成打印头报废，因此最好使用原装墨盒。

对于一体化墨盒，灌注兼容墨水的风险相对较低，如果灌注失败，也只需另换一个新墨盒。下面将以 Cannon BC - 02 墨盒为例，介绍灌墨方法及步骤。

1）查看墨盒：打印头的喷嘴直径特别细，必须小心以避免将打印头沾污。不得用手触摸打印头，或者将其接触桌面等物体。墨盒的侧面上有一个极小的气孔，作用是维持墨盒内外的气压平衡，如果气孔遭到破坏，后果将与打印头堵塞一样，墨盒即报废。

2）检查购买的兼容灌注墨水套件：常见的兼容墨水灌注套件包括钻头、皮老虎，带有注射针头的墨水瓶等，用户应根据打印机和墨盒的型号选购相应的兼容墨水。

3）墨盒钻孔：可以选择与气孔相对的右侧面进行钻孔，以避免破坏气孔等重要结构和造成墨水泄漏等。

4）灌注墨水：拔下针头上的橡皮帽，将针头慢慢插入钻孔，挤压墨水瓶直到将适量墨水灌入墨盒。如果墨水瓶内还有剩余的墨水，可以将橡皮帽盖紧，以免墨水干涸。

5）封闭钻孔：钻孔是维持墨盒压力平衡的呼吸器官，暴露的钻孔将会影响气压调节的功能，并容易造成墨水的蒸发和泄漏，因此必须用石蜡小心地将钻孔封闭起来。

6）清洗墨头：新灌装的墨盒安装到打印机上以后，必须先执行清洗打印头的动作，直到打印机打出的测试页正常为止。如果打印结果出现白线或者喷不出墨水，可以用皮老虎在气孔上吹几次，将新墨水挤压到喷头附近即可。

9.4 激光打印机

激光打印机源于激光照排技术，它是将激光扫描技术和电子照相技术相结合的打印输出设备。这种类型打印机的打印质量好、速度快、无噪声，所以很快得到了广泛应用。

9.4.1 激光打印机的特点

激光打印机属于非击打类，如图 9-3 所示。它具有其他打印技术无可比拟的优势，这些优势体现在以下几方面。

图 9-3　激光打印机

1. 打印质量

激光打印机打印质量可调，分为低、中、高三等。激光打印的图像清晰，色彩均匀，不存在毛边或晕染等现象，其彩色打印效果可与相片效果相当。

2. 打印速度

激光打印机属于页式打印机，单色打印机可以 60 页/分钟的速度输出，远高于针式打印机和喷墨打印机。

3. 工作噪声

激光打印机工作时几乎无噪声，接近于静默打印。

近年来随着打印机技术的不断成熟，其价格及耗材费用呈不断下降趋势，它成为现代办公系统中的标准打印设备，受到广大用户的喜爱。

9.4.2 激光打印机的工作原理

激光打印机的工作原理是利用光栅图像处理器产生要打印页面的图像，然后将其转换为电信号的脉冲送往激光发射器。在这一系列脉冲的控制下，激光被有规律的放出，同时反射光束被接收的感光鼓所感光。当纸张经过感光鼓时，鼓上的墨粉就会转移到纸上，印成了页面的图像，如图9-4所示。当纸张经过一对加热辊后，墨粉被加热熔化，固定在介质上。工作流程一般由充电、曝光、显像、转印、定影等几步组成，整个过程准确而高效。激光打印机其主要生产厂商有HP、Epson、联想、Canon、Lemark和Xron等。

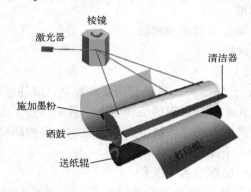

图9-4 激光打印机结构图

9.4.3 激光打印机故障诊断与日常维护

1. 激光打印机的常见故障

激光打印机的故障一般可以通过打印输出的质量、指示灯的状态及信息提示判断出来。

（1）卡纸故障

激光打印机最常见的故障是卡纸。出现这种故障时，操作面板上的指示灯会闪动，并向主机发出一个报警信号。排除这种故障方法十分简单，只需打开机盖，取下被卡的纸即可。但要注意的是，必须按进纸方向取纸，绝不可反方向转动任何旋钮。如果经常卡纸，则要检查进纸通道。搓纸轮是激光打印最易磨损的部分。当盛纸盘内纸张正常，而无法取纸时，往往是搓纸轮磨损或压纸弹簧松脱，致使压力不够，不能将纸送入机器。此时一般需要更换搓纸轮。此外，盛纸盘安装不正，纸张质量不好（过薄、过厚、受潮），也都可能造成卡纸或不能取纸的故障。

（2）打印机可打印，但字迹很淡

墨粉盒内的墨粉较少、显影辊的显影电压偏低或墨粉未被极化带电而无法转移到感光鼓上，都会造成打印字迹偏淡的现象。此时可取出墨粉盒轻轻摇动，如打印效果没有改善，就应更换墨粉盒或请专业维修人员进行处理。此外，有些打印机的墨粉盒下方有一个开关，用来调节激光的强度，使其与墨粉的感光灵敏度可以很好匹配。如果这个开关设置不正确，则也会造成打印字迹偏淡情况的出现。

（3）打印过程中出现乱码

可依据以下步骤来判断故障发生的部位。

1）打印机自检（判断打印机本身是否存在硬件故障）。

2）打印测试页，测试页正常表明已经正确安装打印机驱动程序。

3）检查应用程序是否存在问题。

（4）打印的图像出现碳粉污点

可依据以下步骤来判断故障。

1）关掉打印机，取出硒鼓，左右摇晃，使碳粉均匀分布。

2）用干燥清洁的软布擦拭打印机内部的纸道，以去除纸道内遗留的碳粉。

3）打印只有一个字的三页文档，用来清洁打印机内部的部件。

4）选择高质量的打印纸。

5）如果还存在问题，可能需要更换硒鼓。

2. 激光打印机的日常维护

（1）激光打印机的工作环境

激光打印机结构精密，价格昂贵，对环境的要求较高，应注意以下几点。

1）激光打印机应放置在水平、稳定的工作台上，且工作台无震动。

2）不要使打印机处于高温、高热、高湿度和低温、多尘的环境中。

3）应放置于通风良好、干燥的环境中。

4）避免在烈日下暴晒和出现进水等现象。

5）避免暴露于腐蚀性气体或有金属粉尘的空气中。在空气中静电含量较高时应停止使用。

（2）激光打印机的日常维护

对激光打印机的日常维护包括以下几方面。

1）墨盒的更换：大部分激光打印机配置可更换的墨盒，盒内装有墨粉。部分打印机墨盒与感光鼓及显影轧辊是一体的，这样更换墨盒时就一起更换了感光鼓及显影轧辊。更换墨盒时需要先打开打印机的顶盖，具体的更换步骤与打印机的内部结构有关，应对照打印机的操作手册进行。

2）卡纸故障的处理：此类故障是激光打印机最常见的故障，故障发生时，打印机一般会给出提示信息。排除故障时，需要先打开打印机顶盖，按照进纸的方向拉出打印机即可。特别需要注意的是，必须按照进纸方向取纸，不能反向转动任何旋钮及齿轮，不要让打印纸断裂在打印机内，在打印机内不要留下纸屑。

3）墨粉的添加：打印机的墨粉用完后，可以更换新墨盒，也可手工给旧墨盒内加入新墨粉以便继续使用。添加时需要把旧墨粉倒出后再添加新粉，新墨粉的型号应符合打印机的要求，如使用不符合要求的墨粉，在使用过程中墨粉会粘在轧辊上，从而引起打印机故障。

4）打印机的清洁：激光打印机长时间使用后，泄漏的墨粉会给印刷质量带来严重的影响，因而清洁工作十分重要，需经常进行。

- 外部清洁：可用拧干的湿布擦使打印机外壳，也可使用中性清洁剂。不要使用有腐蚀性的液体及喷剂，以免损坏打印机外壳。
- 内部清洁：内部应使用柔软的干纱布进行清洁，清洁对象包括齿轮、导电端子、扫描器和墨粉传感器等。
- 其他部件的清洁：感光鼓及墨粉盒应使用质地柔软的毛刷清洁，其他部件包括转印电机、主电晕丝、静电消除器等。清洁时应采用柔软物品进行清洁，避免损坏其他部件。

5）维护注意事项：激光打印机在进行内部维护及维修时应特别注意以下事项。

- 激光打印机内部主电晕丝上电压为6kV，不可随意触摸，以免发生危险。
- 打印机定影轧辊是高温部件，不可用手触摸，以免烫伤。
- 打印机中激光会伤害眼睛，打印时不能窥探打印机内部。
- 打印机中墨粉是有毒物质，应避免泄漏。如有泄漏，不可用手接触，更不能使墨粉进入眼和口中。
- 感光鼓是敏感器件，更换应在光线较暗的地方进行。不要划伤感光鼓，一旦被划伤，感光鼓只能报废。

9.5 打印机的选用与安装

目前打印可供选择的空间很大，不管是家庭、办公或商务活动都可根据实际需求选择适合的打印机。安装打印机除了要正确连接外，还需要正确安装驱动程序。

9.5.1 打印机的选用

1. 打印机的技术参数

打印机本身的技术参数较多，在选用打印机时，应着重考虑以下基本参数。

（1）打印速度

打印速度（Page Per Minute，PPM）是指使用A4幅面打印各色碳粉覆盖率为5%的情况下引擎的打印速度。因为每页的打印量并不完全一样，因此只是一个平均数。目前针式打印机最快速度达到480字符/s，喷墨打印机打印黑白文档可达28 PPM，彩色文档18 PPM。激光打印机作为一种高速度、高质量、低成本的打印设备，已经越来越被广大用户所接受。黑白打印速度已达到60 PPM，彩色速度达到35 PPM。

（2）打印内存

打印机内存是表示打印机能存储要打印的数据的存储量，如果内存不足，则每次传输到打印机的数据就很少，一页一页打印或分批打印少量文档均可正常打印如果打印文档容量较大，则在打印的过程中往往能够正常打印前几页，而随后的打印作业会出现数据丢失等现象。一般如果想提高打印速度、提升打印质量则需要增加打印机内存。目前主流打印机的内存为（2~32）MB，高档打印机可达到128 MB内存。相信随着打印产品的发展，打印机的内存也会逐步提高，以适应不同环境的打印需求。

（3）打印机分辨率

打印机分辨率又称为输出分辨率，是指在打印输出时横向和纵向两个方向上每英寸最多能够打印的点数，通常以点/英寸dpi表示。如800×600 dpi，其中800表示打印幅面上横向方向显示的点数，600则表示纵向方向显示的点数。打印分辨率是衡量打印机打印质量的重要指标，它决定了打印机打印图像时所能表现的精细程度。它的高低对输出质量有重要的影响，因此从一定程度上来看，打印分辨率也就决定了该打印机的输出质量。分辨率越高，其反映出来可显示的像素个数也就越多，可呈现出更多的信息和更好更清晰的图像。

（4）打印机接口

目前，打印机接口类型主要有并口和 USB 接口等，一般 USB 接口比较方便。

（5）打印幅宽

目前市场上主要有三种宽度的打印机：80 列、106 列和 136 列，这三种幅宽对应日常所说的 A4、A3 和 A2 幅面。幅宽越大，价格越高。

2. 打印机的选用

目前打印可供选择的空间很大，不管是家庭、办公或商务活动都应根据实际需求选择合适的打印机。

（1）根据实际的用途选择

选用打印机时，主要是根据实际的用途来选择。针式打印机在标签票据与存折打印、多层穿透复写打印、蜡纸打印、连续纸打印等方面都有其不可替代的特性，并且耗材价格低廉；而高效、低廉的激光打印则是商务办公的最好选择；家庭用户选购激光打印机，还是要根据自己的实际打印的数量来确定，如果家庭用户需要打印少量彩色文档，喷墨打印机就是合适的选择。

（2）打印成本

目前针式打印机之所以在部分专用领域内能长时间流行不衰，除了本身的兼容性优势以外，成本优势是不可忽视的环节。对于针式打印机而言，几乎唯一的耗材开销就是色带。这与它相对低廉的价格、极低的打印成本和应用领域是分不开的。喷墨打印机较为便宜，比较突出的优点是体积小、操作方便、打印噪声低，且同时可以打印彩色文档。但其墨盒以及喷头的损耗同样是不可忽视的高成本开销，尤其是墨盒长时间不用的话会堵塞喷头。而且它比针式、激光打印机耗材打印量少得多，其耗材墨盒价格导致喷墨打印机成本最高。对于激光打印而言，虽然打印机及其耗材硒鼓价格要比喷墨打印机及其耗材昂贵，但从单页的打印成本来讲，激光打印机则要便宜很多。

（3）品牌与服务

优秀的企业必将打造其优秀的品牌文化，优秀的产品必将伴随优质的服务。目前打印机市场品种繁多，其中知名品牌打印机针式有 STAR、OKI、STONE 等，喷墨有 EPSON、HP、Canon 等，激光有 HP、EPSON、Canon、SAMSUNG 等众多品牌。

9.5.2 打印机的安装

1. 连接数据电缆

大多数打印机与计算机采用 USB 或并行方式连接，即通过 USB 或并行通信电缆将打印机与计算机连接起来。一般将并口打印机连接到第一个端口 USB001 或（LPT1：）上。

普通打印口（并行口）的数据传输能力只有 1 Mbit/s 左右，对于高精度的图像打印显然是力不从心的。目前的打印机一般支持 USB 接口，其数据传输能力可达到 12 Mbit/s，所以有条件的话，尽量采用 USB 接口。如果使用 USB 接口，只需要找到 PC 后面的 USB 接口，插入即可。将电缆的另外一头接到打印机背后的数据口，用打印机的卡子卡住打印机电缆卡槽。

需要注意，在连接或拆卸并口打印电缆时，一定要先关闭计算机和打印机的电源，否则容易造成对计算机或打印机的损坏。打印机电缆安装成功后，即可连接电源线并打开打印机电源开关测试。

2. 安装驱动程序

将打印机连接到计算机后，要使打印机能进行正常的打印工作，就需要为打印机安装打印驱动程序并对其进行必要的设置。Windows 提供了较常见的打印机的驱动程序，某些新型或特殊的打印机驱动程序由打印机生产厂商直接提供。本地打印机驱动程序具体安装步骤如下。

1）检查是否已安装打印机驱动程序。选择"控制面板"→"硬件和声音"→"设备和打印机"，如图 9-5 所示。如果打印机图标在该文件夹中，则说明驱动程序已经安装好；如果没有图标，则就需要先安装该打印机的驱动程序。

2）双击"添加打印机"按钮，启动新打印机设备的安装向导，如图 9-5。

图 9-5　打印机文件夹窗口图

3）单击"下一步"按钮开始安装。当系统弹出提示对话框询问用户当前是安装本地打印机还是安装网络打印机，如图 9-6 所示，应选择"本地打印机"，然后单击"下一步"按钮。

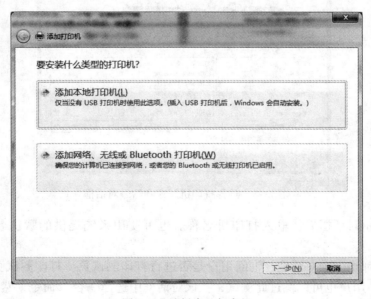

图 9-6　选择本地打印机

4）Windows 7 系统会弹出如图9-7所示的对话框，要求指定连接打印机使用的端口。此时选择打印机使用的端口，单击"下一步"按钮。

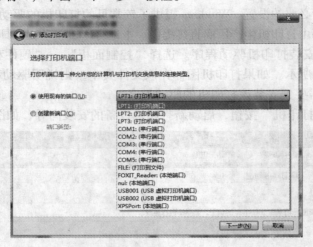

图9-7　设置打印机端口对话框

5）此时会出现一个设备选择框，如图9-8所示。在"厂商"列表框中，选择所要安装的打印机的生产厂家。如果列表框中没有对应的打印机型号，可选择与该打印机类型兼容的打印机，或者使用生产厂商所提供的驱动程序软盘。如果在图9-8中找到相对应兼容的打印机，则单击"下一步"按钮；如果使用厂商提供的驱动程序软盘或光盘，则将该盘插入软驱或光驱，单击"从磁盘安装"按钮。

图9-8　选择打印机厂家和型号对话框

6）弹出提示对话框后，输入打印机名称。也可使用系统提供的默认名，单击"下一步"按钮。

7）随后会弹出一个对话框，询问用户是否进行打印测试页。打印测试页能保证打印机安装正确无误。用户也可以跳过此测试，在该对话框中选择"否"命令，然后单击"完成"按钮。

9.5.3 打印机控制

1. 打印队列

在 Windows 7 系统中打印工作的管理都集中在"打印机"文件夹中，用户只要在"打印机"文件夹窗口内，就可以管理所有的打印机和打印作业。在"打印机"文件夹中，用户只要双击某个打印机图标，就可打开该打印机的打印队列管理窗口。

当打印机在进行打印工作时，任务栏中的提示区中将会显示出一个小的打印机图标，表示当前正在进行打印。单击该图标，也能调出打印队列管理窗口。打印队列就是等待打印的文档列表，它是管理打印机的逻辑区域。通常打印队列包含以下信息：文档名称、打印状态、所有者、进度及开始时间。各项打印任务按照打印队列的排队顺序，逐项进行打印。因此，当打印任务较多时，用户应主动管理这些任务。例如，将某一项任务移动到另一项任务之前，或者暂停、取消某一打印任务等。

2. 调整打印队列

打印机窗口内允许改变打印任务的顺序。当有多个打印任务排队等待时，有时需要将某一打印任务调到前面，这时可将指针指向该任务，按住鼠标左键不放，拖动鼠标，即拖动该任务到前面的位置即可。当然也可拖动某一任务向后移动，即用拖动打印任务的方法调整打印队列。

3. 暂停打印作业

当打印机由于卡纸、缺纸或因其他原因无法打印时，可以暂时停止打印作业，直到故障排除后再继续打印。在打印队列窗口中，单击"打印机"菜单，从中选择"暂停打印"命令，则打印机将处于暂停状态，即暂时停止所有的打印任务。如果只希望暂停某个文档的打印，而其他文档照常进行，则先选择该文档，再在"文档"菜单中选择"暂停打印"命令即可。

4. 取消打印作业

在有些情况下，需要取消某个或所有的打印任务。如果要取消所有的打印任务，可选择"打印机"→"消除打印作业"命令，则打印队列中所有的打印任务都将取消；如果只是要取消某个打印任务，而其他打印作业继续进行，可先选择该任务的文档，然后在"文档"菜单中选择"消除打印"命令，即可取消选中的打印任务。

习题 9

一、填空题

1. 根据打印机的工作原理，目前市场上的打印机可以分为三类：（　　）、（　　）、（　　）。

2. 按照打印机的用途还可以分（　　）和（　　）等。

3. 打印机接口有（　　）和（　　）等类型。

4. 喷墨打印机按打印头的工作方式可以分为（　　）和（　　）两大类型。

5. 激光打印机属于非击打类，具有其他打印技术无可比拟的优势，这些优势体现在（　　）、（　　）、（　　）等方面。

6. PPM 是指使用（　　　）幅面打印各色碳粉覆盖率为（　　　）的情况下引擎的打印速度。

7. 打印机分辨率又称为输出分辨率，是指在打印输出时（　　　）、（　　　）两个方向上每英寸最多能够打印的点数，通常以（　　　）即 dpi（Dot Per Inch）表示。

8. 目前市场上主要有三种宽度的打印机：（　　　）、（　　　）、（　　　），这三种幅宽就算对应日常所说的（　　　）、（　　　）、（　　　）幅面。

二、简答题

1. 打印机应该如何分类？

2. 分别简述针式打印机、喷墨打印机和黑白激光打印机的工作原理。

3. 针式、喷墨、激光打印机有哪些常见故障？应该如何排除？

4. 针式、喷墨、激光打印机日常需进行哪些维护工作？

5. 简述本地打印机的安装步骤。

6. 选用打印机时需着重考虑哪些问题？

下篇 实 践 篇

第 10 章　计算机系统的配置与硬件组装

本章通过两个任务介绍计算机系统的配置与计算机硬件组装的流程和基本方法。通过本章内容的学习以及在真实的实践情境下完成两个任务，读者可以熟悉和掌握计算机系统硬件部件的基本功能以及微型计算机的组装流程，并按组装流程完成一台高性能计算机的硬件组装。

10.1　任务 1　了解计算机系统的基本组成与配置

10.1.1　任务目的

1）了解微型计算机系统的硬件组成与配置。
2）培养对计算机硬件各组成部件的识别能力。
3）初步了解软件系统的基本功能。

10.1.2　任务前的准备

1）计算机数套。
2）常用计算机外设数套。
3）常用工具如螺钉旋具、尖嘴钳等。

10.1.3　任务内容及步骤

1. 开机观察

注意开机后系统自检的屏幕提示和系统配置表（可按〈Pause〉键暂停），将该计算机的硬件配置如显卡的型号和显示缓存的容量、系统内存容量、CPU 类型、硬盘容和接口情况等记录下来。

如果不能正确启动系统，需记下故障现象。

2. 切断电源，将一台计算机的机箱打开，重点了解其硬件基本配置和连接方式

注意：严禁加电开机时对硬部件、板卡和插件进行拆装或拔插。拆装或拔插任何硬部件一定要对准位置轻轻插入，以免造成接触不良或损坏接插件。

（1）机箱

重点认识机箱的作用和分类，机箱的内部、外部结构和机箱前、后面板的结构等。

（2）电源

重点认识电源的作用、分类、结构、型号、电源输出/输入电压和电源连接器等。

（3）CPU

主要包括 CPU 的型号、类型、主频、电压、厂商标志、封装形式，以及 CPU 性能等。

（4）内存

认识了解计算机系统中的 RAM、ROM 和 Cache 等不同的功能特点和容量的大小，并进一步加深对内存在计算机系统中重要性的认识。

（5）主机板

了解并认识计算机主板的生产厂商、型号、结构、功能组成、采用的芯片组、接口标准、跳线设置、在机箱中的固定方法，及其与其他部件的连接情况等。

（6）硬盘

主要包括硬盘的生产厂商、作用、分类、型号、外部结构、结构标准及其与主板和电源的连接情况，硬盘与主板相连接的数据线等。

（7）光驱

包括光驱的作用、分类、型号、外部结构、接口标准、主要技术参数及其与主板和电源的连接情况，光驱等设备与主板的相连接的数据线的特点等。

（8）常用插卡件

主要了解并认识显卡、网卡、声卡、多功能卡等的作用、型号、主要技术参数和特点等，并能对上述卡件加以区别。

（9）常用外部设备

重点包括对显示器、键盘、鼠标、打印机、扫描仪、外置调制解调器、音箱等常用外设的作用、分类、型号、主要接口标准及其与主机的连接方法等方面的认识。

3. 其他

包括了解、认识和使用组装维修计算机的常用工具、辅助工具等，如钉旋具、尖嘴钳、镊子、螺钉、万用表等。

10.1.4　讨论、实施任务

1. 计算机组成配置情况

按照上述任务内容和步骤的安排，根据所掌握的相关知识，填写如表 10-1 所示的计算机组成配置情况，并写出完成任务的体会。

表 10-1　计算机组成配置情况

名　　称	作用、型号、结构、连接等	备　　注	
机箱			
…	…		

名　　称	作用、型号、结构、连接等	备　　注	

2. 实施任务注意事项

1）要按上述步骤有序进行，或按老师的要求进行操作。

2）对计算机的各部件要轻拿轻放，未经指导老师批准，勿随便拆卸任何插卡件。

3）要做到边实践边记录并填写微型计算机组成配置情况表，遇到问题及时进行讨论交流，运用所学知识和操作技能解决问题。

10.1.5　评价、总结

总结完成任务遇到的问题和体会，并完成实验报告，最后对完成任务情况和知识的掌握和应用水平进行评价。可以自评、互评、或与教师评价相结合。

10.2　任务2　计算机硬件的组装

10.2.1　任务目的

1）掌握微型计算机系统的各硬件部件的安装方法。

2）进一步熟悉各硬件部件的基本功能。

3）掌握微型计算机的组装流程，并按组装流程组装成一台高性能计算机。

10.2.2　任务前的准备

1）按计算机组装配置单准备好硬件部件。

2）准备好尖嘴钳、螺钉旋具、镊子等安装工具。

3）填写好如表10-2所示的计算机组装配置单，并阅读相关的技术说明书。

表10-2　计算机组装配置单

名　　称	型　　号	数　　量	备　　注
CPU			
主板			

名　　称	型　　号	数　　量	备　　注
内存			
硬盘			
显示器			
显卡			
光驱			
键盘			
鼠标			
电源			
机箱			
声卡			
音箱			
…			

10.2.3　任务内容及步骤

1. 工具的认识

检查本小组中常用组装工具是否齐全，如一字螺钉旋具、十字螺钉旋具、镊子、尖嘴钳、万用表。学习各种工具的使用方法。

2. 了解各种螺钉

在组装之前，先介绍一下所使用到的螺钉。螺钉通常是随机箱一起提供给用户，主要有四种，如图 10-1 所示。螺钉规格均为英制，A 螺钉是细纹的，主要用来固定光驱；B 螺钉是粗纹的，一般用来固定电源；C 螺钉也是粗纹的，其螺纹较 B 粗一些，而且长度较之 B 也相对短，是专门用来固定硬盘的。主板和后挡板使用的螺钉因机箱而异。这三种螺钉在使用中是不可以互换的，尤其是用来固定硬盘的螺钉。D 是用来固定主板的铜柱。

a)　　　　　　b)　　　　　　c)　　　　　　d)

图 10-1　组装微型机用到的各种螺钉

3. 计算机的组装流程

组装计算机并没有严格的安装顺序规定，但是一般情况下，为便于安装，同时兼顾部件的安全，可先将电源、光驱安装在机箱上，然后安装 CPU、CPU 风扇、内存。接下来将主板连同其上部件放入机箱，固定主板，安装扩展板卡与硬盘，连接内部电源线和数据线。检查安装正确后，整理各式布线，然后连接键盘、鼠标、显示器等外设。最后通电测试。

（1）电源和光驱的安装

电源和光驱是机箱内的几个大件之一，而且这些东西相对其他部件耐冲击力强，所以可以首先安装它。机箱电源的安装方法比较简单，放入到位后，拧紧螺钉即可，如图 10-2 所示。

图 10-2　安装电源

安装光驱时，对于普通的机箱，只需要将机箱 4.25 寸的托架前的面板拆除，并将光驱将入对应的位置，拧紧螺钉即可。但还有一种抽拉式设计的光驱托架，这种光驱在安装前，先要将类似于抽屉设计的托架安装到光驱上。像推拉抽屉一样，将光驱推入机箱托架中，然后拧紧螺钉即可，如图 10-3 所示。

图 10-3　安装光驱

（2）安装 CPU 和 CPU 风扇

按照主板厂商的安装说明，在安装处理器之前，用适当的力向下微压固定处理器的压杆，同时用力往外推压杆，使其脱离固定卡扣，如图 10-4a 所示，打开插座上面的固定处理器的扣盖，如图 10-4b 所示。

a)　　　　　　　　　　　b)

图 10-4　提起固定处理器的压杆和扣盖

a) 提起压杆　b) 打开扣盖

1）安放处理器。注意此时需将处理器和主板上印有三角标识的两个角对齐，然后慢慢地将处理器轻压到位。CPU 安放到位以后（见图 10-5a），盖好扣盖（见图 10-5b），并反方向微用力扣下处理器的压杆（见图10-5c）。至此CPU便被稳稳的安装到主板上。

图10-5　安放处理器示意图
a）CPU安放到位　b）盖好扣盖　c）扣下压杆

2）安装散热风扇。如图10-6a所示是Intel LGA1155接口处理器的原装散热风扇，将散热风扇的扣具设计改成了四角固定设计。安装时，将风扇固定底板安放到位，并在CPU表面涂抹硅胶，如图10-6b和10-6c所示。然后将散热风扇四角对准主板相应的位置，使用螺钉旋具将四角螺钉固定即可，如图10-7所示。

图10-6　风扇安装前准备
a）原装散热风扇　b）风扇固定底板安放到位　c）涂抹硅胶

图10-7　安装散热风扇
a）风扇四角对准主板相应的位置　b）将四角螺丝固定

还有一种散热风扇四角固定采用扣具设计。安装时，将散热风扇的四角对准主板相应的位置，然后用力压下四角扣具即可，如图10-8所示。

图 10-8　安装采用扣具设计的散热风扇

3）散热风扇接到主板的供电接口。固定好散热风扇后，还要将散热风扇接到主板的供电接口上。找到主板上安装风扇的接口（主板上的标识字符为 CPU_FAN），将风扇插头插入即可。由于主板的风扇电源插头都采用了防呆式的设计，反方向将无法插入，如图 10-9 所示。

图 10-9　散热风扇插到主板的供电接口

（3）安装内存条

64 位处理器支持的主板目前均提供双通道功能，因此在选购内存时尽量选择两根同规格的内存来搭建双通道。主板上的内存插槽一般都采用两种不同的颜色以区分双通道与单通道，将两条规格相同的内存条插入到相同颜色的插槽中，即打开了双通道功能。

安装内存时，先用手将内存插槽两端的扣具打开，然后将内存平行放入内存插槽中，用两拇指按住内存两端轻微向下压，听到"啪"的一声响后，即说明内存安装到位。由于内存插槽也使用了防呆式设计，反方向无法插入，在安装时注意将内存与插槽上的缺口对应即可，如图 10-10 所示。

（4）安装主板

在将主板固定到机箱内之前，应先根据主板的外形在机箱上安装固定主板的铜柱，如图 10-11a 所示。然后将主板平放在机箱内，如图 10-11b 所示，用螺钉固定主板，如图 10-11c 所示。注意，ATX 主板的外设接口要与机箱后面对应的挡板孔位对齐。

（5）安装显卡

目前，AGP 显卡基本上已很少用了，而 PCI－E 显卡已经发展成为主流（见图 10-12a）。插卡前先把机箱后对应的防尘片卸下，然后用手轻握显卡两端，把显示卡的金手指垂直对准主

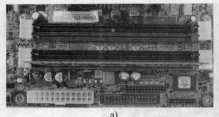

a)   b)

图 10-10　安装内存条

a) 内存插槽　b) 安装内存条

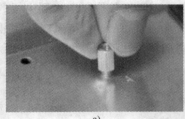

a)   b)   c)

图 10-11　安装主板

a) 固定主板的铜柱　b) 放入主板　c) 用螺钉固定主板

板上的显卡插槽，向下轻压到位后，再旋上螺钉固定显卡（见图 10-12b）。

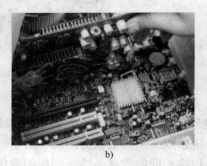

a)   b)

图 10-12　安装显卡

a) AGP 及 PCI-E 插槽　b) 安装显卡

（6）安装硬盘

硬盘须固定在机箱的 3.5 寸硬盘托架上。对于普通的机箱，只需要将硬盘放入机箱的硬盘托架上，拧紧螺钉使其固定即可。现在很多机箱使用了可拆卸的 3.5 寸机箱托架（见图 10-13a），机箱中有 3.5 寸托架的扳手，拉动此扳手即可固定或取下 3.5 寸硬盘托架。将硬盘装入托架中，并拧紧螺钉（见图 10-13b、c）。将托架重新装入机箱，并将固定扳手拉回原位固定好硬盘托架。

硬盘是计算中最脆弱的部件之一，安装时应尽量避免碰撞，这也是把它放在最后安装的原因。安装时需要注意四个螺钉必须都要拧上。

（7）连接硬盘电源与数据线

目前，硬盘的按接口可分为 IDE 硬盘和 SATA 硬盘，如图 10-14 所示，图中上面为 SA-

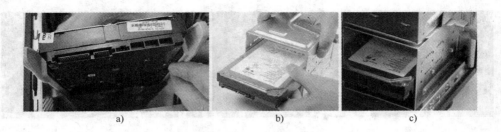

a)   b)   c)

图 10-13 安装硬盘

a）可拆卸的 3.5 寸硬盘托架 b）将硬盘装入托架中 c）拧紧固定螺钉

TA 硬盘，下面为 IDE 硬盘。

图 10-14 IDE 硬盘和 SATA 硬盘

1）连接 SATA 硬盘电源与数据线。SATA 串口有更高的传输速度，数据线设计更加合理，也给安装提供了更多的方便，已渐渐替代 PATA 并口成为当前主流。如图 10-15 所示的分别是主板上的 SATA 接口、硬盘的供电接口和数据线。

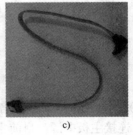

a)   b)   c)

图 10-15 SATA 硬盘接口、电源与数据线

a）主板上的 SATA 接口 b）SATA 硬盘的供电接口 c）SATA 数据线

连接电源与数据线很简单，接口同样采用防呆式的设计，反方向无法插入，具体操作如图 10-16a ~ c 所示。

2）连接 IDE 硬盘电源与数据线。跳线设置：硬盘在出厂时，一般都将其默认设置为主盘，跳线连接在"Master"的位置。如果计算机上已经有了一个作为主盘的硬盘，则需要连接一个来作为从盘。因此要将跳线连接到"Slave"的位置，如图 10-17 所示。

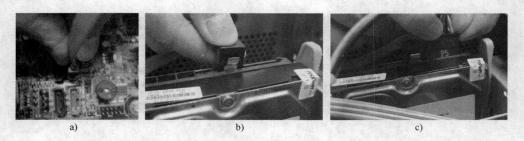

图 10-16 连接 SATA 硬盘电源与数据线

a) 插入主板上 SATA 接口　b) 插入硬盘 SATA 接口　c) 连接电源线

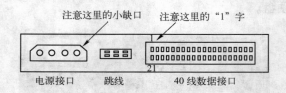

图 10-17　硬盘连接板

　　IDE 硬盘连线包括电源线与数据线两条。对于电源的连接，与 SATA 硬盘相同。数据线为 40 针 80 芯的接口电缆（见图 10-18a），连接时，一般将电缆红线的一端插入硬盘数据线插槽上标有 "1" 的一端（见图 10-18b），另一端插入主板 IDE 口上也标记有 "1" 的端（见图 10-18c）。

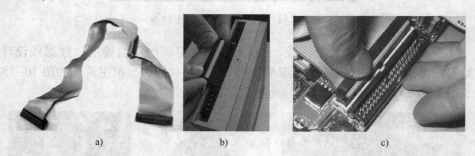

图 10-18　连接 IDE 硬盘与电源

a) IDE 数据线　b) 插入硬盘数据线插槽　c) 插入主板数据线插槽

　　（8）连接主板电源线和各数据线

　　1）连接主板电源。目前主板供电的接口一般都采用 24PIN 的主板供电接口设计，主板供电的接口采用了防呆式的设计（见图 10-19a）。在主板供电的接口上的一面有一个凸起的槽，而在电源的供电接口上的一面也采用了卡扣式的设计，只有按正确的方法才能够插入（见图 10-19b）。另一方面，这样的设计也可以使两个接口更加牢固安装在一起（见图 10-19c）。

　　2）连接 CPU 电源。为了给 CPU 提供更强更稳定的电压，目前主板上均提供一个给 CPU 单独供电的 12V 供电接口（有 4 针、6 针和 8 针三种）。电源上提供给 CPU 供电的接口与给主板的插槽相同，同样使用了防呆式的设计（见图 10-20a、b），安装的方法很简单，直接插入即可（见图 10-20c）。

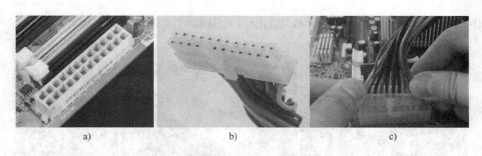

图 10-19　连接主板电源

a）主板供电的接口　b）电源供电的接口　c）插入主板电源线

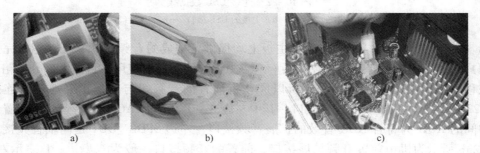

图 10-20　连接 CPU 电源

a）主板 CPU 供电的接口　b）CPU 供电的接口　c）插入主板电源接口

3）连接光驱电源与数据线。目前，光驱的按接口可分为 IDE 和 SATA 两种接口，一些光驱依旧采用大 4PIN D 型供电接口插头（见图 10-21a）。这种插头也带有反插保护，连接时需要用力才能将其全部插入。IDE 数据线的一侧有一条蓝或红色的线，安装数据线时这条线位于电源接口一侧（见图 10-21b、c）。

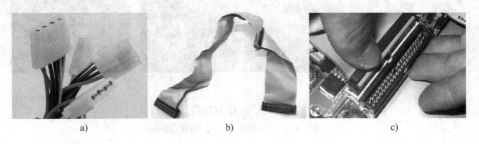

图 10-21　连接光盘电源与数据线

a）供电接口插头　b）IDE 数据线　c）安装数据线

如果光驱是 SATA 接口，则用 SATA 数据线两端分别直接插入主板和光驱的 SATA 接口即可。

4）连接 USB 数据线。目前，USB 已成为日常使用最多的接口，一些主板提供了高达 8 个 USB 的接口。大部分主板上均提供前置的 USB 接口，以方便使用。如图 10-22a 所示是机箱前面板前置 USB 的连接线。其中 VCC 用来供电，USB2 - 与 USB + 分别是 USB 的负正极接口，GND 为接地线。在连接 USB 接口时一定要对照主板的说明书，如果连接不当，则很容易造成主板的烧毁。为了方便安装，很多主板的 USB 接口也采用了防呆式的设计方法，如图 10-22b 所示。如图 10-22c 所示是主板与 USB 接口的详细连接方法。

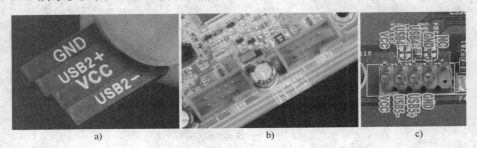

图 10-22　连接 USB 数据线
a) 前置 USB 的连接线　b) 主板的 USB 接口　c) USB 接口的连接

5) 连接前置音频线。现在一般的主板上均提供了集成的音频芯片,其性能已完全能够满足用户需求,一般没有必要单独购买声卡。为了方便用户的使用,目前大部分机箱音频接口也被移植到了机箱的前面板上,所以应该将前置的音频线与主板正确地进行连接。如图 10-23a所示是主板扩展的音频接口。其中左边 AAFP 为符合 AC97 声卡音效的前置音频接口,中间的 ADH 为符合 ADA 音效的扩展音频接口,左边 SPDIF_OUT 是同轴音频接口。如图 10-23b 所示为机箱前置音频扩展接口,前置的音频接口一般为双声道,L 表示左声道,R 表示右声道。其中 MIC 为前置的话筒接口,对应主板上的 MIC;HPOUT – L 为左声道输出,对应主板上的 HP – L 或 Line out – L;HPOUT – R 为右声道输出,对应主板上的 HP – R 或 Line out – R。连接时按照分别对应的接口依次接入即可。

图 10-23　连接前置音频线
a) 主板扩展的音频接口　b) 前置音频接口

6) 连接前面板各按钮和指示灯的连线。前面板各按钮和指示灯的连接主要包括电源键、重启键、硬盘指示灯和机箱前置报警喇叭的连线。如图 10-24a 是主板上电源、重启按钮、硬盘指示灯和机箱前置报警喇叭等的插槽。如图 10-24b 是机箱中电源、重启按钮、硬盘指示灯,如图 10-24b、c 所示为机箱各前置接口。其中,PWR SW 是电源接口,对应主板上的 PWR SW 接口;RESET 为重启按钮的接口,对应主板上的 RESET 插孔;SPEAKER 为机箱的前置报警喇叭接口,这是四针的结构,其中红线为 +5 V 供电线,与主板上的 +5 V 接口相对应,其他的三针很容易就能对应插入。IDE_LED 为机箱面板上硬盘工作指示灯,对应主板上的 IDE_LED;PLED 为主机工作的指示灯,对应插入主板即可。需要注意的是,硬盘工作指示灯与电源指示灯分有正负极,一般情况下红色代表正极。

图 10-24　连接前面板各按钮和指示灯的连线

a）主板前置各按钮和指示灯插槽　b）机箱各前置接口　c）前置报警喇叭接口

为了方便安装，很多机箱面板将 USB 数据线、连接前面板各按钮指示灯的连线和前置音频线分别组合在一起，并采用防呆式的设计方法。这样，既方便了连线，同时也避免因接法不正确而造成主板烧毁的，图 10-25a 所示为组合的 3 条数据连线，其中左边起分别为 USB 连线、前面板组合连线各按钮指示灯的连线和前置音频线。连接时，将各连接线插入各对应接口即可，如图 10-25b ~ 图 10-25d 所示。

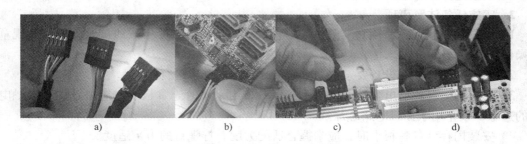

图 10-25　面板组合连线

a）组合的 3 条数据连线　b）插入面板组合连线　c）插入 USB 连线　d）插入前置音频线

在合上机箱盖之前，应重新检查一遍所有连接线，查看有没有插反或没有完全插入的线缆。然后对机箱内的各种线缆进行简单的整理，以提供良好的散热空间。

（9）外部设备连接

确定内部连接无误后，则可连接键盘、鼠标和显示器。主板背部的 PS/2 鼠标、键盘、E－SATA、USB 和 8 声道的音频输出接口等如图 10-26 所示。依次将各外部设备连线插入对应的接口，如图 10-27 所示。

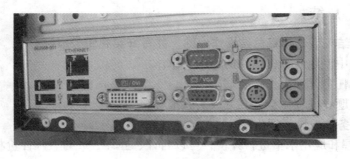

图 10-26　主板背部输出接口

 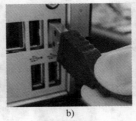 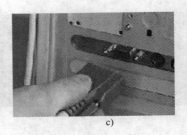

a) b) c)

图 10-27 外部设备连接

a）连接键盘　b）连接鼠标　c）连接显示器

连接完毕后，就要开机以来测试系统。如果安装无误则会听到一声短鸣，表示机器自检完成，同时会出现开机画面。

10.2.4 讨论、实施任务

1. 按上述步骤有序组装计算机

2. 实施任务注意事项

1）必须在实施任务前认真准备任务内容，实施过程中要严格按照试验室的有关规章进行操作。

2）对所有的部件和设备要按说明书或指导老师的要求进行操作。

3）安装前应释放静电。洗手或右手接触一下自来水管。拿板卡时应注意用手接触电路板的边缘，禁止用手接触电路芯片。

4）安装内存和各种板卡时，应掌握合适的力度，拧螺钉的力量适度。

5）遇到问题应及时进行讨论交流，运用所学知识和操作技能解决问题。很多故障的原因并不像想象中的那么复杂，出现故障应先从简单或最有可能的原因找起，其次再考虑复杂的原因，以避免走弯路。

6）禁止带电插拔数据线和电源线（USB 和 1394 数据线除外）。

7）注意人身和设备的安全。

8）组装完成后，不要急于通电，一定反复检查，确定安装连接正确后再通电进行开机测试。

9）在实施任务中应培养严谨科学的工作习惯。

10.2.5 评价、总结

1. 实施任务结束后，认真总结操作经验，并写好实施任务报告

1）所在小组中使用计算机硬件的详细清单。

2）写出实施任务详细操作步骤。

3）遇到的问题和处理体会，并完成实验报告。

2. 对完成任务情况进行评价

对知识的掌握和应用水平进行评价，可以自评、互评，或与教师评价相结合。

第11章 计算机系统软件安装

本章通过四个任务介绍了 BIOS 相关的设置参数及设置要点，计算机操作系统的安装方法，用克隆的方法安装计算机软件以及安装驱动程序方法等。通过本章的学习，在真实的实践情境下完成四个任务，读者可以熟悉并掌握计算机系统软件的安装。

11.1 任务3 BIOS 的设置

11.1.1 任务目的

1）了解 BIOS。
2）了解 BIOS 类型及设置。

11.1.2 任务前的准备

计算机2套。

11.1.3 任务内容及步骤

BIOS（Basic Input Output System）就是基本输入输出系统。它其实是一组固化到计算机内主板上一个 ROM 芯片上的程序，保存着计算机最重要的基本输入输出的程序、系统设置信息、开机后自检程序和系统自启动程序。其主要功能是为计算机提供最底层、最直接的硬件设置和控制。

现在的主板 BIOS 几乎都采用 Flash ROM（快闪 ROM），它是一种在一定的电压和电流条件下，可对其 Firmware（固件）进行更新的集成电路块。BIOS 的具体功能和作用如下。

1）BIOS 中断调用即 BIOS 中断服务程序。它是微型机系统软、硬件之间的一个可编程接口，用于实现程序软件功能与微型机硬件的衔接。程序员也可以通过中断的方式直接调用 BIOS 中断程序。

2）BIOS 系统配置微型机部件的情况是放在一块可读写的 CMOS RAM 芯片中的。CMOS（Complementary Metal Oxide Semiconductor）即互补金属氧化物半导化，是指主板上一块可读写的存储芯片，也称之为 CMOS RAM，它保存系统 CPU、软硬盘驱动器、显示器、键盘等部件的信息。关机后，系统通过一块后备电池向 CMOS 供电以保存其中的信息。如果 CMOS 中关于微型机的配置信息不正确，则会导致系统性能降低，零部件不能识别，并由此引发系统的软硬件故障。

3）POST 上电自检。开机后 BIOS 最先被启动，然后它会对计算机的硬件设备进行完全彻底的检验和测试。如果发现问题，则会分两种情况处理：严重故障时会停机，没有出现任何提示或信号；非严重故障则给出屏幕提示或声音报警信号，等待用户处理。如果未发现问题，则将硬件设置为备用状态，然后启动操作系统，把对计算机的控制权交给用户。

4）BIOS 系统启动自举程序在完成 POST 自检后，BIOS 将按照系统 CMOS 设置中的启动顺序搜寻硬盘驱动器、光驱、网络服务器等有效的启动驱动器，读入操作系统引导记录。然后将系统控制权交给引导记录，由引导记录完成系统的启动。

目前市面上较流行的主板 BIOS 主要有 Award BIOS、AMI BIOS、Phoenix BIOS、AWARD – PHOENIX BIOS 等几种类型。Award BIOS 是由 Award Software 公司开发的 BIOS 产品，在目前的主板中使用最为广泛。进入 BIOS 设置的方法各不相同，大部分进入 BIOS 设置为"DEL"或者"ESC"，但是也有部分 BIOS 是"F10"或者"F2"等。

1. BIOS 设置的各项说明

AWARD BIOS 是目前应用比较广泛的一种 BIOS。在此只介绍一下 AWARD BIOS 中的有关设置选项的含义和设置方法。在其主菜单中主要有以下几个菜单项，如图 11-1 所示。

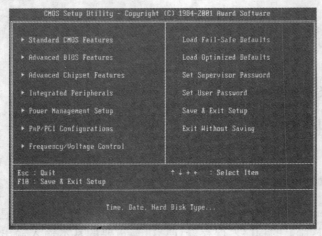

图 11-1　Award BIOS 设置主菜单

主菜单上共有 13 个项目，具体如下。

- Standard CMOS Features（标准 CMOS 功能设定）：设定日期、时间、软硬盘规格及显示器种类。
- Advanced BIOS Features（高级 BIOS 功能设定）：对系统的 BIOS 高级特性进行设定。
- Advanced Chipset Features（高级芯片组功能设定）：设定主板所用芯片组的相关参数。
- Integrated Peripherals（外部设备设定）：设定菜单包括所有外围设备的设定，如声卡、Modem、USB 键盘是否打开等。
- Power Management Setup（电源管理设定）：设定 CPU、硬盘、显示器等设备的节电功能运行方式。
- PnP/PCI Configurations（即插即用/PCI 参数设定）：设定 PnP 即插即用界面及 PCI 界面的参数，此项仅在系统支持 PnP/PCI 时才有效。
- Frequency/Voltage Control（频率/电压控制）：设定频率/电压等。
- Load Fail – Safe Defaults（装载最安全的默认值）：载入默认值作为稳定的系统使用。
- Load Optimized Defaults（装载高性能默认值）：载入最好的性能但有可能影响稳定的默认值。
- Set Supervisor Password（设置超级用户密码）：设置超级用户的密码。

- Set User Password（设置用户密码）：设置用户密码。
- Save & Exit Setup（保存后退出）：保存对 CMOS 的修改，然后退出 Setup 程序。
- Exit Without Saving（不保存退出）：放弃对 CMOS 的修改，然后退出 Setup 程序。

在 BIOS 设置主界面中，通过键盘上的〈←〉、〈↑〉、〈→〉、〈↓〉四个方向键，可以在不同设置项目上移动。例如，光标定位到"Standard CMOS Features"设置选项，按〈Enter〉键后就可以进入标准 CMOS 设置界面。

2. STANDARD CMOS SETUP（标准 CMOS 设置）

这个选项可以设置系统日期、时间、IDE 设备、软驱、错误处理方法和显示系统内存信息等，如图 11-2 所示。

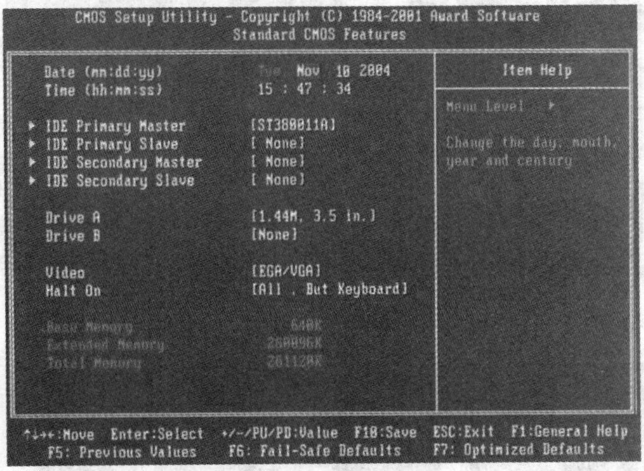

图 11-2　STANDARD CMOS SETUP（标准 CMOS 设置）

（1）设置系统日期与时间

利用"Date/Time"两个选项来调整日期与时间：通过方向键可以切换到不同的活动目标，然后按〈Page Up〉或〈Page Down〉键即可修改具体的数值。

（2）临时关闭硬盘或光驱

将光标移到一个 IDE 设置选项上，按〈Enter〉键进入其设置画面，选择"IDE HDD Auto Detection"选项，则系统会自动搜索该 IDE 接口上的设备。如果需要临时禁用硬盘或光驱。只需要打开该 IDE 设备的选项，把"IDE Channel 1 Master"设置为"None"，则该 IDE 接口上的设备将被关闭，系统将不再使用该设备。

（3）设置软驱模式

如果系统中安装了一个软驱，则必须在"Drive A"中设置好软驱的类型，例如"1.44MB 3.5in"；如果计算机中没有安装软驱，则必须将"Drive A""Drive B"全部设置为"None"，否则计算机在自检时会出现错误。

（4）设置错误报告方式

窗口中的"Halt On"（系统挂起）选项用于指定在检测到何种错误时，BIOS 将停止启动过程。建议选择"All Errors"，这样当 BIOS 检测到任何一种错误时都会向用户报告。

（5）系统内存信息

"Base Memory"（基本内存）、"Extended Memory"（扩展内存）、"Total Memory"（内存

总量）三个选项显示的是当前系统的内存信息，可通过检查以上显示的内存信息判断内存是否正确安装，容量是否准确。

Advanced BIOS Features（高级 BIOS 设置，见图 13 – 3）和 Advanced Chipset Features（高级芯片组设置，见图 11-3、11-4）

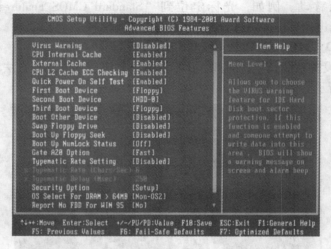

图 11-3　Advanced BIOS Features（高级 BIOS 设置）

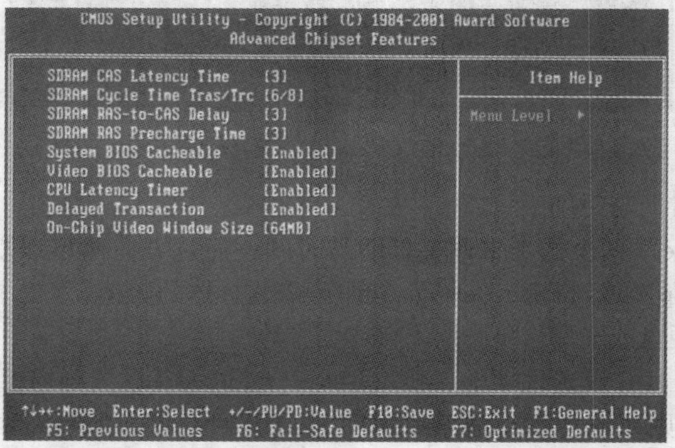

图 11-4　Advanced Chipset Features（高级芯片组设置）

在高级 BIOS 设置和高级芯片组设置两个窗口中，能够设定的 BIOS 参数非常多，某些选项对整机的性能有很大影响。下面介绍常用的影响 PC 性能的 BIOS 设置，其他一般选择默认设置即可。

（1）修改启动盘的优先顺序

在高级 BIOS 设置中，"Boot Seq & Floppy Setup" 主要用来设置启动盘的优先顺序。系统默认的第一启动盘是软盘，第二个才是 HDD（硬盘）。为了加快启动速度，可以将第一启动盘设置为硬盘。如果需要 "光盘启动"，也就是第一启动盘需设置为光盘。

（2）优化 CPU 性能

在高级 BIOS 设置中，主要有 "CPU Internal Cache" "External Cache" "CPU L2 Cache

ECC Checking" 等几个与 CPU 性能有关的选项。

- "CPU Internal Cache"（CPU 内部缓存）和 "External Cache"（外部缓存）：建议设置为 "Enabled"。分别打开 "L1 Cache" 和 "L2 Cache"，以使 CPU 的性能得到发挥。
- "CPU L2 Cache ECC Checking"（CPU 2 级缓存 ECC 检查）：建议设置为 "Disabled"。"ECC" 即 "错误检查与校正"。其作用是在数据传输时进行检验核对，如果该功能设置为打开，可以提高数据传输时的准确性，不过会使整个系统的处理速度降低，所以建议设置为关闭。

（3）优化图形系统

- 打开相关缓存。在高级芯片组设定窗口中，一般可以看到 "System BIOS Cacheable" "Video BIOS Cacheable" "Video RAM Cacheable" 三个选项。它们分别指是否用板载二级缓存来存储系统 BIOS、显卡 BIOS 和显存。对老主板来说，最好把它们都设置成 "Enabled"，而新主板使用默认设置即可。
- 设置 "AGP Aperture Size"。这一选项主要用来控制系统内存中的多少空间可以分配给 AGP 作为视频显存使用，预定值有 32 MB、64 MB、128 MB、256 MB，建议将其设置为系统内存总容量的 1/4 ~ 1/2。
- 设置 "AGP 8 × Support"。若使用的显卡是 AGP8 × 的，则选择 "Enabled"，否则可以选择 "Disabled"。
- 设置 AGP 快写缓存。"AGP Fast Write Capability"（AGP 写入缓存设置）选项，建议设置为 "Enabled"。

3. Integrated Peripherals（外部设备设定）

在 BIOS 设置主界面中的 "Integrated Peripherals"（外部设备设定），如图 11-5 所示，主要是针对各种接口进行详细设置，这其中很多功能都可以使用 "Auto"（自动）来让系统决定。常见选项如图 11-5 所示。

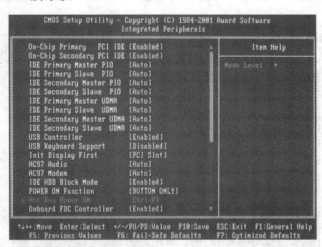

图 11-5　Integrated Peripherals（外部设备设定）

（1）优化硬盘设置

- 在 "Integrated Peripherals" 中的 "OnChip IDE Device" 选项设置里可以优化设置硬

盘。"IDE HDD Block Mode"（IDE 硬盘加速模式）建议设置为"Enabled"（打开），这样可以加快硬盘的传输速度。

- "IDE DMA Transfer Access"（IDE DMA 转移地址）建议设置为"Enabled"，即可以打开硬盘的"DMA"功能，使整个系统的效率大大提高。
- "On – Chip Primary PCI IDE"（主板主 IDE 端口）和"On – Chip Secondary PCI IDE"（主板从 IDE 端口）必须设置为"Enabled"，这两个选项是用来打开或关闭 IDE1 和 IDE2 端口的。设置为打开后，主板上的 IDE 端口才能正常工作。
- "IDE Primary Master PIO/UDMA"（IDE 端口 PIO/UDMA 模式设置）在两个 IDE 端口设置的下面，都有四个子选项，用来设置该 IDE 端口的 PIO 及 UDMA 模式。开启主板上的 IDE 端口后，可以使用这些选项调节硬盘的可编程输入输出模式（Programmed Input/Output，PIO）模式。数值越高，速度越快。UDMA 功能则是开/关硬盘的 Ultra DMA 模式，数值越高，速度越快。

一般情况下，这几个选项都可以设置为"Auto"。目前的主板都能自动根据 IDE 设备的速度来选择相应的模式。

（2）优化设置 SATA 硬盘

SATA 硬盘的使用与 BIOS 设置紧密相连。由于不同主板厂商所用的 Serial ATA 控制芯片不尽相同，因此要想在 BIOS 中打开 SATA 功能，其选项名称也各不一样，不过选项一般都在"Integrated Peripherals"设置窗口中。因此，只需在此设置窗口中查找带"Serial ATA"字样或与 Serial ATA 控制芯片厂商名相同的选项即可。这里只需将该选项设置为"Auto"或"Enabled"。

而更多的厂商是在 BIOS 设置中添加了诸如"Serial ATA Controller""Serial ATA Setting""Serial ATA Bridge"这样的选项，建议设置为"Enabled"或"Auto"。

4. Power Management Setup（电源管理设置）和 PnP/PCI Configuration（即插即用与 PCI 状态设置）

电源管理设置如图 11-6 所示，它用来控制主板上的"绿色"功能。该功能定时关闭视频显示和硬盘驱动器以实现节能的效果。即插即用与 PCI 状态设置用来设置即插即用设备和

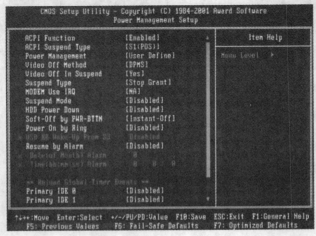

图 11-6　Power Management Setup（电源管理设置）

178

PCI 设备的有关属性。这两个大选项中的所有子选项对系统性能及使用不会有太大的影响，一般都可以使用默认值，如图 11-7 所示。

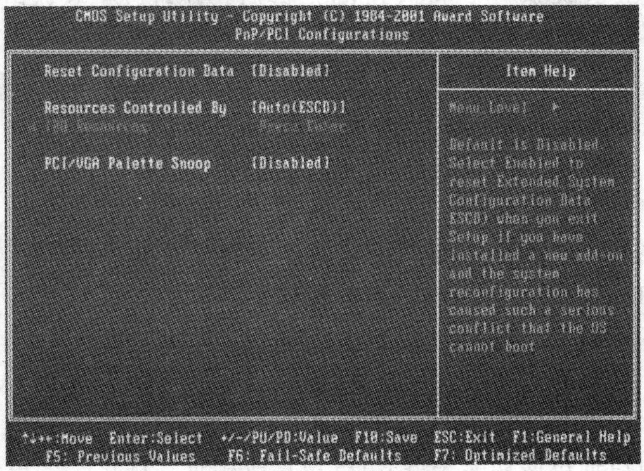

图 11-7　PnP/PCI Configuration（即插即用与 PCI 状态设置）

5. Frequency/Voltage Control（频率/电压控制）

通过 "Frequency/Voltage Control"（频率和电压控制）设置窗口，可以对处理器的频率、工作电压，内存电压、AGP 电压进行调节。

（1）关闭 "频展"

在 "Frequency/Voltage Control" 设置窗口中，一般都有一个 "Spread Spectrum"（频展）的选项。如果处理器正处于超频状态，则该选项必须设置为 "Disabled"，否则会影响超频成功的几率。

（2）对 CPU 进行 "超频"

在频率和电压控制窗口中，一般有 "CPU Ration Selection"（CPU 倍频选择）、"CPU FSB Clock"（CPU 前端总线频率）、"AGP/PCI Clock"（AGP/PCI 频率）等几个与超频相关的选项。

通过 "CPU Ration Selection" 可以设置 CPU 的倍频，不过由于现在的处理器都被厂商锁定了倍频，因此很多时候该选项没有什么作用，用户使用默认值即可。"CPU FSB Clock" 用来设置 CPU 的前端总线频率（其实设置的是 CPU 的外频）。注意，如果用户所设置的频率超过了处理器的实际总线频率，则此时处理器会处于 "超频" 状态，虽然其工作频率加大了，但可能会导致系统不稳定；如果频率设置低于处理器的实际总线频率，则会导致该处理器的性能不能完全发挥。"AGP/PCI Clock" 用来设置 AGP/PCI 的时钟频率。

对 CPU 进行超频，实现的方法只有两个，即超外频和超倍频。由于绝大部分 CPU 在出厂时倍频已经被锁定了，因此目前超频的手段主要是超 CPU 的外频。比如一块前端总线为 400 MHz、主频为 2 GHz 的 P4 CPU，如果能够将它的前端总线超到 450 MHz，那么它的主频就成了 "2.25 GHz" 了。如果超频失败，系统启动不了，则应立即清除 BIOS 设置。

（3）对 CPU 进行 "加压"

在用上面的方法对 CPU 外频进行超频时，如果发现 CPU 虽然超频到一定程度，但稳定性比较差，这时可以考虑在 BIOS 中适当提高 CPU 的电压值。具体方法是：进入"Frequency/Voltage Control"设置窗口，选择"Current Voltage"这个选项（有些 BIOS 中的名字是"CPU Voltage"或"CPU Vcore"），按〈Enter〉键后，就可以把默认电压值调高一个档位，例如默认电压值如果是 1.7 V，则可以调高到 1.75 V。

需注意的是设置电压时的调整幅度不要太大，最多只能加 0.2 V 左右，否则容易烧毁 CPU。超频的时候最好不要加电压，改外频和前端总线就可以，另外还需设定 CPU 保护温度。

6. 其余选项

在 BIOS 设置主窗口中，还有如下几个功能单一的设置项。

（1）Load BIOS Defaults（装载默认 BIOS 设置）

该选项的作用是将 BIOS 参数恢复成主板厂商设定的默认值。

（2）Load Setup Defaults（装载默认安装 BIOS 设置）

该选项的作用是将 BIOS 参数设置成能尽量发挥系统性能的默认值。如果用户自己没有把握设置 BIOS，则可以通过该功能来将 BIOS 设置成相对"优化"的设置。

（3）Set Supervisor Password（设置超级用户密码）和 Set User Password（设置用户密码）

这两项是用来设置密码的。它们主要区别在于权限不同。

设置前者之后，每次启动电脑输入密码后，可以进入系统并修改 BIOS 设置。而设置后者之后，虽然能进入 BIOS 设置，但不能修改 BIOS。

（4）保存 BIOS 设置

当将所有的 BIOS 设置完成后，必须选择"Save & Exit Setup"（保存并退出设置程序）来保存 BIOS 设置。如果不想保存此次 BIOS 设置的结果，可以选择"Exit Without Saving"（退出且不保存）选项。

以上只是 BIOS 的一些最普遍的设置，具体到每一块主板的 BIOS 设置，还应仔细阅读随主板附带的说明书。

11.1.4 讨论、实施任务

1. BIOS 的简单设置

按照上述任务内容和步骤的安排，教师可让学生边讲解边操作设置 BIOS，从而巩固所学。

2. 实施任务注意事项

1）要按上述步骤有序进行，或按老师的要求进行操作。

2）实施任务前要认真学习了解 BIOS 及设置要点，否则不要轻易更改 BIOS 的设置。硬件设置错误很容易导致蓝屏，甚至还会导致硬件不正常工作。

3）完成 BIOS 的设置之后不要忘记保存它。

11.1.5 评价、总结

认真总结完成任务的过程、遇到的问题和体会，并完成实验报告，最后对完成任务情况和对知识的掌握和应用水平进行评价。可以自评、互评，或与教师评价相结合。

11.2 任务4 安装操作系统

11.2.1 任务目的

1）通过学习，掌握 Windows 7 操作系统安装方法。

2）了解 Windows 8.1 操作系统安装方法。

3）掌握多操作系统安装方法。

11.2.2 任务前的准备

1）计算机 1 套。

2）1 张 Windows 7 简体中文旗舰版安装光盘（或安装包），并检查是否支持自启动。

3）装有 PE 微型系统 U 盘 1 个。

11.2.3 任务内容及步骤

Windows 7 是由微软公司（Microsoft）开发的操作系统，核心版本号为 Windows NT 6.1。Windows 7 可供家庭及商业工作环境、笔记本电脑、平板电脑、多媒体中心等使用，2009 年 10 月 22 日微软于美国正式发布 Windows 7 。

1. 系统安装最低配置要求

要装的最低配置要求可详见如表 11-1 所示的内容。

2. Windows 7 操作系统安装

1）将准备好的 Windows 7 简体中文版安装光盘放入计算机光驱中，并设置开机自动运行。

表 11-1　配置要求

设 备 名 称	基 本 要 求	备 注
CPU	1 GHz 及以上	
内存	512 MB 及以上	最低内存是 512 MB，小于 512 MB 安装时会提示内存不足
硬盘	7 GB 以上可用空间	小于 6 GB 将无法安装 8 GB 才能完全安装（79xxMB）
显卡	有 WDDM1.0 或更高版驱动的集成显卡 64 MB 以上	128 MB 为打开 Aero 最低配置，不打开的话 64 MB 也可以
其他设备	DVD – R/RW 驱动器或者 U 盘等其他储存介质	安装使用。如果需要用 U 盘安装 Windows 7，则需要制作 U 盘引导
	互联网连接/电话	需要联网/电话激活授权，否则只能进行为期 30 天的试用评估

2）显示如下界面（见图 11-8a），单击"现在安装"按钮，安装程序将提示"安装程序正在复制临时文件""安装程序正在启动"（见图 11-8b）。在弹出的安装 Windows 获取安装的重要更新提示框中，选择"不获取最新安装更新"，安装程序跳转至下一步。

3）在安装许可条款页面，同意许可条款后，单击"下一步"按钮来选择安装类型。此时选择自定义，在弹出的"您想将 Windows 安装在何处"提示框中（见图 11-9），单击

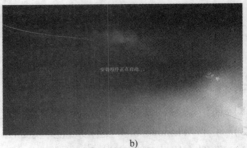

图 11-8　安装程序启动界面
a）复制临时文件　b）安装程序正在启动

"新建"按钮，在弹出的硬盘大小设置中，输入所想设定的硬盘分区大小，如 60 GB，则应输入 60 000 MB，单击"应用"按钮即完成分区创建，如图 11-10 所示。

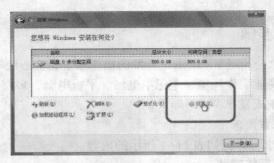

图 11-9　选择要装位置的提示框

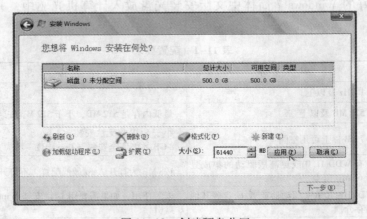

图 11-10　创建硬盘分区

Windows 7 系统在安装过程中可以对硬盘进行分区操作，然而有两个问题需注意：

一是对新的硬盘进行分区时会自动创建一个 100 MB 的隐藏分区，建议对这 100 MB 的隐藏分区予以保留，不要删除，否则可能破坏分区表。

二是 Windows 7 安装时直接对硬盘分区，除了前面提到的 100 MB 的隐藏分区，创建的分区全都是主分区。除系统在主分区外，其他分区都应该为逻辑分区，建立逻辑分区方法如下：

- 安装 Windows 7 时对未分区的硬盘只划分一个主分区即 C 盘，剩余空间暂且不管。这时会看到一个 100 MB 的隐藏分区和刚划分的主分区 C 盘，选择 C 盘进行系统安装。
- 安装完成后进行以下操作可直接随意划分逻辑分区。
- 按〈Win + R〉键，调出运行窗口，输入"CMD"打开命令行窗口。
- 输入"diskpart"调出系统自带的分区程序＊／。
- 输入"list disk"显示系统挂载的所有硬盘，从 0 开始编号。
- 输入"select disk"选择要分区的磁盘，一般都是只有一块硬盘，则选择 0 号即可。
- 输入"Create Partition Extended"将磁盘上的剩余空间创建成扩展分区。
- 输入"Create Partition Logical Size = 51200"在扩展分区上划分逻辑分区，单位为 MB。
- 继续第 6）步操作直至将剩余空间全部划分完，划分最后一个逻辑分区时，仅输入"Create Partition Logical"不带 SIZE 参数即包含所有剩余空间。
- 输入"exit"退出命令窗口。
- 至此，分区结束，打开计算机中的"我的电脑"对刚才分好的区快速格式化一下即可。

4）在弹出的"您想将 Windows 安装在何处"提示框中（如图 11-11 所示），选择分区 1，所以此处选择时一定要慎重，选择确定后，点下一步，安装程序将开始安装系统，此时屏幕下方会有系统安装进度条，安装过程中，会弹出一个确认提示（如图 11-12 所示），因为是新安装系统，所以选择确定。在安装过程中，安装程序会自动复制 Windows 文件，复制完成后，将展开安装（如图 11-13 所示）。

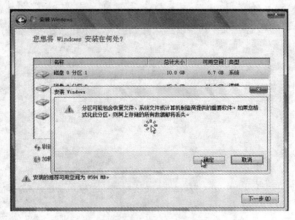

图 11-11　选择安装位置的提示框

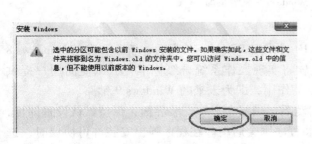

图 11-12　安装程序确认提示框

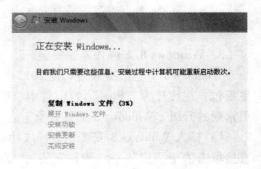

图 11-13　正在安装 Windows

5）安装过程中，计算机会自动重启 1、2 次（图 11-14）。安装完成后，系统将自动重启，并进入个性化设置阶段。设置用户名，计算机名称默认根据用户名自动生成，同时也可以自行更改计算机名称。接下来设置账户密码即开机密码，可以跳过不设置。输入产品密钥，可以跳过直接点下一步。在弹出的推荐设置中，选择"仅安装重要的更新"，检查系统时间设置，如果正确直接单击"下一步"按钮，系统开始进入初始化桌面，初始化完成后自动进入系统桌面（见图 11-15）。

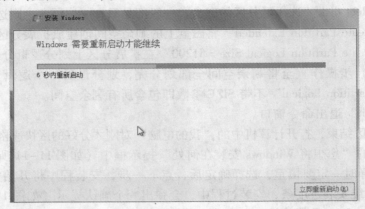

图 11-14　安装程序重启提醒

图 11-15　Windows 7 系统桌面

3. Windows 8.1 操作系统安装

Windows 8.1 是继微软公司在 2012 年 10 月推出 Windows 8 之后，着手开发的 Windows 8 更新包。在代号为"Blue"的项目中，微软将实现操作系统升级标准化，以便向用户提供更常规的升级。Windows 8.1 具有承上启下的作用，即为未来的 Windows 9 铺路。

1）插入 Windows 8 安装光盘并成功启动后，稍候会显示安装界面，保持默认设置即可，直接单击"下一步"→"现在安装"，安装程序则会启动。在程序弹出安装许可协议时，选择"接受"，以继续下一步安装，如图 11-16 所示。

图 11-16　安装界面

2）在同意许可条款后，单击"下一步"按钮来选择安装类型。此时选择自定义，安装程序会在此显示计算机中的硬盘以及分区，磁盘 0 代表第一分区，磁盘 1 代表第二分区，以此类推，如图 11-17 所示。

图 11-17　分区选择界面

3）单击"驱动器选项（高级）"选项可以对硬盘进行新建分区操作，对分区进行删除、格式化、扩展操作，建议使用 Windows 安装程序进行分区操作。做好分区工作并选择安装位置后，单击"下一步"按钮，会显示安装界面，无需操作，等待即可。安装过程中先重启一次，重启后显示正在准备设备，进度到 100％后，会第二次重新启动，如图 11-18 所示。

图 11-18　正在准备设备界面

4）第二次重启后，开始对系统进行设置，在这里可以给系统设置自己喜欢的主题颜色，并给计算机命名。以上操作完成后单击"下一步"按钮，之后选择快速设置即可，如图11-19所示。

图11-19　个性设置界面

5）下一步需要输入微软账户登录计算机，没有微软账户的话可以选择注册电子邮件地址，也可以选择使用"本地账户"登录。这里选择本地账户，之后设置用户名和密码，然后单击"完成"按钮即可，如图11-20所示。

图11-20　设置用户名

6）设置用户名后，单击"完成"按钮，计算机显示正在完成设置。完成设置后系统开始播放简易的使用教程，在教程播放结束后，即完成安装进入系统桌面，如图11-21和图11-22所示。

图11-21　简易教程界面

图 11-22　系统桌面

4. 双系统安装及修复

1）在完成两个系统安装后，此时开机后，只能看到一个 Windows 8 系统启动选项，之前安装的 Windows 7 并没有出现。这时候可以在网上查找一款名为"NTBootAutofix 系统引导修复工具"的软件，在 Windows 8 模式下，打开软件（见图 11-23），选择"自动修复"命令，软件将开始自动修复引导项目，修复成功后（见图 11-24）退出软件。

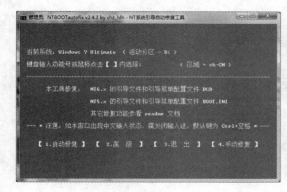

图 11-23　"NTBootAutofix 系统引导修复工具"界面

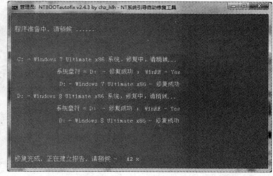

图 11-24　修复提示界面

2）修复完成后，重启计算机。在系统选择界面时，此时就有 2 个系统可选，分别是"Windows 7"和"Windows 8"（见图 11-25）。

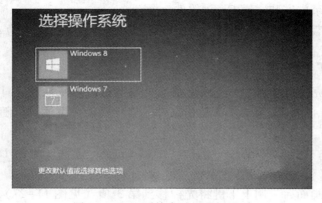

图 11-25　双系统启动项选择界面

11.2.4　讨论、实施任务

1. 要按上述步骤有序地安装操作系统

2. 实施任务注意事项

1）在实施任务前必须先做好任务前准备，仔细阅读任务要求及步骤。

2）在安装系统时切记要遵从从旧到新的原则安装系统。

3）安装系统选择安装分区时，注意看分区名称，避免将两个系统安装在同一分区下。

4）安装系统时必须对所要安装分区进行格式化操作。

5）安装完成后需进行系统启动项修复。

11.2.5　评价、总结

1. 实施任务结束后，认真总结操作经验，并写好实施任务报告

1）写出实施任务详细操作步骤。

2）写出所在小组中在实施任务过程中出现的问题，并对问题进行总结和解决，完成实验报告。

2. 对完成任务情况进行评价

对知识的掌握和应用水平进行评价，可以自评、互评，或与教师评价相结合。

11.3　任务 5　用克隆 Ghost 的方法安装计算机软件

11.3.1　任务目的

1）了解 Ghost 软件的使用。

2）掌握 Ghost 安装系统方法。

11.3.2　任务前的准备

1）计算机 1 套。

2）在计算机上事先安装一键 Ghost 软件。

3）从网络上下载一个 Ghost 系统，并将其解压，获得一个扩展名为 gho 的文件。

11.3.3　任务内容及步骤

Ghost 是赛门铁克公司推出的一个用于系统、数据备份与恢复的工具。可以在安装了所有所熟悉的软件后，再创建一个 GHO 备份文件。这样轻松一键就可以随时恢复到所熟悉的系统环境。步骤如下。

1）重启计算机，在启动项界面，选择"一键 Ghost"选项（见图 11-26），启动 Ghost 软件。

2）出现下面的画面后，用上下键将光标移到第 3 项（见图 11-27），按〈Enter〉键确认后就开始启动 GHOST 11.2。

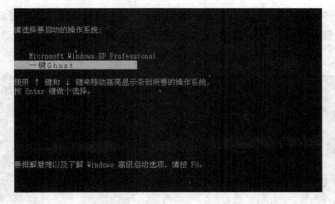

图 11-26　系统启动项选择界面

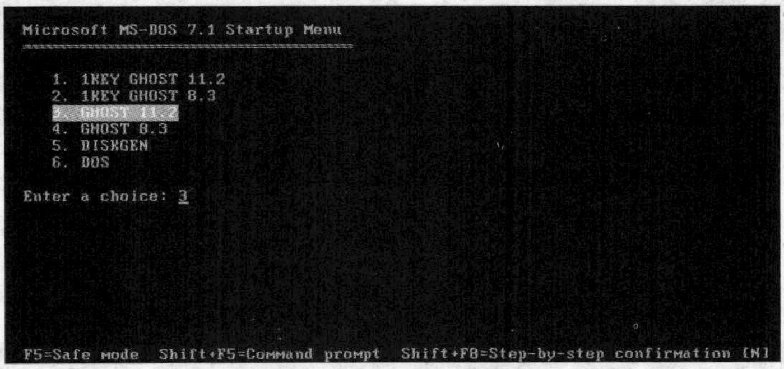

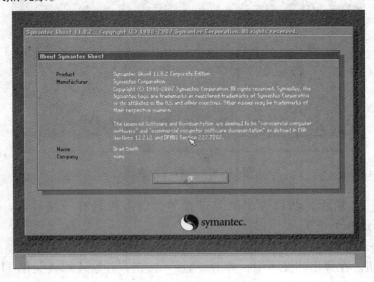

图 11-27　选择界面

3）如图 11-28 所示，GHOST 系统已经启动，单击"OK"按钮进入下一步，或按〈ALT + O〉键也可以。在操作时可以使用鼠标，也可以使用键盘的上下键，建议用键盘操作，以免出现误点现象。

图 11-28　软件协议界面

4）用键盘上下左右键选择"Local"（本地）→"Partition"（磁盘分区与备份）→"From Image"（从镜像文件中恢复分区），选择后按〈Enter〉键，启动 Ghost 的还原功能（见图 11-29）。

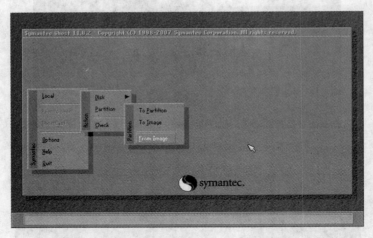

图 11-29　软件功能选择界面

5）如图 11-30 所示，在以下界面中找到刚才下载解压出来的 GHO 文件并选中，再单击"Open"按钮以打开。

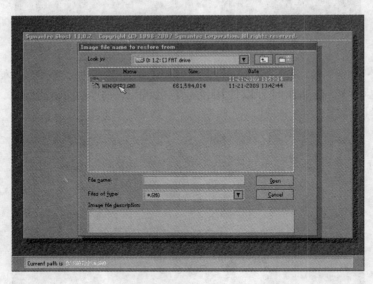

图 11-30　选择还原镜像

6）如图 11-31 所示，软件弹出硬盘选择界面，本机只有一块硬盘，所以直接单击"OK"按钮即可进入下一步。

7）如图 11-32 所示，选中要安装的系统盘，Size 指的是磁盘分区大小，选择好分区后，单击"OK"按钮。在弹出的提示中，单击"Yes"按钮，开始还原（见图 11-33）。还原完成后，选择"Reset Computer"重启计算机，重启后即完成还原（见图 11-34）。

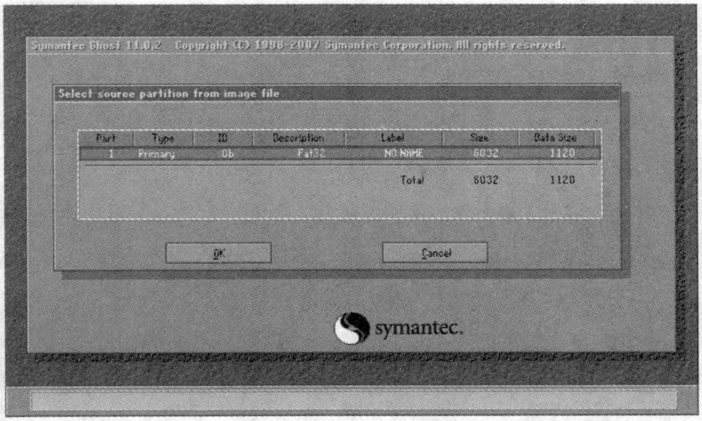

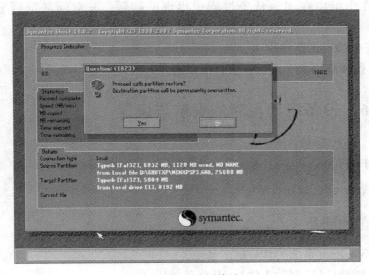

图 11-31　选择还原的硬盘

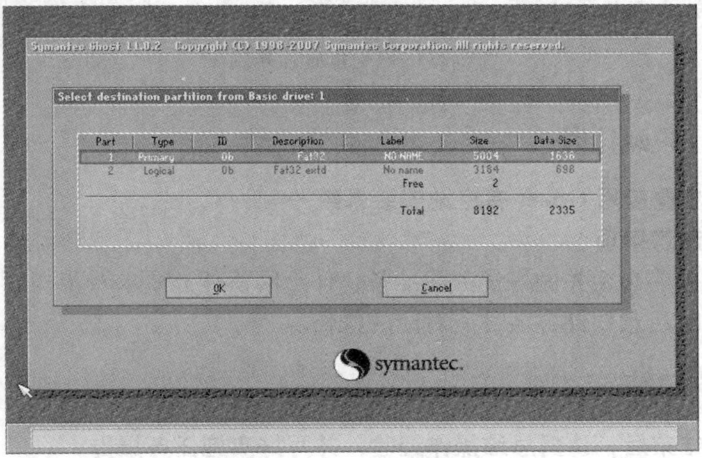

图 11-32　选择还原分区

图 11-33　还原确认

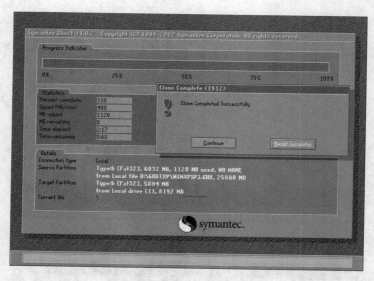

图 11-34　重启计算机

11.3.4　讨论、实施任务

1. 要按上述步骤应用 Ghost 有序地安装系统

2. 实施任务注意事项

1）在实施任务前必须先做好任务前准备，仔细阅读任务要求及步骤。

2）使用软件时注意软件各名称所对应的操作。

11.3.5　评价、总结

1. 实施任务结束后，认真总结操作经验，并写好实施任务报告

1）写出实施任务详细操作步骤。

2）写出所在小组中在实施任务过程中出现的问题，并对问题进行总结，完成实验报告。

2. 对完成任务情况进行评价

对知识的掌握和应用水平进行评价，可以自评、互评，或与教师评价相结合。

11.4　任务6　设备驱动程序的安装与设置

11.4.1　任务目的

掌握计算机系统基本驱动安装方法。

11.4.2　任务前的准备

1）已安装 Windows 系统的计算机 1 套。

2）下载驱动精灵（或驱动人生），并将其解压。

11.4.3 任务内容及步骤

驱动精灵是一款集驱动管理和硬件检测于一体且专业级的驱动管理和维护工具。驱动精灵为用户提供驱动备份、恢复、安装、删除、在线更新等实用功能。另外除了驱动备份恢复功能外，还提供了 Outlook 地址簿、邮件和 IE 收藏夹的备份与恢复，并且有多国语言供用户选择。

1）登录 http://www.drivergenius.com/下载驱动精灵，共有三个版本：套装版（25M）、网卡版（201M）、体验版（25M），如图 11-35 所示。

图 11-35 驱动精灵下载界面

如果系统默认可以识别并驱动网卡，并且可以正常联网，下载套装版即可；如系统自带驱动无法识别网卡，系统无法联网，可下载网卡版拷贝至 U 盘进行安装。驱动精灵网卡版的网卡驱动能够识别驱动约 98% 的网卡。

2）双击安装包，进行软件一键安装。同时可选择安装路径以及是否安装金山毒霸，如图 11-36、37 所示。

DG2013SP5_154
0E.exe

图 11-36 安装包图标　　　　　　　　图 11-37 进行一键安装

3）运行驱动精灵，对系统进行驱动检测，如图 11-38 所示。

图 11-38 驱动精灵软件界面

4）检测完成后，选择需要安装或更新的驱动进行下载安装即可，如图 11-39 所示。

图 11-39 驱动精灵检测界面

5）安装驱动后重启计算机，检查设备管理器内是否还有带"？"或"！"的设备。如没有则驱动安装完成，如图 11-40 所示。

11.4.4 讨论、实施任务

1. 要按上述步骤有序地安装驱动程序

2. 实施任务注意事项

1）在实施任务前必须先做好准备，仔细阅读任务要求及步骤。

2）使用软件时注意软件各名称所对应的操作。

图 11-40 计算机设备管理界面

11.4.5 评价、总结

1. 实施任务结束后，认真总结操作经验，并写好实施任务报告

1）写出实施任务详细操作步骤。

2）写出所在小组中在实施任务过程中出现的问题，并对问题进行总结，完成实验报告。

2. 对完成任务情况进行评价

对知识的掌握和应用水平进行评价，可以自评、互评，或与教师评价相结合。

第12章　微型机系统常用工具软件的安装与使用

为了实现办公、系统优化、系统维护、网络应用等目的，软件开发商因此开发了很多工具软件。通过本章的学习，在实践的情境下完成三个任务，读者可以熟悉、掌握对计算机系统常用工具软件的安装流程与使用。

12.1　任务7　常用工具软件的安装

12.1.1　任务目的

1）了解微型机常用工具软件。
2）掌握微型机常用工具软件的安装。

12.1.2　任务前的准备

1）微型一台。
2）常用工具软件安装包。

12.1.3　任务内容及步骤

1. 鲁大师软件的安装

鲁大师是国内最大的免费系统工具软件，可对各种品牌台式机、便携式计算机、DIY兼容机、手机、平板电脑等的硬件测试，实时对关键性部件进行监控预警，显示全面的计算机硬件信息，有效预防硬件故障。

1）从软件官网http://www.ludashi.com下载鲁大师安装包，然后运行安装程序向导，如图12-1所示。

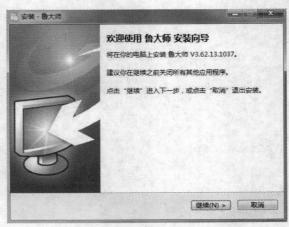

图12-1　安装向导

2）单击"继续"按钮进入下一步安装，单击"取消"按钮则退出安装。在继续安装之前，用户必须接受此协议的条款，如图 12-2 所示。选择鲁大师安装位置，单击"浏览"按钮选择安装目标位置，也可选用默认路径，如图 12-3 所示。执行安装过程，直至完成安装，如图 12-4 所示。

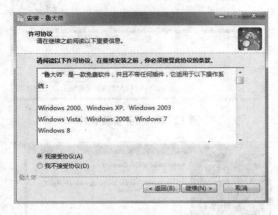

图 12-2　协议条款

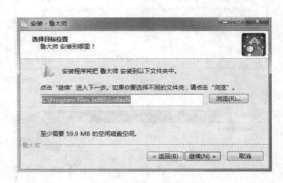

图 12-3　选择安装路径

2. PCMark 软件的安装

PCMark 是一个基准测试软件，可实现对处理器、图形以及硬盘测试等多种部件的测试功能。

1）下载 PCMark 安装程序，然后运行安装程序向导，如图 12-5 所示。

图 12-4　完成安装

图 12-5　安装向导

2）在安装向导界面下，单击"Next"按钮进入安装协议。在继续安装之前，用户必须接受此协议的条款，如图 12-6 所示。选择接受协议后，单击"Next"按钮进入准备安装界面，如图 12-7 所示。

3）在准备安装程序界面下，单击"Install"按钮进行安装。单击"Finish"按钮完成安装，如图 12-8 所示。

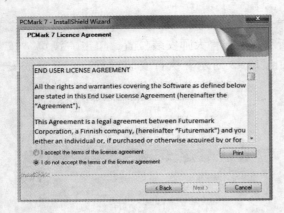

图 12-6　协议条款

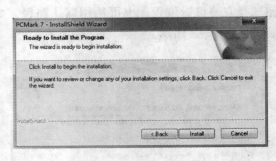

图 12-7　准备安装程序

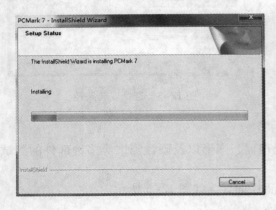

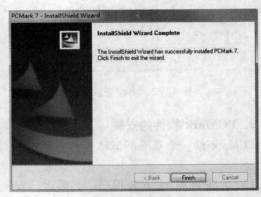

图 12-8　安装过程及完成

3. Partition Magic 软件的安装

Partition Magic 是目前硬盘分区管理工具中应用很广的软件，其最大特点是允许在不损失硬盘中原有数据的前提下对硬盘进行重新设置分区、分区格式化以及复制、移动、格式转换，更改硬盘分区大小、隐藏硬盘分区以及多操作系统启动设置等操作。

1）下载 Partition Magic 8.0 安装程序，然后运行其安装程序，出现安装向导，如图 12-9 所示。

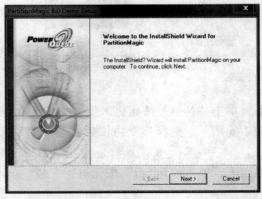

图 12-9　安装向导

2）单击"Next"按钮出现安装协议窗口，单击"Yes"按钮确认下一步安装程序，如图 12-10 所示。选择 Partition Magic 安装位置，单击"Browse"按钮选择安装目标位置，也可采用默认路径，如图 12-11 所示。

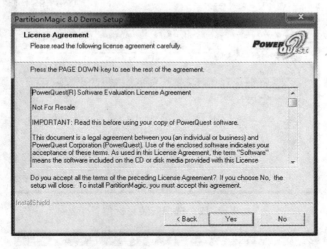

图 12-10　安装协议

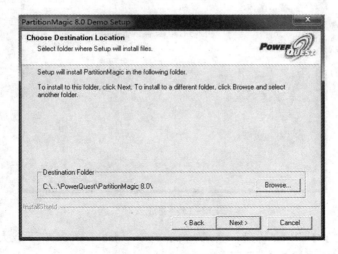

图 12-11　选择路径

3）选择程序文件夹，一般默认就可以了，可直接单击"Next"按钮继续进行安装，如图 12-12 所示。单击"Finish"按钮完成安装，如图 12-13 所示。

4. Windows PE 引导启动盘的制作

Windows PE 是简化版的 Windows 或 Windows Server，放在一个可直接激活的 CD 或 DVD 光盘上，特点是激活时会出现 Windows 的图形界面（GUI）。

Windows PE 创选的初衷只是方便企业制定自定义的 Windows 系统，在微软的批准下，其他软件公司可将自己的软件附在 Windows PE 上，令激活计算机时能运行有关的程序。这些软件通常是系统维护，在计算机不能正常运行的情况下，可运用有关的系统维护软件修复计算机。维护软件包括 Norton Ghost 等。下面介绍一下目前较为常用的第三方定制的 PE 系统"大白菜超级 U 盘启动盘"的安装制作。

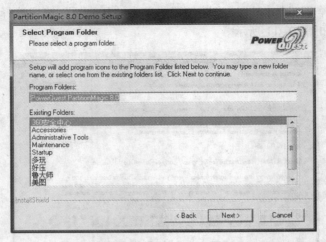

图 12-12　选择安装目标位置

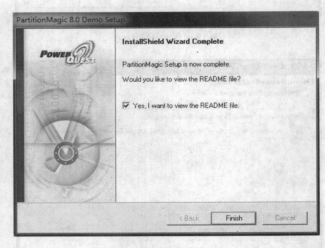

图 12-13　完成安装

1）准备一个大于 1 GB 的 U 盘，登录 http://www.dabaicai.com/下载大白菜超级 U 盘制作软件，如图 12-14 和图 12-15 所示。

图 12-14　下载制作工具

dabaicai_v5.0zh
uangji.exe

图 12-15　软件安装包图标

2）运行安装包，按安装提示进行软件安装，如图 12-16 和图 12-17 所示。

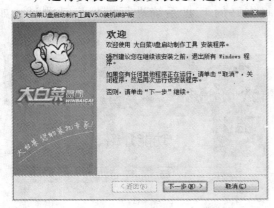

图 12-16　按提示进行安装

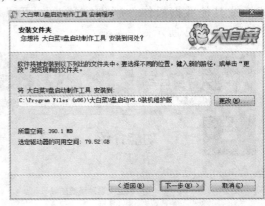

图 12-17　选择安装路径

3）安装完成后，插入准备用于制作启动盘的 U 盘，运行软件选择要制作成启动盘的 U 盘。制作过程中会将 U 盘上的所有分区资料删除，因此务必事先做好 U 盘资料软件的备份工作。软件会自动建立一个 550 MB 左右的隐藏分区以用于存放 PE 系统，如图 12-18 ～图 12-20 所示。

图 12-18　选择要制作的 U 盘盘符

图 12-19　开始制作 U 盘

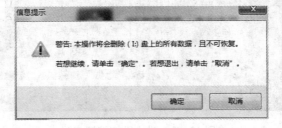

图 12-20　关于删除所有数据的信息提示

4）启动盘制作过程大概 3～5 min 左右，为避免数据写入失败，期间不要对 U 盘进行拔插或其他数据操作。制作完成后，可以对制作好的 U 盘系统进行模拟启动测试，如图 12-21、22 所示。

图 12-21　数据写入过程　　　　　　　　图 12-22　制作完成

5）制作顺利完成，即可进入系统维护菜单和 PE 系统，如图 12-23 和图 12-24 所示。

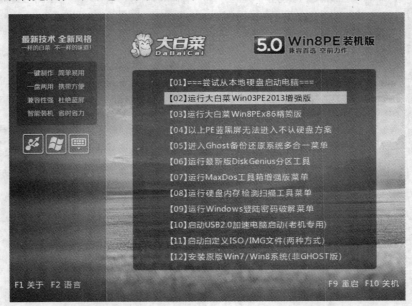

图 12-23　进入系统维护菜单

202

图 12-24　进入功能丰富的 PE 系统

12.1.4　讨论、实施任务

1. 安装工具软件

1）按照上述任务内容和步骤的安排，安装各工具软件并写出完成任务的体会。

2）准备一张 Office 光盘或从 Office 官方下载免费最新完整版，完成软件的安装。

2. 实施任务注意事项

1）要按上述步骤有序进行，或按老师的要求进行操作。

2）要做到边实践边记录，遇到问题及时进行讨论交流，运用所学知识和操作技能解决问题。

12.1.5　评价、总结

总结完成任务的过程和体会，并完成实验报告。最后对完成任务情况和对知识的掌握和应用水平进行评价。可以让学生自评、互评，或与教师评价相结合。

12.2　任务8　Windows 7 系统自带的系统维护功能

12.2.1　任务目的

1）了解和 Windows 7 系统自带的系统备份与还原功能。

2）掌握 Windows 7 磁盘清理功能。

3）掌握 Windows 7 磁盘碎片整理功能。

12.2.2　任务前的准备

准备一台装有 Windows 7 操作系统的计算机。

12.2.3　任务内容及步骤

在 Windows 7 控制面板里选择"系统和安全"→"备份和还原"。备份 Windows 7 只需单击"设置备份"命令即可，备份全程全自动运行。如图 12-25 所示。

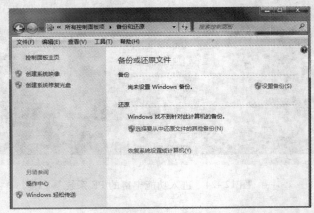

图 12-25　备份和还原界面

1. 设置备份

为了更加确保 Windows 7 系统数据的安全性，建议把备份的数据保存在移动硬盘或其他非本地硬盘，如图 12-26 所示。

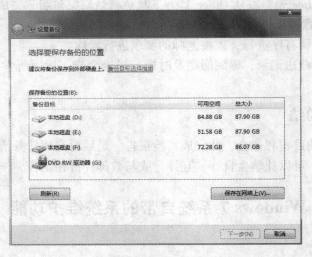

图 12-26　设置备份界面

1) 选择备份文件。使用 Windows 备份来备份文件时，系统可自动选择备份的内容，或者要备份的个别文件夹和驱动器。根据所选择的内容，备份将包含以下各部分所描述的项目。

如果让 Windows 选择备份哪些内容，则备份将包含以下项目：在库、桌面上以及在计算机上拥有用户账户的所有人员的默认 Windows 文件夹中保存的数据文件。注意：只有库中的本地文件会包括在备份中。如果文件所在的库保存在以下位置，则不会包括在备份中：位于网络上其他计算机的驱动器上；位于与保存备份相同的驱动器上；或者位于不是使用 NTFS 文件系统格式化的驱动器上。默认 Windows 文件夹包括 AppData、"联系人""桌面""下载"

"收藏夹""连接""保存的游戏"和"搜索"。如果保存备份的驱动器使用 NTFS 文件系统进行了格式化并且拥有足够的磁盘空间，则备份中也会包含程序、Windows 和所有驱动器及注册表设置的系统映像。如果硬盘驱动器或计算机无法工作，则可以使用该映像来还原计算机的内容。有关详细信息，请参阅什么是系统映像。

用户也可以选择备份个别文件夹、库或驱动器。即使已知系统文件夹（包含 Windows 运行所需的文件的文件夹）中的所有文件和已知程序文件（安装程序时，在注册表中将自己定义为程序的组成部分的文件）位于选定的文件夹中，也不会备份这些文件。（注意：如果未选择某个文件夹或驱动器，则不会备份该文件夹或驱动器的内容。）

Windows 备份功能不会备份下列项目：程序文件（安装程序时，在注册表中将自己定义为程序的组成部分的文件），存储在使用 FAT 文件系统格式化的硬盘上的文件，回收站中的文件。小于 1 GB 的驱动器上的临时文件。

2）选择"保存设置并运行备份"命令就可继续开始进行备份，如图 12-27 所示。

图 12-27　设置备份界面

3）然后单击"查看详细信息"选项，图中箭头方向就有详细信息的进度条，随后等待备份过程结束就可以，如图 12-28 所示。

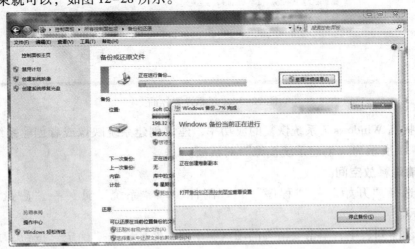

图 12-28　备份进度

2. 还原 Windows 7 系统早期备份数据

如果 Windows 7 系统出问题了，则需要还原到早期的系统之中。还原的前提就是之前 Windows 7 系统至少做过一次的备份。

1) 单击方框内的"打开系统还原"选项，如图 12-29 所示。

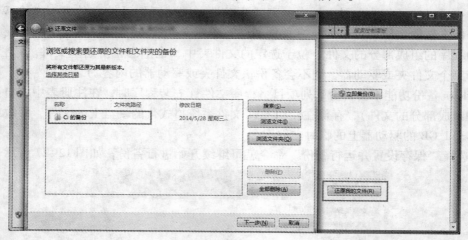

图 12-29　还原界面

2) 如果还有更高的还原需求，则就要单击方框内的"高级恢复"选项了，这个选项提供更多的选择，如图 12-30 所示。

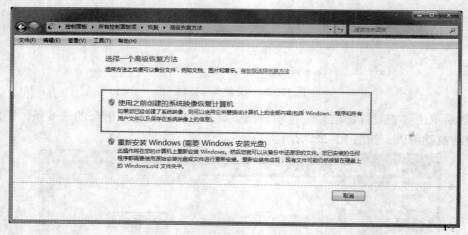

图 12-30　还原设置界面

3) 为了提高 Windows 7 系统恢复的成功率，建议创建系统映像或者创建系统修复光盘等，如图 12-31 所示为"创建系统镜像"对话框。

3. 磁盘清理释放空间

1) 首先选择"开始"→"程序"→"附件"→"系统工具"→"磁盘清理"，如图 12-32 所示。

2) 在驱动器列表中，单击要清理的硬盘驱动器，然后单击"确定"按钮，并等待，如图 12-33 所示。

206

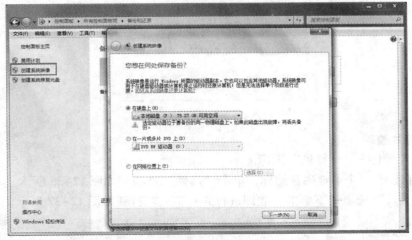

图 12-31　创建系统镜像界面

图 12-32　磁盘清理

图 12-33　磁盘清理界面

3）在"磁盘清理"对话框的"磁盘清理"选项卡上，选中要删除的文件类型的复选框，然后单击"确定"按钮。如图 12-34 所示。

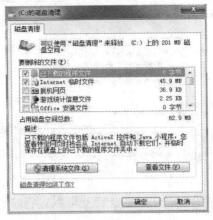

图 12-34　磁盘清理界面

5）在弹出的对话框中，单击"删除文件"按钮，如图 12-35 所示。

图 12-35　磁盘清理确认界面

4. 磁盘碎片整理

1）双击桌面上的"计算机"图标。

2）右击在任意一个本地磁盘图标，单击"属性"选项，如图 12-36 所示。

3）在"工具"选项卡下单击"立即进行碎片整理"按钮如图 12-37 所示。

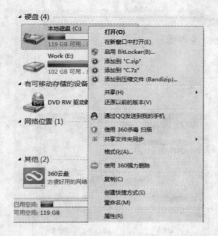

图 12-36　磁盘属性

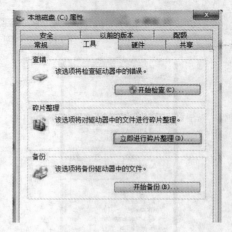

图 12-37　磁盘属性界面

4）在弹出的"当前状态"列表中选择要整理的本地磁盘，如图 12-38 所示。

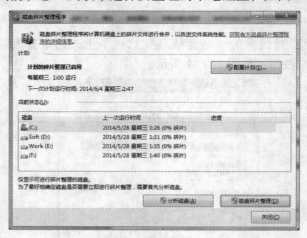

图 12-38　选择要整理的磁盘

5）单击"分析磁盘"按钮，完成分析磁盘后就可以进行"磁盘碎片整理"，如图 12-39 所示。

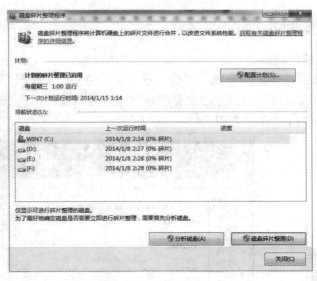

图 12-39　磁盘碎片整理

12.2.4　讨论、实施任务

1）根据 Windows 7 选择（推荐）备份文件。
2）根据自己选择库和文件夹，以及是否在备份中包含系统映像来进行备份。
3）创建一个系统映像。
4）用 Windows 7 自带磁盘清理功能清理 C 盘 Internet 临时文件。
5）用 Windows 7 磁盘碎片整理程序分析计算机磁盘然后进行碎片整理。

12.2.5　评价、总结

1. 实施任务结束后，认真总结操作经验，并写好实施任务实验报告

1）写出实施任务详细操作步骤。
2）遇到的问题和处理体会。
3）完成实施任务实验报告。

2. 对完成任务情况进行评价

对知识的掌握和应用水平进行评价，可以自评、互评，或与教师评价相结合。

12.3　任务 9　常用工具软件的使用

12.3.1　任务目的

1）掌握对常用工具软件的使用。
2）了解常用工具软件的使用技巧。

12.3.2　任务前准备

一台装有常用工具软件的计算机。

12.3.3 任务内容及步骤

1. 鲁大师软件的使用

1）双击计算机桌面"鲁大师"软件图标，进入程序主界面，如图 12-40 所示。

2）进入程序的页面，可以看到左边会有醒目的本计算机硬件的一些详细资料，比如硬盘、CPU、显卡和内存等，如图 12-41 所示。

图 12-40　鲁大师图标

图 12-41　鲁大师界面

页面上方的一排图标表示软件自行专门研发的几个工具程序，有检测、监控、降温、驱动安装、计算机的优化等功能，如图 12-42。

图 12-42　"鲁大师"的功能

3）单击最左边的"硬件健康"图标，可以直到这个计算机硬盘开始使用的时间、使用的时长，还有内存、硬盘、BIOS、显卡等硬件的出厂时间，如图 12-43 所示。

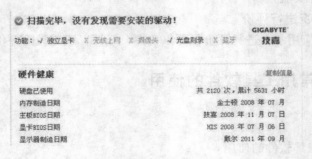

图 12-43　检测界面

4）单击"检测评分"选项，可以用内部的几个模式来考核计算机，最后得出一个综合分数。由于这个功能检测的项目比较多，建议使用前关闭好所有软件，如浏览器和防火墙等也要关闭才会更准确。这个分数能表示计算机的综合性能，如图 12-44 所示。

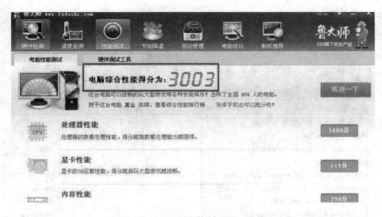

图 12-44 "性能检测"界面

5）如果计算机在夏日使用，环境中又没有空调，则温度会很高。如果使用超频的机器，更需要留意温度，固此温度控制报警系统就发挥了相应的作用，如图 12-45 所示。

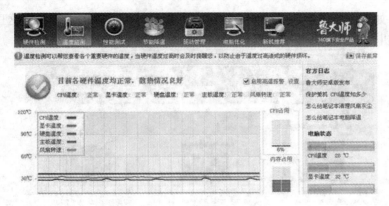

图 12-45 "温度检测"界面

6）"节能"降温功能是那些计算机发烧友使用的最好贴身"保镖"。因为超频会导致 CPU 发热，因此需要及时的监控温度，给 CPU 降温，如图 12-46 所示。

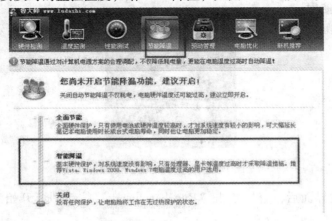

图 12-46 "节能降温"界面

7）单击"计算机优化"图标，随后程序会自动扫描出一些需要推荐的优化问题，只需要单击下面的"确认"按钮就可以了，如图 12-47 所示。

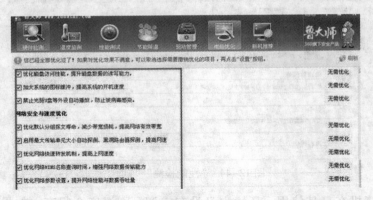

图 12-47　"硬件检测"界面

8）另外，如果用户考虑购买或升级计算机，程序也给出了推荐方案，这里分为"笔记本"和"台式机"两类。如图 12-48 所示。

图 12-48　"新机推荐"界面

2. PCMark 的使用

1）首先双击桌面上的 PCMark7 图标以运行软件程序，如图 12-49 所示。

图 12-49　PCMack 软件图标

2）进入软件主界面后，直接单击"Run benchmark"按钮即可开始测试，如图 12-50 所示。

3）测试过程需要 20 分钟左右，进度条显示了测试的进度情况，如图 12-51 所示。

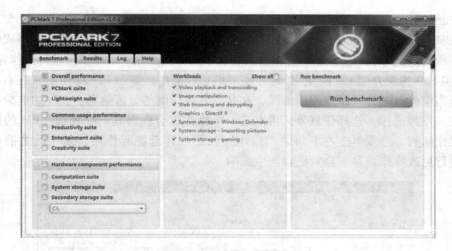

图 12-50　PcMack 软件界面

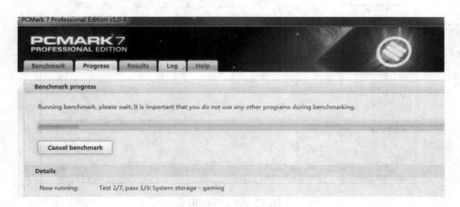

图 12-51　PcMack 测试界面

4）测试结束后，会显示测试的分数和结果，如图 12-52 所示。

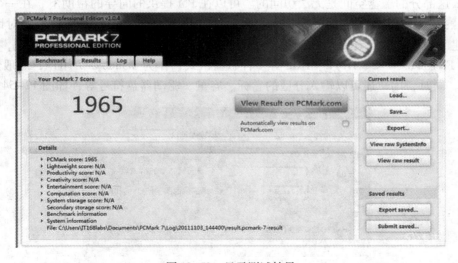

图 12-52　显示测试结果

3. Partition Magic（PM）的使用

1）PM 最大的优点在于，当用 PM 对硬盘进行分区、调整大小、转换分区格式时，相关操作都是所谓"无损操作"，即不会影响到磁盘中的数据。用 PM 对硬盘进行操作并不复杂，下面以 PM 8.0 为例介绍 PM 的使用。PM 主界面比较简单，如图 12-53 所示，在右上方直观地列出了当前硬盘的分区以及使用情况，在其下方是详细的分区信息。在左边的分栏中，列有常见的一系列操作，选择任意分区再点选一个操作就会弹出其向导界面。PM 的操作会形成一个操作队列，必须单击左下角的"应用"按钮后才起能起作用。而在此之前可以任意撤销或进行更改操作，且不会对磁盘产生影响。

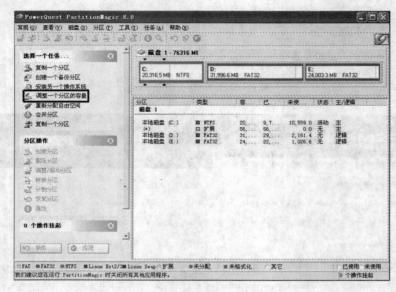

图 12-53　分区信息

2）创建磁盘分区，磁盘上如果还有空闲的空间，或者是因为某个原因删除了某个分区，那么这部分的磁盘空间是无法访问的。可以在 PM 提供的向导的帮助下，在一个硬盘上创建分区：选中未分配的空间后单击窗口左侧的"创建分区"按钮，在弹出的对话框中选择要创建"逻辑分区"还是"主分区"，一般选择逻辑分区。接着选择分区类型，PM 支持 FAT16、FAT32、NTFS、HPFS、Ext2 等多种磁盘格式，作为 Windows 7 用户，一般选择 NT-FS 格式。同时，用户还可以输入分区的卷标、容量、驱动器盘符号等，如图 12-54 所示。

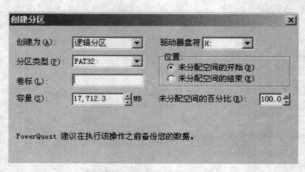

图 12-54　创建分区

提示：如果有一个新硬盘，则先将其挂接到安装有 PM 的系统中的第二硬盘位置，再用 PM 进行分区。

3）完成设置后单击"确定"按钮，剩下的工作就可由 PM 去完成。返回主窗口单击左下角的"应用"按钮，最后重启系统就可以看到这个新的硬盘分区了。

重新分配自由空间。用户也许发现硬盘中各个盘空间存在诸多不合理的情况，但如何才能快速地对它们进行重新分配呢？可以单击主窗口左侧"选择一个任务"→"重新分配自由空间"按钮，在信息的提示下，先选择要调整的硬盘，然后勾选要重新分配的盘符，在确认更改的对话框中，将看到调整前后的各分区大小对比，如图 12-55 所示。最后单击"完成"按钮即可。

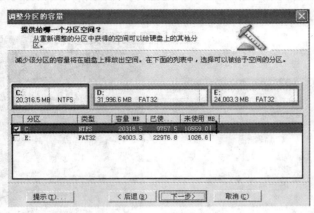

图 12-55　分配磁盘空间

4）调整分区容量。很多用户在计算机使用一段时间后，会发现系统盘的剩余空间越来越少，而其他盘的闲置空间又非常多，可否将这些空闲的空间分配给 C 盘（系统盘），以便让系统运行的更流畅呢？答案是肯定的。单击左侧 PM 的"调整一个分区的容量"选项，在信息的提示下就能调整各分区的空间大小，而用户只需要选择从哪个盘提取空间和提取多少即可，如图 12-56 所示。

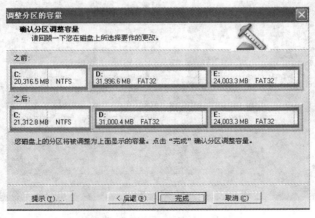

图 12-56　调整分区容量

5）转换分区格式，在 Windows 7 中虽然带了 FAT 分区转换位 NTFS 分区的工具，但是转换过程不能逆转。而在 PM 中，可以在两种格式之间互相转化。只要先在分区列表中选择要转换的分区盘符，单击左侧"分区操作"→"转换分区"按钮，在弹出的对话框中便可以选择将其转换后的文件系统以及分区的格式（主分区或逻辑分区），如图 12-57 所示（变成灰色的选项表示当前条件不满足）。确定之后，应用更改，所选分区就转换为相应的格式了。

4. Windows PE 的使用

1）首先把计算机的第一启动项设为 USB 设备启动。以往用光盘装系统，必须调整启动项为光驱启动，而现在要使用 U 盘启动系统，所以要做相应调整。不同计算机不同版本的 BIOS 有不同的设置方法，但都基本类似，目的就是让计算机的第一启动项变为 U 盘启动。最常见的是 Phoenix – Award 的 BIOS 选项，用户选择 USB – HDD 即可，如图 12-58 所示。

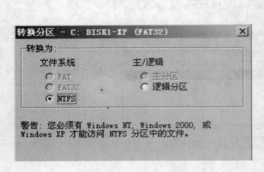

图 12-57　转换分区

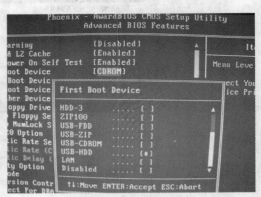

图 12-58　BIOS 设置

2）BIOS 设置完成后，重启计算机，使用 12.1.3 节任务中制作的"大白菜超级 U 盘启动盘"引导来进入系统维护菜单，选择相应的维护功能，如图 12-59 所示。

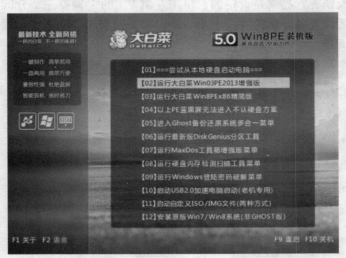

图 12-59　系统维护菜单

3）选择图 12-59 中的【02】项，进入功能较为全面的"大白菜 Win03PE2013 增强版"，如图 12-60 所示。

图 12-60 进入 PE 系统

4）因为 PE 系统是运行于 U 盘和内存中的迷你操作系统，所以可以对现有的硬盘数据进行不受系统权限限制的操作。例如使用 DiskGenius 分区工具对现有的硬盘系统进行重新分区和格式化，如图 12-61 所示。

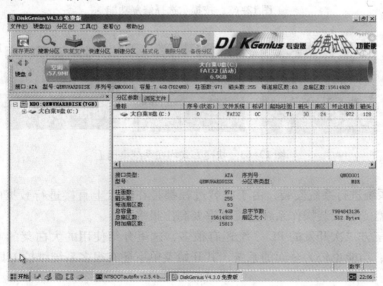

图 12-61 对硬盘系统进行操作

5）如果 Windows 系统引导文件丢失或损坏，则可以使用桌面上的引导修复工具进行快速修复，如图 12-62 所示。

6）如果不小心遗忘的 Windows 系统的密码，也可以使用"登录密码清除"工具进行初始化。新系统的安装和备份可使用系统内集成的 GHOST 软件，也可以用"Windows 安装"的集成脚本工具，使用系统 ISO 镜像进行安装，如图 12-63 所示。

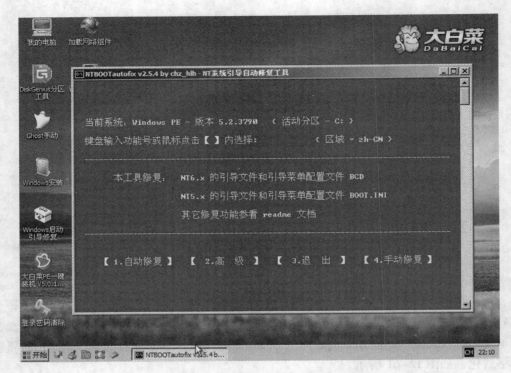

图 12-62　按提示选择修复功能

图 12-63　快捷方式均在系统桌面上

使用 PE 系统进行系统安装，由于安装过程都是在硬盘上直接进行数据的移动和复制，因此比使用光盘光驱安装操作系统速度效率要高出很多。

此外，第三方二次开发的 PE 系统还有很多，这里介绍使用的大白菜的 PE 系统，是目前兼容性较好、功能也较为全面的系统，其开始菜单下还有很多系统维护工具，用户可按需使用。

12.3.4　讨论、实施任务

1）应用鲁大师软件功能对系统进行硬件测试。

2）独立制作一个 Windows PE 系统。

3）用 PM 对硬盘进行分区、调整大小。

4）下载安装 360 安全卫士或金山卫士软件。它们提供许多系统维护功能，主界面如图 12-64、65 所示。请执行和了解熟悉这些功能。

图 12-64　360 安全卫士界面

图 12-65　金山卫士界面

12.3.5　评价、总结

　　总结完成任务的体会，并完成实验报告，最后对完成任务情况和对知识的掌握和应用水平进行评价。可以自评、互评，或与教师评价相结合。

第13章　计算机系统常见故障处理

计算机主机系统出现故障的原因是多种多样的，既有硬件故障又有软件故障。本章通过三个任务介绍计算机系统维护的基本知识和计算机系统的一般常见故障的处理。通过本章学习，在真实的实践情境下完成相应的任务，达到可以自己动手解决计算机故障的目的。

13.1　任务10　系统维护基本知识

13.1.1　任务目的

学习了解并逐步掌握计算机系统常见故障找的基本原则、步骤和方法。

13.1.2　任务前的准备

1）微型机数套，或损坏或有故障的微型机配件若干。
2）常用维护工具。

13.1.3　任务内容及步骤

1. 微型机故障查找的基本原则和步骤

查找微型机的故障，总的来说应按照先软后硬、先外后内的原则进行。所谓先软后硬，就是在处理故障之前，首先根据故障现象判断是硬件故障还是软件故障，然后进一步确定故障发生的部位。要确定故障究竟由硬件部分引起的还是软件部分引起的，有时会比较困难，要根据具体情况进行分析，很难找到一般原则。但经验表明，由软件部分引起的故障要比硬件部分引的故障多得多。因此，系统发生故障以后，可以先尝试作为软件故障来处理，软件上确实解决不了问题，再从硬件上逐步分析故障原因。所谓先外后内，就是发现故障后，要仔细观察给出的出错提示和故障现象，先检查外部的部件，观察是否有机械损坏、插接不良、松动脱落等，然后再对内部部件进行检查。

对于较明显的故障现象，往往很容易确定故障点或根据经验简单地进行分析，就可确定故障点。如果一时很难确定故障发生的原因，最好分步骤进行查找，这样易于对故障进行定位。下面介绍查找故障的几个基本步骤，当然，并不一定非要机械地按这些步骤进行。但查找故障时最好要有一些明确的步骤，这样对故障的查找工作会很有帮助。故障一般查找步骤如下：

（1）检查操作方面的错误

现在微型机使用的新设备、部件以及软件都很多，初学者往往对这些新设备和新软件的使用、操作不是很熟悉，因此会出现由于操作不当而引起的系统出错。这种错误一般是临时的出错，不会造成系统的破坏，通常只要纠正操作后，系统即可恢复正常工作。

（2）检查连接方面的问题

一些人认为这个步骤没有必要，但大量实例表明，许多时候正是忽略了这一点而导致机器停止工作。因此，很有必要检查连接方面的问题。例如：主机和外部设备的电源插头有没有插进插座并插紧，电源插座是否有问题，各外设的插接件是否连接好等。

（3）检查病毒

目前微型机病毒对微型机系统影响非常大。它不但影响主机，还影响打印机和显示器等外部设备，因此，必须引起高度重视。现已有许多检测和清除病毒的软件，它们可以检测和清除大部分已知的病毒。

（4）检查外部信号

微型机的主机系统及其外部设备一般都有指示灯，因此可以通过这些指示灯的亮和灭，来判断主机及外部设备是否在正常运转。另外，硬、软盘和光盘的读盘声，主轴电动机的转动声、电源风扇声以及各种外设发出的不同响声，显示器的图像显示是否变形、音箱发出的声音是否正常等，都可以用来判断故障可能发生的部位。

（5）检查软件方面的故障

检查软件方面的故障主要包括：软件本身的编制有没有错误，装入系统的软件是否完整，软件的装入方法是否正确，软件的运行环境是否符合要求（如内存的大小是否合适等），软件的操作步骤是否正确，操作系统的版本是否兼容、有没有互相影响的软件等。另外，还要分析查看系统的配置参数设置是否正确，系统资源有无冲突等方面。

（6）运行检测程序进行检测

目前已有许多关于微型机整机和各主要部件、外部设备的专用测试软件，这些软件可方便快捷地测试微型机的主要硬件。它们对于分析检查系统的性能和故障以及日常维护都有着十分重要的作用。

（7）打开机箱检查故障

如果经过上面几个步骤检查仍未解决问题，则故障可能出现在机箱内部的部件上。可采用常用的故障分析和查找方法，来分析查找故障。

2. 微型机常用的故障分析与查找方法

在分析查找微型机的故障时，常用的方法有：直接观察法、拔插法、替换法、比较法、测量法、敲打法和综合判断法等方法。

（1）直接观察法

直接观察法是通过看、摸、闻、听等方式检查机器故障的方法。

看，就是观察机器的外部和内部部件的情况。重点应查看元器件及接线是否虚焊、脱落和烧焦，插接件的连接是否牢靠，熔断器是否熔断等，尤其是高压部位是否有无火花或冒烟等情况。同时，还要注意查看荧光屏的光栅是否为满屏、图像是否异常等。

摸，就是用手触摸机内元器件，通过所感觉到的温度变化来判断故障的部位。一般来说，机内大部分元器件在接通电源一段时间之后，外壳正常温度在 $40 \sim 50\,℃$，用手摸上去只有点热。如果手摸上去发烫，则该元器件可能有内部短路现象。采用这种方法一定要注意安全，通常是接通电源一段时间使元器件产生温升后，再切断电源，用手接触有关元器件和部位。

闻，就是接通电源后，如果闻到较浓的焦糊味，则说明一定有元器件被烧毁。此时，在未找出故障之前，一般不要接通电源。

听，就是接通电源后，用耳朵听扬声器及其他部位有无异常声音，以帮助判断故障的部位。特别是驱动器，更应仔细听，如果与正常声音不同，则可能出现故障。

（2）拔插法

拔插法是通过将插件拔出或插入来寻找故障原因的方法。此法虽然简单，但却是一种非常有效的常用的方法。它最适合诊断死机及无任何显示的故障。当出现这类故障时，从理论上分析原因是很困难的，采用"拔插法"有可能迅速找出故障原因。"拔插法"的基本做法是一块块地拔出插件板，每拔出一块插件板后，故障如果消失且机器恢复正常，则说明故障就在这块板上。"拔插法"不仅适用于插件板，而且也适用于通过管座装插的集成电路芯片等元器件。

（3）替换法

替换法是用好的插件板或组件替换有故障疑点的插件或组件，观察故障变化情况，以确定故障部位的方法。这是一种诊断故障时常用而且非常有效的方法。任何两个可拔插的相同种类和相同位置上部件都可以进行替换，如两台显示器、两台打印机、两个键盘、两个磁盘驱动器、两块扩展卡的替换等。

（4）比较法

比较法要求有两台相同的机器，并保证有一台机器是正常运行的。当怀疑某些部件或模块有问题时，应用测试仪器（如万用表、逻辑笔、示波器等）分别测试两台机器中两个相同部件或模块的相同测试点，然后比较所测试的这两组信号。若有不同，则顺藤摸瓜，追根求源，分析确定故障的位置。这种方法也简易且有效。

（5）测量法

测量法是分析与判断故障常用的方法。当机器处于关闭状态或组件与母板分离时，用万用表等测量工具对元器件进行检查测量，称为无源测量。如果设法把机器暂停在某一状态，则根据逻辑图用测量工具测量所需检测的电阻、电平、波形，从而判断出故障部位的实时方法，又称为在线测量。所测量的特征变量，可与各对应点的参考值或标准值比较，如果差值超过容差，则由此可分析确定故障位置。

（6）敲打法

如果机器运行时出现时好时坏的现象，可能是由于虚焊、接触不良或金属面氧化使接触电阻增大等原因造成的。对于这种情况，可以用敲打法来进行检查，通过敲击插件板，使故障点接触不上，再进行检查就会容易发现问题。

（7）升温降温法

人为升高微机运行环境的温度，可以检验微机各部件（尤其是 CPU）的耐高温情况，及早发现事故隐患。人为降低微机运行环境的温度，如果微机的故障出现率大为减少，说明故障出在高温或不能耐高温的部件中，此举可以帮助缩小故障诊断范围。事实上，升温降温法采用的是故障促发原理，以制造故障出现的条件来促使故障频繁出现以观察和判断故障所在的位置。

（8）综合判断法

微型机系统有时出现的故障现象是比较复杂的，采取某一种方法往往不能检查到故障的原因，这时可采用"综合判断法"，即综合运用多种多样的方法来检测和查找故障。实际上，任何一个维修人员在检测机器时，也不只用一种方法，而是各种方法并用，交替进行。对于初学者，当遇到复杂问题时，不要急于求成，要头脑冷静，采用各种可能的方法加以试验，逐步缩小范围，达到最终发现、排除故障和修复机器的目的。

3. 常用的维护工具

用于微型机维护的工具很多，如示波器、逻辑笔、EPROM 写入器、IC 测试卡、吸锡器等。但对于一般性维护来说，通常准备以下一些常用工具就基本够用了。

（1）螺钉旋具

螺钉旋具是维护微型机的重要工具，常分为平口螺钉旋具和十字螺钉旋具两种，各自又有大小、长短的区别。通常宜选用中等大小、柄杆稍长的作为经常备用的螺钉旋具。有一种在螺钉旋具头上带有磁性的螺钉旋具非常有用，使用它在位置狭窄的地方安装和拆卸螺钉都很方便。

（2）镊子和尖嘴钳

镊子和尖嘴钳也是维护微型机的常用工具。在安装螺钉、螺帽、小零部件和小接线头时，凡手指够不着的地方或不易把持的小零件都要使用到镊子。尖嘴钳常用以安装和接插各种接口卡子、跳线卡子和引出线脚的调整等。

（3）万用表

在组装和维护微型机工作中，常常需要检查各种电压和连接线的通断情况，这就要用到万用表。万用表的档次不要求很高，最经常使用的是直流电压档和电阻档。常用的万用表分为数字式和指针式两大类。指针式万用表测量精度较高，但它使用起来不如数字式万用表方便和直观。对于对微型机进行"板卡级"维护而言，也并不要求万用表的测试精度十分精确。数字式万用表使用液晶显示测量结果，多数还具有蜂鸣器的鸣响功能，方便对电路的通断检查。

（4）毛刷和抹布

毛刷可选用宽 $3 \sim 5\,cm$，毛稍长一点的普通油染刷。它主要用以刷除灰尘和清除小杂物。在主机板、扩展卡等印刷电路上的灰尘和小杂物，使用毛刷来清除可以避免损坏板上的元件和印刷电路。抹布宜选用柔软的、不起静电的棉质布，主要用它来清洁机箱、显示器、键盘等部件。

（5）烙铁和割线刀

在大多情况下，对微型机维护不需要用电烙铁和割线刀，但一般都备有这两件工具。在维护中，虽然很少用电烙铁焊接印刷电路板上的集成块电阻、电容等元件，但电源线、接地线和其他的一些连接引线发生脱落或断接时，就需要用它来焊接。可用一把较锋利裁纸刀作为割线刀，在维护工作中要进行改线工作时，以用作切断或切削连线。

13.1.4 讨论、实施任务

1）实验人员简单设置一些故障，学生根据任务内容所学查找常见故障的基本原则、步骤和方法来解决这些故障。

2）熟悉常用的维护工具的使用。

3）实施任务注意事项。

● 进行故障查找前，需熟练掌握本章常见故障找的基本原则、步骤和方法的内容，按老师的要求进行操作。

- 对计算机的各部件要轻拿轻放，未经指导老师批准，勿随便拆任何插卡件。
- 要做到边实践边记录，遇到问题及时进行讨论交流，运用所学知识和操作技能解决问题。

13.1.5　评价、总结

总结完成任务遇到的问题和处理体会，并完成实验报告。最后对完成任务情况和对知识的掌握和应用水平进行评价。可以自评、互评，或与教师评价相结合。

13.2　任务11　系统启动故障处理

13.2.1　任务目的

学习了解并逐步掌握计算机系统常见启动故障处理。

13.2.2　任务前的准备

1）计算机数套，已损坏或有故障的计算机配件若干。

2）常用计算机外设数套。

3）常用维护工具如螺钉旋具、尖嘴钳等。

13.2.3　任务内容及步骤

1. 开机自检与开机故障

计算机启动过程是个很复杂的过程。开机后，CPU 马上就从地址 FFFF0H 处开始执行指令，这个地址在系统 BIOS 的地址范围内，无论是 Award BIOS 还是 AMI BIOS，放在这里的只是一条跳转指令，须跳到系统 BIOS 中真正的启动代码处。系统 BIOS 的启动代码首先要做的事情就是进行 POST（加电自检）。POST 的主要任务是检测系统中的一些关键设备是否存在和能否正常工作等。如果这个时候系统的喇叭发出的不是一声清脆的"嘀"声，那就有可能是系统部件出故障了。一般可以从警报声的长短和次数来检查故障的原因。这种报警声根据主板 BIOS 的类型而有所区别，比如目前最常见的 Award BIOS 开机鸣叫声的具体含义如下：

1）短：系统正常启动。

2）短：常规错误，需进入 CMOS SETUP 重新设置不正确的选项。

3）1 长 1 短：RAM 或主板出错。

4）1 长 2 短：显示器或显示卡错误。

5）1 长 3 短：键盘控制器错误。

6）一长九短：主板 BIOS 的 Flash RAM 或 EPROM 错误。

7）重复长响：内存条未插紧或损坏。

8）不停地响：电源、显示器和显卡未连接好。

9）重复短响：电源有问题。

2. 系统启动报错故障

系统启动报错故障是指系统开机自检时或启动操作系统前机器停止启动，在屏幕上出现一些提示故障。下面是几个常见的屏幕提示出错信息，可根据这些信息来判断主机系统的故障。

- BIOS ROM Checksum_Error；BIOS ROM 检查失败。
- CMOS Battery State Low；CMOS 电池不足。
- Keyboard Interface Error；键盘接口错误。
- Hard disk drive failure；硬盘故障。
- Missing Operating System；硬盘主引导区破坏。
- Non System Disk or Disk Error；启动文件错误。
- Cache Memory Bad；高速缓存错误。

3. 开机时硬盘无法自检，系统不认硬盘

如果一切正常，在显示完画面后将启动操作系统。这时不能启动最常出现的故障就是找不到硬盘。除线路接触不好外，一般找不到硬盘的主要原因是硬盘主引导扇区数据被破坏，表现为硬盘主引导标志或分区标志丢失。这种故障的罪魁祸首往往是病毒，它将错误的数据覆盖到了主引导扇区中。一些常见的工具软件和杀毒软件都提供了修复硬盘的功能，可以尝试使用。

4. "启动黑屏" 故障

"启动黑屏" 是较常见的故障，大多是由于接触不良或硬件损坏造成的，可采用 "最小系统法" 并结合替换法检查维修。

（1）供电系统故障导致黑屏

故障现象：开机后主机面板指示灯不亮，听不到主机内电源风扇的旋转声和硬盘自检声，整个系统无声无息。此现象为主机内设备未获得正常供电。

供电系统故障可由交流供电线路断路、交流供电电压异常、计算机电源故障或主机内有短路现象等原因造成。供电系统故障不一定是主机电源损坏所致，当交流供电电压异常（超压或欠压）、主机电源空载和机内有短路现象时，主机电源内部的保护电路启动，会自动切断电源的输出以保护主机内的设备。首先需检查交流供电电源是否接入主机。确认交流供电电源接入主机后，将耳朵靠近开关电源，短时间打开电源开关通电并注意听，如果听到电源内部发出 "滋滋滋…" 的响声，说明电源处于 "自保护" 工作状态。其原因是交流供电电源不正常或机内有短路现象，导致电源内部的保护电路启动。可先用万用表交流电压档 250V 档检查接主机电源插头的交流供电电压，如果交流电压超过 240V 或低于 150V，主机电源中的超压和欠压保护电路将启动，停止对机内设备供电，此时需要换用稳压电源或 UPS 电源为主机供电；如交流供电电压正常，逐一拔去主机内接口卡和其他设备电源线、信号线，再通电试机，如拔除某设备时主机电源恢复工作，则是因为刚拔除的设备损坏或安装不当而导致短路，使电源中的短路保护电路启动，停止对机内设备供电；如拔去所有设备的电源线后，电源仍处于无输出状态，则说明是电源故障，请维修电源；如果主机电源未工作，则需先检查安装在主机内机箱前面板上的主机电源开关是否正常，如电源开关完好，一般就是电源故障。

（2）新装机或更换硬件不当较容易发生黑屏

如果故障是更换硬件后产生的，请检查是否是由于下述原因造成的：

- 硬盘或光驱数据线接反。
- 系统检测 CPU 出错（超频时较易发生）。
- 板卡斜插导致的短路和接触不良。
- 扩充的内存条不符合主板要求。

（3）不自检黑屏故障

故障现象表现为开机后主机面板指示灯亮，机内风扇正常旋转，但显示器无显示。启动时键盘右上角三个指示灯不闪亮，听不到自检内存发出的"嗒嗒嗒…"声和 PC 扬声器报警声。

由故障现象可以看出，主机电源供电基本正常（不排除主机电源有故障），但未能启动 BIOS 中的自检程序就发生了死机。因此应该主要检查显示器、显卡、内存、CPU 和主板。由于不自检黑屏故障没有任何提示信息，通常只能采用"最小系统法"检查处理。"最小系统法"是指只保留主板、内存条、CPU、显卡、显示器和电源等基本设备，先通电检查这些基本设备组成的最小系统，经检查确认保留的最小系统能正常工作以后，再进一步检查其他设备。如果仅保留最小系统，通电后计算机还是不能正常工作，一般用替换法依次检查内存条、显卡和 CPU。确认显示器、内存条、显卡和 CPU 能够工作后，故障源就只剩下主板和电源，区分是主板故障还是电源故障的最简单方法是尝试换一个好电源。

（4）自检失败黑屏故障

故障现象表现为开机后主机面板指示灯亮，机内风扇正常旋转，能听到硬盘盘片的旋转声、自检内存发出的"嗒嗒嗒…"声和 PC 喇叭的报警声。看到主启动时键盘右上角三个指示灯闪亮，但显示器无显示。故障现象说明了主机电源供电基本正常，主板的大部分电路没有故障，BIOS 故障诊断程序开始运行，且能够通过 PC 喇叭发出报警信号。此故障主要源于显示器、显示卡、内存、主板和电源等硬件出现问题所致。此类故障大多能通过喇叭报警声判断故障的大概部位。

（5）CMOS 里设置的 CPU 频率不对

此种情况下只要清除 CMOS 即可解决。清除 CMOS 的跳线一般在主板的锂电池附近，其默认位置一般为 1、2 短路，只要将其改跳为 2、3 短路，几秒钟即可解决问题。对于以前的老主板，如找不到该跳线，只需将电池取下，待开机显示进入 CMOS 设置后再关机。将电池安装上去也可让 CMOS 放电。

（6）内存方面的问题

主板无法识别内存、内存损坏或者内存不匹配：某些老的主板比较挑剔内存，一旦插上主板无法识别的内存，主板就无法启动，甚至某些主板还没有故障提示（鸣叫）。另外，如果插上不同品牌、类型的内存，有时也会导致此类故障的发生。

内存插槽断针或烧灼：有时因为用力过猛或安装方法不当，会造成内存槽内的簧片变形断裂，以致该内存插槽报废。

（7）主板自动保护锁定

有的主板具有自动侦测保护功能，当电源电压有异常、CPU 超频或调整电压过高等情况出现时，会自动锁定停止工作。表现就是主板不启动，这时可把 CMOS 放电后再加电启动。有的主板需要在打开主板电源时，按住 RESET 键即可解除锁定。

5. 计算机开机时提示"bootmgr is missing"故障

计算机提示"bootmgr is missing"是因为系统启动项丢失，此时可以用 PE 微型系统中自带的"启动项修复"软件修复计算机系统的启动项，修复完成后便可以正常进入系统。

13.2.4　讨论、实施任务

1）由实验人员准备，将主机上硬盘数据线或电源线拔掉（或松开），由学生检测处理故障。

2）由实验人员准备，将主机上主板上开机键信号线拔掉，由学生检测并处理故障。

3）由实验人员准备，接在主机上的键盘拔掉，由于主板检测不到键盘，会无法正常启动，由学生检测并处理故障。

4）由实验人员准备，将实验室中有问题的部件插接在主机上，由学生检测并发现故障部件。

5）按照上述任务内容和步骤的安排，根据所认识和掌握的相关知识，判断以上预设故障原因处理，填写下面计算机故障判断流程表，如表 13-1 所示，并写出完成任务的体会。

表 13-1　故障现象流程表

故障现象描述	
故障处理判断	
故障处理步骤	
故障处理结果	
是否修复	
总结	

6）实施任务注意事项

- 进行故障维修前，需熟练掌握本任务的内容，按老师的要求进行操作。
- 对计算机的各部件要轻拿轻放，未经指导老师批准，勿随便拆任何插卡件。
- 在解决故障并填写完故障判断流程表后，经指导老师批准，可将故障还原，各组交换故障主机重新进行故障判断和处理。
- 要做到边实践边记录并填写故障判断流程表，遇到问题及时进行讨论交流，运用所学知识和操作技能解决问题。

13.2.5　评价、总结

总结完成任务遇到的问题和处理体会，并完成实验报告。最后对完成任务情况和对知识的掌握和应用水平进行评价。可以自评、互评，或与教师评价相结合。

13.3　任务12　计算机系统运行常见故障处理

13.3.1　任务目的

通过故障模拟，了解并逐步掌握计算机系统常见运行故障处理。

13.3.2　任务前的准备

1）计算机数套，已损坏或有故障的计算机配件若干。
2）常用计算机外设数套。
3）常用维护工具如螺钉旋具和尖嘴钳等。

13.3.3　任务内容及步骤

1. 计算机无故重启

计算机无故重启可能的原因有多种，包括硬件、软件故障，下面就介绍几种可能存在的原因及处理方法。

1）内存或其他配件未装好而导致的，可拆下配件清理后重新安装。

2）由于机箱内灰尘过多，导致硬件过热。到达一定温度程度为了保护硬件自动重新启动。这种情况时，需要打开机箱，进行除尘处理，建议每月对机箱内部进行一次除尘处理。

3）电源功率不足或者电源老化功率下降，造成重启。拆下电源进行除尘处理，如除尘后问题依然存在，可考虑更换电源。

4）主板供电转换元件老化，这个问题有一些很显著的特征：关机一段时间后，超过12 h，第一次开机经常点不亮，或者硬件检测反复重启。一般再次关机，然后开机后一切会正常。

2. Windows 运行速度明显变慢，系统出现许多有关内存出错的提示

（1）启动项目过多

出现这类故障一般是由于在 Windows 下运行的应用程序非法访问内存，内存中驻留了太多不必要的插件、应用程序，活动窗口打开太多。这种故障的解决方法是必须清除一些非法插件（可以用 360 安全卫士的插件清理）、内存驻留程序、减少活动窗口和调整配置文件（INI）等。如果在运行某一程序时出现速度明显变慢，则可以通过重装应用程序的方法来解决；如果在运行任何应用软件或程序时都出现系统变慢的情况，则最好的方法便是重新安装操作系统。

（2）磁盘碎片或磁盘垃圾过多

在 Windows 运行过程中，系统会产生大量垃圾文件和磁盘碎片，如果不及时整理或清理势必影响 Windows 运行速度。可选择使用 Windows 下的"附件"→"系统工具"→"磁盘清理"和"磁盘碎片整理"命令进行处理。

（3）病毒和木马程序

病毒和木马程序往往在后台悄悄运行严重消耗系统资源，由于发生在后台，很难被察觉，表现出来的现象就是系统运行十分缓慢。对此类故障应安装最新杀毒软件，并更新最新病毒库，对全盘进行彻底查杀。

3. Windows 系统运行时，频繁提示虚拟内存不足。

在 Windows 7 操作系统中，可以进行修改虚拟内存，修改虚拟内存可以在系统的物理内存不够用的时候调用硬盘空间以充当内存使用。如果计算机配置内存在 2 GB 以下，此时就更需要进行修改虚拟内存了，以便更好地释放计算机的压力，在一定程度上提升系统的性能。

1）右击"计算机"图标，单击"属性"选项，在打开的界面中，选择"高级系统设置"，如图 13-1 所示。

图 13-1 计算机属性界面

2）在打开的"系统属性"对话框中，选择"高级"选项卡，单击"性能"选项组中的"设置"按钮，如图 13-2 所示，即可打开虚拟内存的有关设置。

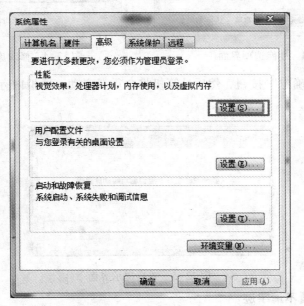

图 13-2 "系统属性"对话框

3）在高级系统设置中，选择"性能选项"→"虚拟内存"，单击"更改"按钮，如图 13-3 所示。

4）系统设置界面中提供了推荐的虚拟内存值，因为对于每一个驱动器都需要有一个虚拟内存的设置，对于每一个页面文件的设置，下面都是常见的设置方案。一般情况下，用户只需要对 C 盘驱动器进行虚拟内存大小的设置即可。如果物理内存为 2 GB，则推荐虚拟内存的最大值设置为 1.5～2 倍左右即可。因此，可进行自定义设置，然后在文本框中输入相关的数值即可，如图 13-4 所示。

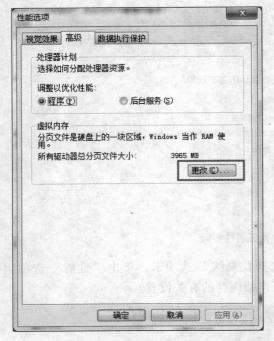
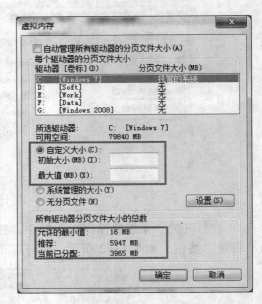

图 13-3　性能选项界面　　　　　　　　图 13-4　修改虚拟内存界面

5）最后单击“确定”按钮，然后计算机将会重新启动，虚拟内存设置就到此结束，如图 13-5 所示。

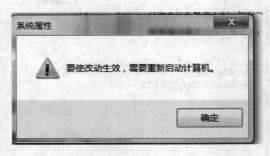

图 13-5　重启提示界面

4. 显示花屏，看不清字迹

这种故障一般是由于显示器或显卡不支持高分辨率而造成的。花屏时可将启动模式切换到安全模式，然后再在 Windows 下进入显示设置。在 16 色状态下单击“应用”和“确定”按钮。在 Windows 系统正常模式下删掉显卡驱动程序，重新启动计算机即可。

5. 常见蓝屏故障处理

造成计算机蓝屏的原因有很多种，总体可以概括为以下几种。

（1）屏幕显示“系统忙，请按任意键继续…”

1）虚拟内存不足造成系统多任务运算错误。

虚拟内存是 Windows 系统所特有的一种解决系统资源不足的方法，其一般要求主引导区的硬盘剩余空间是其物理内存的 2～3 倍。而一些用户为了充分利用空间，将硬盘塞满，结果导致虚拟内存因硬盘空间不足而出现运算错误，所以就出现了蓝屏。要解决这个问题，就要经常删除一些系统产生的临时和交换文件，从而释放出空间。或可以手动配置虚拟内存，把虚拟内存的默认地址，转到其他的逻辑盘下。这样就可以避免了因虚拟内存不足而引起的蓝屏。

2）CPU 超频导致运算错误

超频，就本身而言就是在原有的基础上完成更高的性能，但由于进行了超载运算，造成其内部运算过多，使 CPU 过热，从而导致系统运算错误。CPU 要超频时，散热工作一定要做好，最好装一个大的风扇，再加上一些硅胶之类的散热材料。

（2）内存条接触不良

计算机用得久了，机箱当中难免积很多灰尘，而这些灰尘就很可能导致内存条接触不良。此外，平时不小心碰到主机箱，引起主机箱的震动，也可能造成。此故障系统运行时很多数据的高速存取操作都要在内存当中来完成，如果在系统数据的存取过程中出现问题，将直接导致系统崩溃或者蓝屏。解决办法是清理机箱，拔下内存条，用橡皮擦拭金手指，再重新插紧。

（3）软件兼容性的问题

有时候计算机用了很久都没有出现过蓝屏现象，可是不知原因的突然就蓝屏了。这时可以回顾一下近期是否安装了什么软件，并且在蓝屏的时候该软件是处于运行状态的，这样就非常容易判断就是因为这款软件而引起的蓝屏。此情况因为系统可能因为一些软件的兼容性问题而造成运行不稳定并导致崩溃、蓝屏。解决办法是卸载相关软件或使用系统还原功能，还原系统至上一个还原点。

（4）硬盘出现坏道

如果系统运行时出现蓝屏的几率比较高，而且也排除了上述两种可能的原因，则就要考虑检查一下是不是硬盘出现了坏道。同内存一样，硬盘也要承载一些数据的存取操作，如果需要存储或者读取数据的区域出现了坏道，那么将直接导致数据存取失败，从而造成系统无法正常运行，导致系统崩溃、蓝屏。解决办法是备份重要数据（所有硬盘数据）后重新格式化系统分区，如果格式化成功则不影响使用，否则只能弃用该分区或者更换硬盘。

（5）遭到"黑客"程序或病毒攻击

病毒感染系统，造成系统文件错误，也可能引起蓝屏。在上网的时候，特别是进入到一些 BBS 站时，很可能会暴露自己的 IP，原因是被"黑客"用一些软件攻击所至。这就需要使用杀毒软件来查杀病毒。另外，最好就是在计算机上安装一些防御软件，还可以登录 BBS 进行安全设置，隐藏自己 IP。

（6）系统资源耗尽或驱动程序没有正常安装等

为了避免系统蓝屏，应该养成比较好的计算机使用习惯，例如软件最好不要安装在系统分区下，也不要随意安装软件；硬盘的每个分区最好都要保留不低于 10% 的剩余空间；不要同时运行多个耗费系统资源的程序，以避免计算机超负荷运行；定期清理系统垃圾，清理机箱，保持机箱清洁等。

6. 常见微型机系统死机故障处理

死机是在使用计算机过程中最常见的故障之一，而造成死机的原因却不太容易被准确查找。死机的一般表现有：显示黑屏、"凝固"，键盘不能输入，软件运行非正常中断等。

运行时死机是指在使用 Windows 系统的过程中出现的死机，下面就对运行中出现的死机现象加以分析。

1) 运行某些应用程序时出现的死机现象：造成这种故障的原因大致有三种可能，一是应用程序被病毒感染，再就是应用程序本身存在漏洞，还有就是应用程序与操作系统之间存在一些冲突。

2) 资源不足：在使用过程中打开应用程序过多，占用了大量的系统资源，致使在使用过程中出现资源不足现象。因此在使用比较大型的应用软件时，最好少打开与本应用程序无关的软件。

3) 硬盘剩余空间太少或者是碎片太多：如果硬盘的剩余空间太少，由于一些应用程序运行需要大量的内存，则就需要虚拟内存。而虚拟内存则是硬盘所赋予的，所以硬盘要有足够的剩余空间以满足虚拟内存的需求。为防止此类死机，要养成定期定时整理硬盘的习惯。

4) 一些文件被覆盖而造成运行一些应用程序的死机现象：在安装新的应用程序时，出现一些文件覆盖提示，最好不对任何文件进行覆盖操作，否则可能造成运行一些应用而出现死机现象。

5) 一些文件被删除而造成运行一些应用程序死机现象：在卸载一些应用程序时往往会出现对某些文件是否删除的提示。如果不是特别清楚该文件与其他文件有无关系的话，最好不要将其删除，否则可能造成运行某些应用程序时因缺少某些文件而出现死机现象。

6) 程序运行后鼠标键盘均无反应：应用程序运行后死机，说明该应用程序没有正常结束运行，一直占用着系统资源，而操作系统不能获取这一信息。结束应用程序只有实施强制手段来结束任务。

7) 硬件超频：超频后计算机能够启动，说明超频是成功的，运行时出现死机一般是由于超频后硬件产生大量的热量无法及时地散发而造成的，所以在超频的同时也要对散热装置进行合理的改善。

8) 硬件方面的原因：如硬件配置太低、内存速度不匹配（死机现象：鼠标可以移动，单击无反应）、中断设置造成硬件之间的冲突、各种驱动程序不相匹配等也可能造成在运行中出现死机的现象。

9) 环境温度过热：CPU 和显卡发热量较大，如果散热不好的话就容易出现这种现象。建议检查各设备的散热情况，尤其是显卡、CPU、硬盘等设备，要做好这些设备的散热工作，以提高系统的稳定性。

13.3.4 讨论、实施任务

1) 由实验人员准备，将内存条虚插在主板内存条插槽上，由学生检测并处理故障。

2) 由实验人员准备，将系统虚拟内存设置为 128 MB，修改后运行大软件，当系统提示"虚拟内存不足"时，由学生检测处理故障。

3) 由实验人员准备，将有分区问题或坏道问题的硬盘装上，由学生按故障现象进行检修。

4）由实验人员准备，修改 BIOS 中的一些设置，例如将板载声卡禁用等，由学生判断故障。

5）按照上述任务内容和步骤的安排，根据所认识和掌握的相关知识，判断以上预设故障的原因并处理，填写下面计算机故障判断流程表，如表 13-2 所示，并写出完成任务的体会。

表 13-2　故障现象流程表

故障现象描述	
故障处理判断	
故障处理步骤	
故障处理结果	
是否修复	
总结	

6）插件清理。出现系统运行变得缓慢、启动项目过多情况，应用 360 安全卫士的插件清理清除一些非法插件（可以用 360 安全卫士的插件清理）、内存驻留程序、减少活动窗口和调整配置文件（INI）；选择使用 Windows 下的"附件"→"系统工具"→"磁盘清理"和"磁盘碎片整理"命令进行处理；更新最新病毒库，对全盘进行彻底查杀。

7）实施任务注意事项

（1）本任务内容较多，涉及面较广，需按上述步骤有序进行，或按老师的要求进行操作。

（2）对计算机的各部件要轻拿轻放，未经指导老师批准，勿随便拆任何插卡件。

（3）在解决故障并填写完故障判断流程表后，经指导老师批准，可将故障还原，各组交换故障主机重新进行故障判断和处理。

（4）要做到边实践边记录并填写故障判断流程表，遇到问题及时进行讨论交流，运用所学知识和操作技能解决问题。

13.3.5　评价、总结

总结完成任务遇到的问题和处理体会，并完成实验报告。在此基础上对完成任务情况和对知识的掌握和应用水平进行评价。可以自评、互评，或与教师评价相结合。

第14章　网络常见故障处理与网络共享技术

网络故障诊断以网络原理、网络配置和网络运行的知识为基础，从故障的实际现象出发，以网络诊断工具为手段获取诊断信息。一般可沿着 OSI 七层模型从物理层开始依次向上进行，逐步确定网络故障点，查找问题的根源，排除故障，恢复网络的正常运行。

本章通过三个任务介绍及操作，可以学习过程中了解和掌握网络常见故障处理知识、计算机网络共享技术和基本的共享故障处理。

14.1　任务13　常见网络故障处理

14.1.1　任务目的

熟练掌握常见的网络故障处理。

14.1.2　任务前的准备

1）计算机数套。

2）宽带路由器一台。

3）压线钳一把，测线仪一台，水晶头若干，网线 10 m。

14.1.3　任务内容及步骤

1. 本地连接图标显示红色交叉

若本地连接图标显示红色交叉，则表示网络不通，需要检查网卡是否损坏，网卡与网线、网线与网络端口的连接是否正常。此种情况可通过与其他机器互换网卡、网线、网络端口等，确定问题所在再进行处理。若网线问题，可重新制作网线。使用压线钳，按照网线线序，重新制作网线水晶头，用压线钳压紧水晶头，将制作好的水晶头接入网线测试仪。测试仪 1、2、3、6 指示灯为绿色即可。

2. 本地连接图标出现感叹号

若本地连接图标上有一!，表示网络连通，但无法获取正确的 IP 地址。

处理步骤：

1）Windows XP 系统下，单击"开始"→"控制面板"→"网络连接"，右击"本地连接"选择"属性"→"配置"→"高级"选项卡，单击"Speed & Duplex"，选择"Auto"，如图 14-1 所示。

2）Windows 7 系统下，单击"开始"→"控制面板"→"网路和共享中心"，单击左侧"更改适配器设置"选项。右击"本地连接"选择"属性"。单击"配置"，选择"高级"选项卡，单击"Speed & Duplex"，选择"Auto Negotiation"，如图 14-2 所示。

图 14-1　Windows XP 系统下本地连接配置界面

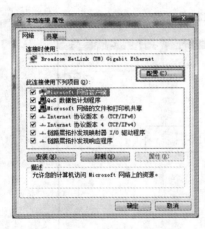

图 14-2　Windows 7 系统下本地连接配置界面

3. 本地连接图标出现问号

如果"本地连接"图标上有一问号，则表示用户操作系统本地连接属性的验证选项卡里启用了系统自带的 IEEE 802.1X 验证，把该选项取消即可。

4. 一直提示正在获取网络地址，无法访问互联网

这是由于计算机 IP 设置问题引起的故障。处理步骤如下。

1）Windows XP 系统下，单击"开始"→"控制面板"（见图 14-3）"网络连接"。双击"本地连接"（见图 14-4），单击"支持"选项卡（见图 14-5），单击"修复"按钮（见图 14-6），修复完成后需重启计算机。

2）Windows 7 系统下，单击"开始"→"控制面板"（见图 14-7）→"网路和共享中心"，选择左侧"更改适配器设置"（见图 14-8）。双击"本地连接"（见图 14-9），单击"诊断"按钮（见图 14-10），由系统自动诊断错误（见图 14-11）。

3）在局域网内如果遇到 IP 冲突，请右击"本地连接"，选择"属性"（见图 14-12），双击"Internet 协议版本 4"选项，将本地 IP 改为局域网内其他空闲 IP（见图 14-13）。

图 14-3 控制面板

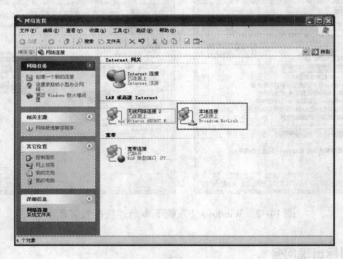

图 14-4 网络连接

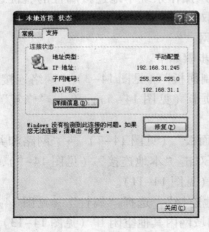

图 14-5 本地连接状态

图 14-6 修复本地连接

图 14-7   控制面板

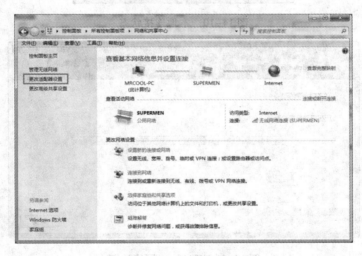

图 14-8   网络和共享中心

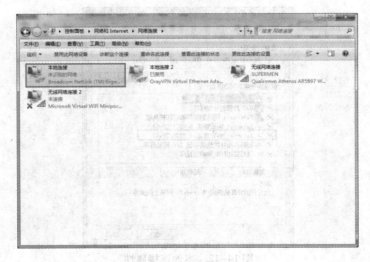

图 14-9   网络连接

图 14-10 本地连接状态

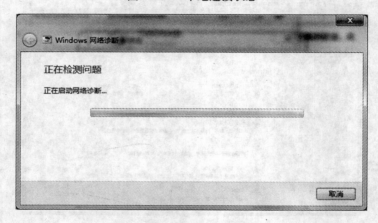

图 14-11 Windows 网络诊断

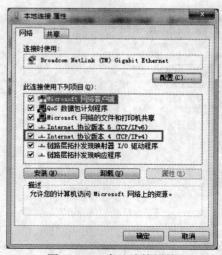

图 14-12 本地连接属性

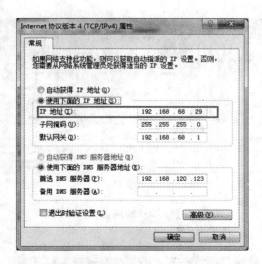

图 14-13　Internet 协议版本 4（TCP/IPv4）属性

5. 计算机网络接入正常，但无法访问互联网

这种故障的原因是计算机网络设置异常。可打开 360 安全卫士（8.0 以上版本，本次以 9.2 版为例）（见图 14-14），单击右下角"断网急救箱"图标。点击"全面诊断"按钮（见图 14-15a），软件进入自动诊断状态，检测出现问题后，单击"立即修复"（见图 14-15b），修复网络问题，按提示重启计算机即可（见图 14-15c）。

图 14-14　360 安全卫士界面

6. 应用 ping 命令定位网络故障

在网络应用中，难免会碰到无法访问网络的情况。可用 ping 命令按下面步骤分析原因并快速定位网络故障的位置。

（1）检测系统 TCP/IP 是否正常

单击"开始"→"运行"选项，然后在弹出的对话框中输入"CMD"如图 14-16 所示。

a)   b)   c)

图 14-15　360 断网急救箱界面

a）全面诊断　b）发现问题　c）处理问题

图 14-16　运行界面

接下来在弹出的命令提示符窗口中输入"ping 127.0.0.1"，如图 14-17 所示。

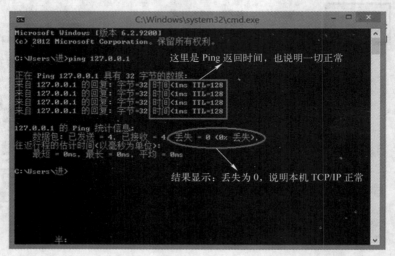

图 14-17　显示丢失为 0

　　如果在输入"ping 127.0.0.1"时，收到错误回馈，则说明计算机系统本身的 TCP/IP 网络协议可能存在问题。当 TCP/IP 出现故障时，就需要重新安装 TCP/IP。

（2）检查本机网卡是否有故障

当"ping 127.0.0.1"测试成功以后，接下来就要对计算机的网卡进行测试。

单击"开始"→"运行"选项，然后在弹出的对话框中输入"CMD"，在新弹出的命令提示符下输入"ipconfig"，找到 IP 地址信息，如图 14-18 所示。

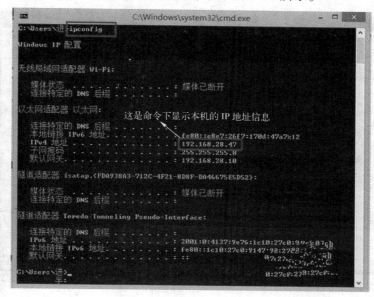

图 14-18　找到 IP 地址

然后在命令行里输入 ping 和找到的 IP 地址，如图 14-19 所示。

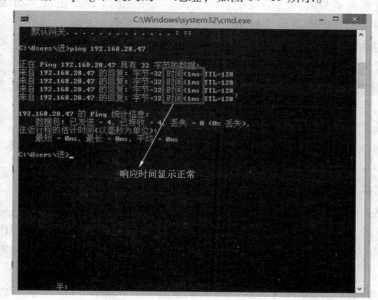

图 14-19　输入 ping 和 IP 地址

如果 Ping 的 IP 地址不成功，大概有以下几种情况：

1）网卡驱动故障或丢失。可以检查计算机的硬件设备管理器中的网卡驱动是否正常，如是否显示叹号或问号。如有未安装的驱动或者驱动显示不正常，建议更新安装驱动。

　　2）网卡被禁用。检查硬件设备管理器中网卡有没有被禁用，如有则可把网卡重新启用。

　　3）网卡硬件故障。如果网卡驱动正常，也处于启用状态，建议更换网卡，如图14-20所示。

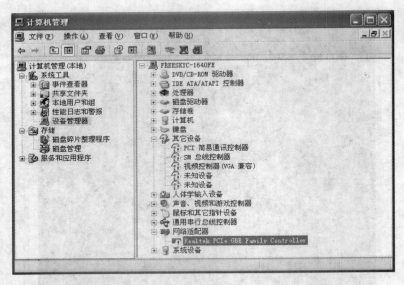

图14-20　检查网卡

　　（3）检查网线是否连接好，或者有网线故障

　　如果计算机系统本身的网络协议正常，测试本机的IP地址也正常，那接下来要做的是检查从计算机端网卡到路由器或交换机的网线是否正常，包括是否连接好。

　　（4）检查路由器

　　在前端的计算机、网线都正常的情况下，接下来检查路由器是否正常。可以用ping命令来测试路由器是否处于正常工作状态。通常情况下，路由器的地址为192.168.0.1或192.168.1.1。

　　单击"开始"→"运行"选项，然后在弹出的对话框中输入"CMD"。然后在命令行里输入"ipconfig"，显示计算机上所有网卡适配器的信息，包括"默认网关"，如图14-21所示。

　　找到路由器的地址以后，在CMD里输入命令"ping 192.168.28.10"。如图14-22所示，计算机到路由器之间的"数据发送和接收"一切正常，丢失率为0，响应时间正常。

　　注意：Ping路由器的地址，以自己的系统显示为准。另外计算机上的IP地址必须和路由器的地址在同一个网段，避免因人为手动设置了错误的IP地址，从而导致与路由器通信失败。

　　如果Ping测试路由器不正常，比如时间响应值很大，或者Ping测试不成功，则说明路由器很有可能已经出现故障，如图14-23所示。解决的方法是把路由器的电源拔掉，然后重新插上电源，以强制启动路由器。同时可以把计算机也重新启动一次。如果强制启动路由器不成功的话，建议更换路由器，重新设置上网信息。

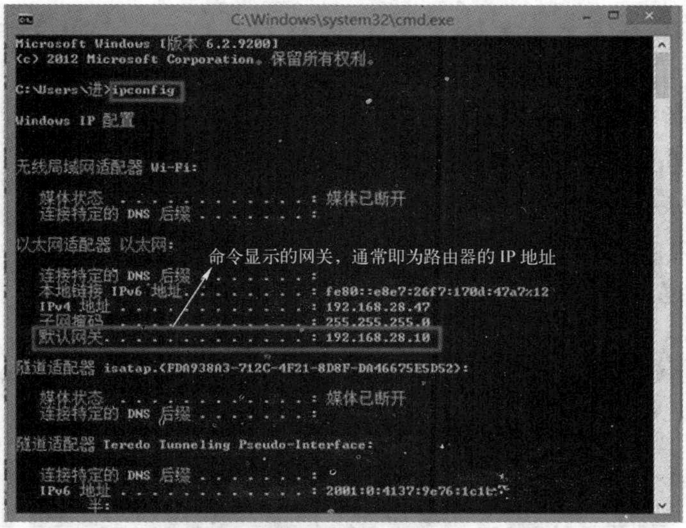

图 14-21　显示默认网关

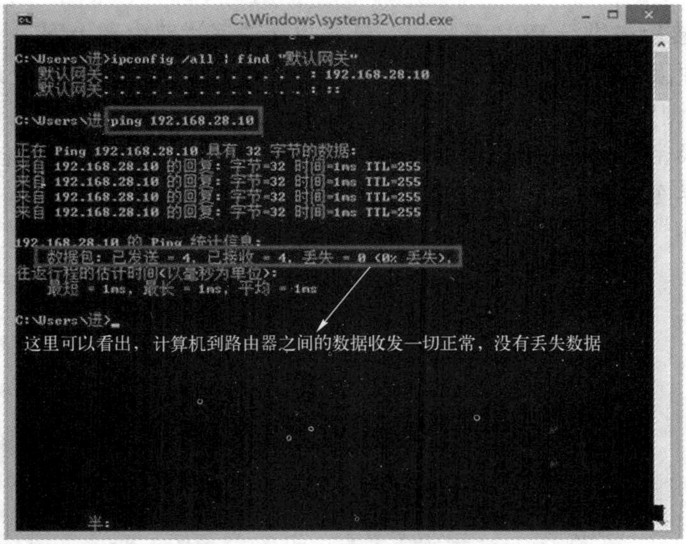

图 14-22　显示数据发送和接收

7. 无线网络不能上网

可以先 Ping 一下无线接入点的 IP 地址。如果无线无法 Ping 到无线接入点，则证明无线接入点本身工作异常。此时可以将其重新启动，等待大约五分钟后再通过有线网络中的计算机和无线客户端，利用 Ping 命令来查看它是否能连通。如果从这两方面 Ping 无线接入点依然没有响应，则证明无线接入点已经损坏或者配置错误。此时可以将这个可能损坏了的无线接入点通过一根可用的网线连接到一个正常工作的网络中，检查它的 TCP/IP 配置。

最后，在有线网络客户端 Ping 这个无线接入点，如果失败，则表示这个无线接入点已经损坏了，这时就应该更换新的无线接入点了。

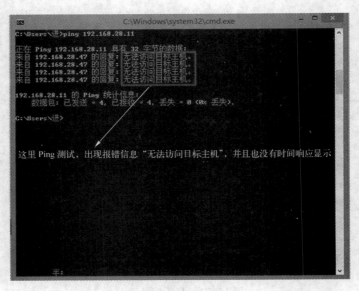

图 14-23 显示报错信息

8. 路由器连接后未进行 PPPoE 拨号，计算机无法通过路由器上网

这种故障的原因是路由器设置未设置或设置不正确，可按下面步骤处理。

1）打开网页浏览器，在地址栏输入路由器的管理地址。以 192.168.1.1 为例，此时网页会弹出输入登录密码的提示框（见图 14-24），大部分路由默认用户名和密码为 admin，登陆后进入管理界面。

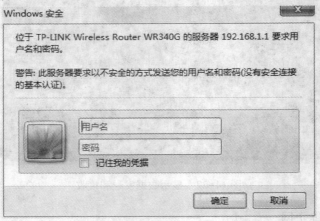

图 14-24 登录提示框

2）选择"菜单网络参数"→"WAN 口设置"，可以在随后出现的界面中配置 WAN 口的网络参数，将"WANL 口连接类型"设置成"PPPoE"（见图 14-25）。输入运营商提供的上网账号及密码，单击"连接"按钮，并保存参数即可。

9. QQ 等聊天程序可以正常运行，但是无法浏览网页

这种故障原因是路由器 DNS 解析设置问题，对这种故障可按下面步骤处理。

1）进入路由器设置界面，依次选择"WAN 口设置"→"PPPoE"→"高级设置"（见

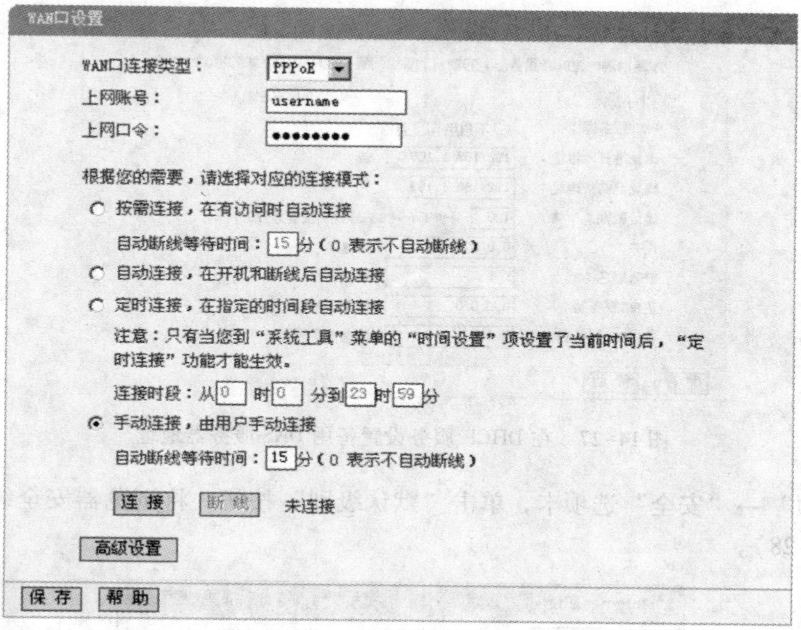

图 14-25　PPPoE 拨号设置

图 14-26），然后手动设置 DNS 服务器地址。

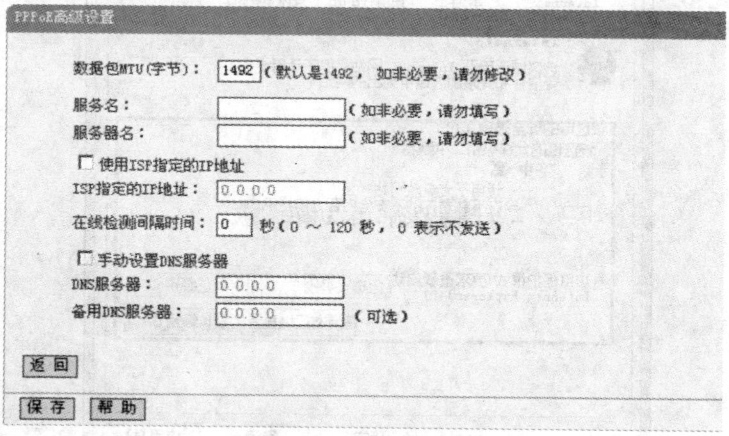

图 14-26　手动设置 DNS 服务器地址

2）选择"DHCP 服务器"→"DHCP 服务"（见图 14-27），设置相同的 DNS 服务器和备用的 DNS 服务器地址。

注意：DNS 地址可向运营商索取或可先设置成 8.8.8.8 以及 114.114.114.114，再上网查询当地运营商的 DNS 地址。

10. IE 浏览器无法使用

使用 IE 浏览器时，弹出对话框提示"该程序执行了非法操作，即将关闭"。在单击"确定按钮"后，又提示"发生内部错误"，单击"确定"按钮后，所有 IE 窗口都被关闭。

此故障原因是 IE 安全级别设置与浏览网站不匹配。处理方法为先打开 IE 浏览器，选择

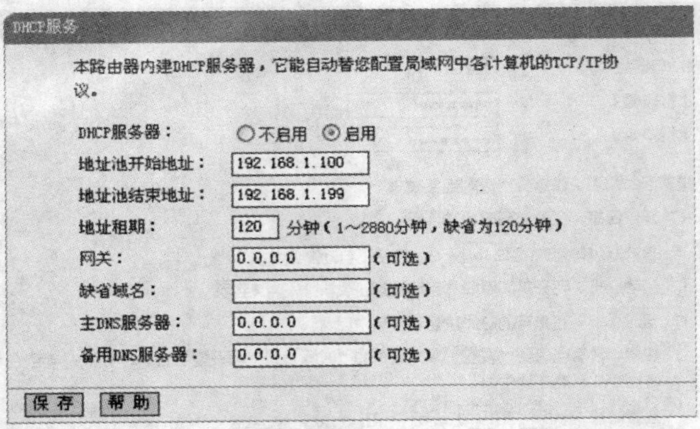

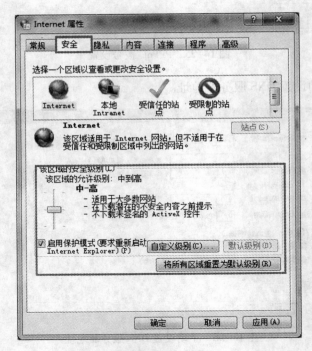

图 14-27　在 DHCP 服务设置备用 DNS 服务器地址

"Internet 选项"→"安全"选项卡，单击"默认级别"按钮，将浏览器安全级别降低至默认（见图 14-28）。

图 14-28　设置浏览器安全级别

14.1.4　讨论、实施任务

1）由实验人员准备一台主机，将主机 IP 设置为 192.168.120.23，网关设置为 192.168.123.1，由学生应用本章所学习的知识检测并处理故障。

2）由实验人员制作一条网线，其中网线一端蓝白线和绿白线线序对换，网线做好后接入主机，由学生应用本章所学习的知识检测并处理故障。

3）由实验人员准备一台主机，将主机网卡虚插在主板上，从而导致无法联网，由学生

246

应用本章所学习的知识检测并处理故障。

4）由实验人员准备一台主机、无线路由器，该无线路由器可检测到无线信号，却无法联网，由学生应用本章所学习的知识检测并处理。

5）按照上述任务内容和步骤的安排，根据所认识和掌握的相关知识，判断以上预设故障原因处理，填写下面计算机故障判断流程表，如表14-1所示，并写出完成任务的体会。

表14-1 故障现象流程表

故障现象描述	
故障处理判断	
故障处理步骤	
故障处理结果	
是否修复	
总结	

14.1.5 评价、总结

总结完成任务中遇到的问题和体会，并完成实验报告。最后对完成任务情况和对知识的掌握和应用水平进行评价。可以自评、互评，或与教师评价相结合。

14.2 任务14 常见共享设置

14.2.1 任务目的

1）了解计算机网络共享原理。
2）掌握文件网络共享基本设置。
3）掌握打印机网络共享设置。
4）了解目前主流网盘共享设置。

14.2.2 任务前的准备

1）可联网的计算机数套。
2）安装360网盘并注册账号。

14.2.3 任务内容及步骤

1. 设置共享步骤如下

在设置共享前，先启动三台计算机，接入局域网络，设置相应的IP。

（1）设置工作组

无论使用的是什么版本的Windows操作系统，第一步都要保证联网的各计算机的工作组名称一致。

要查看或更改计算机的工作组、计算机名等信息，可右击"计算机"图标，选择"属性"，在弹出的属性对话框中单击"更改设置"按钮。在弹出的"系统属性"窗口中（如图 14-29 所示）选择"更改"。然后输入合适的计算机名/工作组名后，单击"确定"按钮（默认工作组为 WORKGROUP，简易版和家庭版不带域功能）。这一步操作完成后，请重启计算机以使更改生效，如图 14-30 所示。

图 14-29　查看更改计算机属性

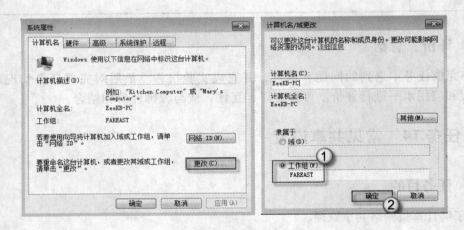

图 14-30　更改工作组

（2）更改系统的相关设置

选择"控制面板"→"网络和 Internet"→"网络和共享中心"→"高级共享设置"。选择启用"网络发现""文件和打印机共享""公用文件夹共享"。"密码保护的共享"选项中则请选择"关闭密码保护共享"。另外，在"家庭组"部分，建议选择"允许 Windows 管理家庭组连接"，如图 14-31 和图 14-32 所示。

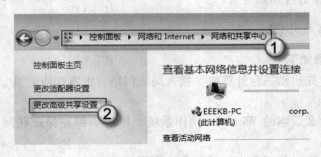

图 14-31　网络和共享中心

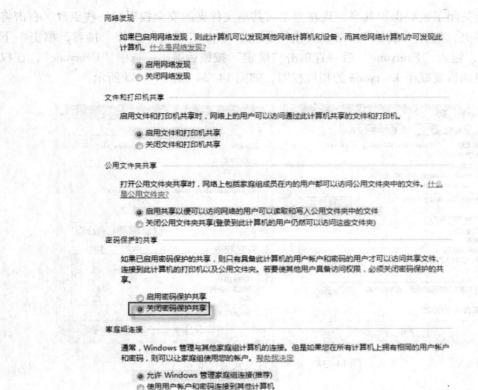

网络发现

如果已启用网络发现，则此计算机可以发现其他网络计算机和设备，而其他网络计算机亦可发现此计算机。什么是网络发现?

- ● 启用网络发现
- ○ 关闭网络发现

文件和打印机共享

启用文件和打印机共享时，网络上的用户可以访问通过此计算机共享的文件和打印机。

- ● 启用文件和打印机共享
- ○ 关闭文件和打印机共享

公用文件夹共享

打开公用文件夹共享时，网络上包括家庭组成员在内的用户都可以访问公用文件夹中的文件。什么是公用文件夹?

- ● 启用共享以便可以访问网络的用户可以读取和写入公用文件夹中的文件
- ○ 关闭公用文件夹共享(登录到此计算机的用户仍然可以访问这些文件夹)

密码保护的共享

如果已启用密码保护的共享，则只有具备此计算机的用户帐户和密码的用户才可以访问共享文件、连接到此计算机的打印机以及公用文件夹。要使其他用户具备访问权限，必须关闭密码保护的共享。

- ○ 启用密码保护共享
- ● 关闭密码保护共享

家庭组连接

通常，Windows 管理与其他家庭组计算机的连接。但是如果您在所有计算机上拥有相同的用户帐户和密码，则可以让家庭组使用您的帐户。帮助我决定

- ● 允许 Windows 管理家庭组连接(推荐)
- ○ 使用用户帐户和密码连接到其他计算机

图 14-32　更改高级共享设置

（3）共享对象设置

如果需要共享某些特定的文件夹，可右击此文件夹，选择"属性"。单击"共享"→"高级共享"按钮。选择"共享此文件夹"后，如图 14-33 所示，单击"应用"和"确定"按钮后退出。如果某文件夹被设为共享，它的所有子文件夹将默认被设为共享。

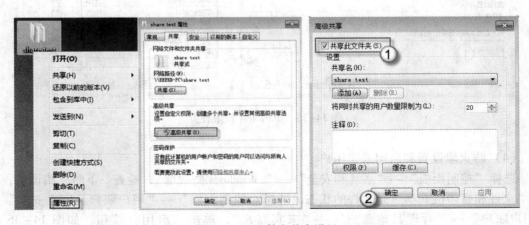

图 14-33　文件夹共享设置

由于已经关闭了密码保护共享，现在要来对共享文件夹的安全权限做一些更改。右击将要共享的文件夹，选择"属性"。在"安全"页上，单击"编辑"按钮。接着，单击一下"添加"按钮，输入"Everyone"后一直单击"确定"按钮后退出，选中"Everyone"，在权限选择栏内勾选将要赋予 Everyone 的相应权限，如图 14-34 和图 14-35 所示。

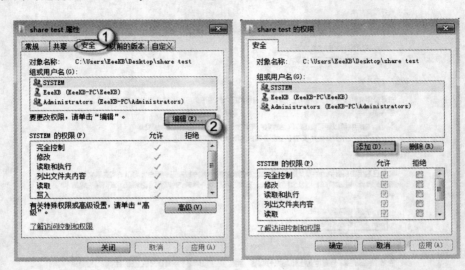

图 14-34　更改文件夹安全权限

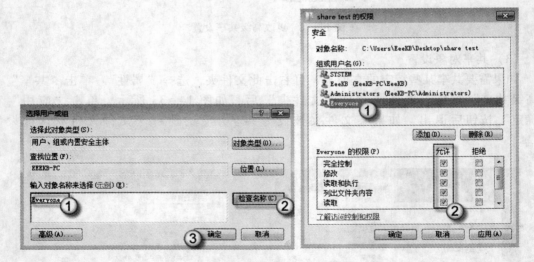

图 14-35　share test 权限设置

（4）防火墙设置和启用来宾用户

选择"控制面板"→"系统和安全"→"Windows 防火墙"，检查一下防火墙设置，确保"文件和打印机共享"是允许的状态。选择"控制面板"→"用户账户及家庭安全"→"用户账户"→"管理其他账户"→"来宾账户"，单击"启用"按钮，如图 14-36 和图 14-37 所示。

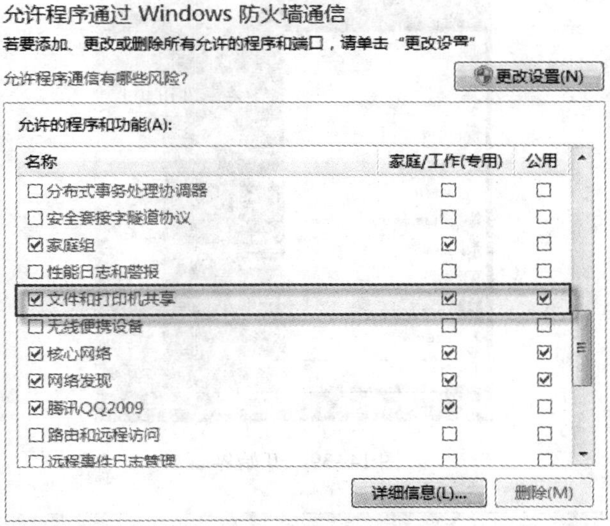

允许程序通过 Windows 防火墙通信

若要添加、更改或删除所有允许的程序和端口，请单击"更改设置"

允许程序通信有哪些风险？   更改设置(N)

允许的程序和功能(A):

名称	家庭/工作(专用)	公用
☐ 分布式事务处理协调器	☐	☐
☐ 安全套接字隧道协议	☐	☐
☑ 家庭组	☑	☐
☐ 性能日志和警报	☐	☐
☑ 文件和打印机共享	☑	☑
☐ 无线便携设备	☐	☐
☑ 核心网络	☑	☑
☑ 网络发现	☑	☑
☑ 腾讯QQ2009	☑	☐
☐ 路由和远程访问	☐	☐
☐ 远程事件日志管理	☐	☐

详细信息(L)...   删除(M)

图 14-36   防火墙设置

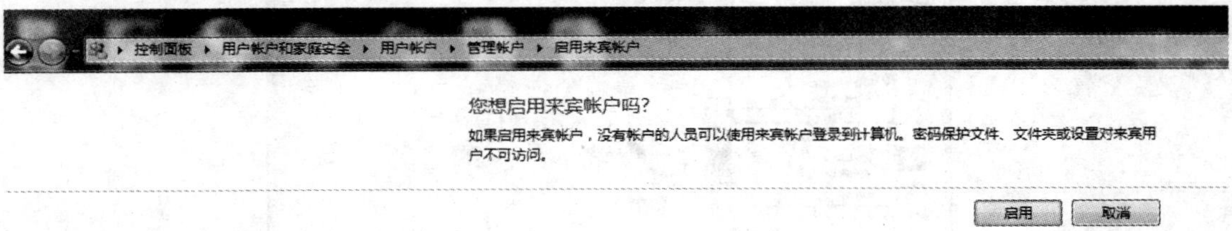

控制面板 ▶ 用户帐户和家庭安全 ▶ 用户帐户 ▶ 管理帐户 ▶ 启用来宾帐户

您想启用来宾帐户吗？

如果启用来宾帐户，没有帐户的人员可以使用来宾帐户登录到计算机。密码保护文件、文件夹或设置对来宾用户不可访问。

启用   取消

图 14-37   启用来宾用户

（5）查看共享文件

选择"控制面板"→"网络和 Internet"→"查看网络计算机和设备"→"（相应的计算机/设备名称）"即可，如图 14-38 所示。

（6）打印机共享设置

设置共享目标打印机：单击"开始"按钮，选择"设备和打印机"，如图 14-39 所示。在弹出的窗口中找到想共享的打印机（前提是打印机已正确连接，驱动已正确安装）。如图 14-40 所示，右击该打印机上，选择"打印机属性"，切换到"共享"选项卡，勾选"共享这台打印机"，并且设置一个共享名（系统默认为打印机品牌型号），如图 14-41 所示。

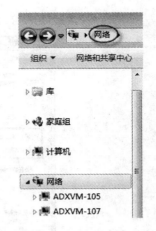

图 14-38   查看共享文件

接下来还需要设置一下来宾账号的权限，这样才能保证在其他不同版本的操作系统能也使用这个共享打印机。

取消禁用 Guest 用户，因为其他用户要访问安装打印机的按个计算机就是以 Guest 账户访问的。

图 14-39　开始界面

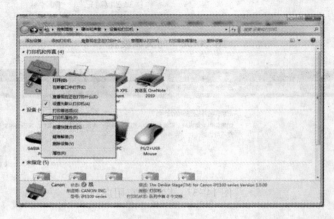

图 14-40　设备和打印机

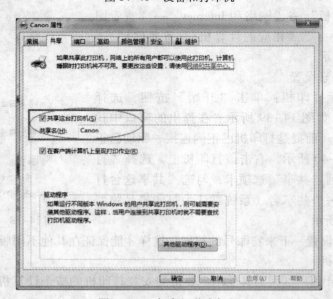

图 14-41　打印机共享标签

252

点击"开始"按钮，右击"计算机"选项，选择"管理"，在弹出的"计算机管理"窗口中找到"Guest"用户。双击"Guest"，弹出"Guest属性"窗口，如图14-42和图14-43所示。确保"账户已禁用"复选框没有被勾选。

图14-42　在开始界面选择"管理"

图14-43　Guest属性设置

（7）目前主流网盘共享设置

网络硬盘是由网络公司推出的在线存储服务，它向用户提供文件的存储、访问、备份、共享等文件管理等功能。用户可以把网盘看成一个放在网络上的硬盘或U盘，不管是在家中、单位或其他任何地方，只要连接到因特网，就可以管理和编辑网盘里的文件，不需要随身携带，更不怕丢失。

目前主流的网盘有：360云盘（奇虎）、百度云盘（百度）、微云（腾讯）、115网盘（115科技）、金山快盘（金山）、华为网盘（华为）等。现以360云盘为例，介绍网盘的分享设置。

输入账号登录360云盘，如图14-44所示。登录后云盘显示文件界面，如图14-45所示。单击要分享的文件，单击文件右上角的"分享给好友"选项，在如图14-46所示的弹

出的对话框中，可设置共享密码（也可取消密码）。将文件连接复制给好友，好友通过该地
址即可访问下载该文件。

图 14-44　云盘登录界面

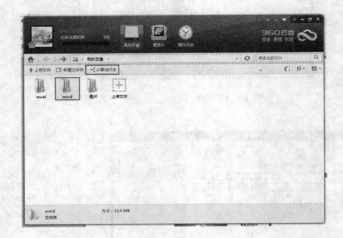

图 14-45　云盘文件界面

图 14-46　云盘分享界面

14.2.4 讨论、实施任务

1）按照上述任务内容和步骤的安排，根据所了解和掌握的相关知识，在计算机A中的D盘新建一个名为"计算机"的文件夹，并在文件夹里新建一个Word文档，将"计算机"文件夹设置共享。在计算机B和计算机C上操作，读取计算机A的共享文件。

2）根据以上步骤，申请一个个人网络硬盘，在网络硬盘中上传一个文件并共享。

3）设置建立网络共享打印机。

实施任务注意事项：

- 要按上述步骤有序进行，或按老师的要求进行操作。
- 注意设置中的细节部分，以免出现共享错误。

14.2.5 评价、总结

总结完成任务中遇到的问题和体会，并完成实验报告。最后，对完成任务情况和对知识的掌握和应用水平进行评价。可以自评、互评，或与教师评价相结合。

14.3 任务15 常见共享设置故障处理

14.3.1 任务目的

了解日常网络资源共享故障处理。

14.3.2 任务前的准备

1）计算机数套。

2）宽带路由器一台。

3）压线钳一把，测线仪一台，水晶头若干，网线10 m。

4）打印机一台。

14.3.3 任务内容及步骤

1. 构建完成局域网后，新增一台计算机，新增计算机无法访问到单位局域网共享资源

故障原因是计算机未在同一个局域网IP或工作组，可按下面步骤处理。

1）将新增计算机改为单位局域网IP，修改IP步骤可参考IP设置。

2）单击"计算机"右击"属性"，单击"更改设置"按钮（见图14-47），修改计算机名和计算机工作组，将工作组改为与单位其他计算机相一致，重新访问共享资源即可。

2. Windows 2003及更早期的操作系统无法访问Windows 7共享文件夹

此类故障原因是Windows 7系统安全性设置过高。处理方法是在Windows 7系统下，选择"开始"→"控制面板"→""网络和共享中心"。单击"更改高级共享设置"选项（见

图 14-47　计算机属性界面

图 14-48），选择"公共"，在"文件共享连接"下面选择"为使用 40 或 56 位加密的设备启用文件共享"，单击"保存"按钮修改即可。

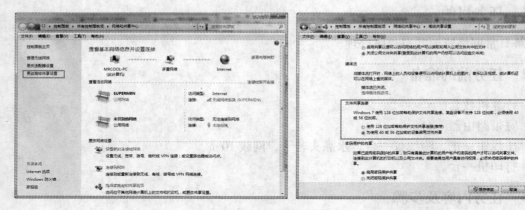

图 14-48　更改高级共享设置界面

3. 无法浏览打印服务器

故障原因是系统未开启来宾账号，可按如下步骤处理：

1）选择"控制面板"→"用户账户"（见图 14-49）→"管理其他账户"（见图 14-50），单击"Guest"（见图 14-51），进入来宾账户页面，单击"启用"按钮，即启用 Guest 账号。

2）在组策略中通过选择"控制面板"→"管理工具"→"本地安全策略"→"本地策略"→"用户权限分配"，删除"拒绝从网络访问这台计算机"中的 Guest 账号（见图 14-52）。

图 14-49　控制面板

图 14-50　用户账户

图 14-51　管理用户账户

图 14-52　本地安全策略设置

14.3.4　讨论、实施任务

1）由实验人员准备两台主机，由学生设置共享打印机。

2）由实验人员准备两台主机，关闭系统中的来宾访问权限，从而导致文件无法共享，由学生检测并处理故障。

3）按照上述任务内容和步骤的安排，根据所认识和掌握的相关知识，判断以上预设故障原因处理，填写下面计算机故障判断流程表，如表 14-2 所示，并写出完成任务的体会。

表 14-2　故障现象流程表

故障现象描述	
故障处理判断	
故障处理步骤	
故障处理结果	
是否修复	
总结	

14.3.5　评价、总结

总结完成任务遇到的问题和体会，并完成实验报告，最后对完成任务情况和对知识的掌握和应用水平进行评价。可以自评、互评，或与教师评价相结合。

参 考 文 献

[1]　电脑报杂志社 . 2012 电脑报合订本［M］. 重庆：重庆出版社，2012.

[2]　飞龙科技 . 电脑常见故障排除从入门到精通［M］. 北京：化学工业出版社，2011.

[3]　苏风华 . 电脑硬件维修从入门到精通［M］. 成都：电子科技大学出版社，2010.

[4]　张成龙 . 电脑软件与硬件维修大全［M］. 长春：吉林人民出版社，2011.

[5]　邹逢兴 . 计算机应用系统的故障诊断与可靠性技术基础 2 版 . 北京：中国水利水电出版社，2011.

[6]　马洪连 . 软件学院综合实验教程：计算机硬件综合实验［M］. 北京：清华大学出版社，2013.

[7]　佟伟光 . 微型机组装与维护实用教程 2 版［M］. 北京：高等教育出版社，2008.

[8]　郭江峰 . 计算机组装与维护实践教程［M］. 北京：人民邮电出版社，2011.

[9]　李密生 . 计算机组装与维修教程［M］. 北京：中国铁道出版社，2012.

精品教材推荐目录

序号	书号	书 名	作者	定价	配套资源
1	23989	新编计算机导论	周 苏	32	电子教案
2	33365	C++程序设计教程——化难为易地学习 C++	黄品梅	35	电子教案
3	36806	C++程序设计 ——北京高等教育精品教材立项项目	郑 莉	39.8	电子教案、源代码、习题答案
4	23357	数据结构与算法	张晓莉	29	电子教案、配套教材、习题答案
5	08257	计算机网络应用教程(第3版) ——北京高等教育精品教材	王 洪	32	电子教案
6	30641	计算机网络——原理、技术与应用	王相林	39	电子教案、教学网站、超星教学录像
7	20898	TCP/IP 协议分析及应用 ——北京高等教育精品教材	杨延双	29	电子教案
8	36023	无线移动互联网：原理、技术与应用 ——北京高等教育精品教材立项项目	崔 勇	52	电子教案
9	24502	计算机网络安全教程(第2版)	梁亚声	34	电子教案
10	25930	网络安全技术及应用	贾铁军	41	电子教案
11	33323	物联网技术概论	马 建	36	电子教案
12	34147	物联网实验教程	徐勇军	43	配光盘
13	37795	无线传感器网络技术	郑 军	39.8	电子教案
14	39540	物联网概论	韩毅刚	45	电子教案、教学建议
15	26532	软件开发技术基础(第2版) ——"十二五"普通高等教育本科国家级规划教材	赵英良	34	电子教案
16	28382	软件工程导论	陈 明	33	电子教案
17	33949	软件工程(第2版)	瞿 中	42	电子教案
18	37759	软件工程实践教程 (第2版)	刘 冰	49	电子教案
19	08968	数值计算方法(第2版)	马东升	25	电子教案、配套教材
20	28922	离散数学(第2版) ——"十一五"国家级规划教材	王元元	34	电子教案
21	41926	数字逻辑(第2版)	武庆生	36	电子教案
22	43389	操作系统原理	周 苏	49.9	电子教案
23	35895	Linux 应用基础教(Red Hat Enterprise Linux/CentOS 5)	梁如军	58	电子教案
24	40995	单片机原理及应用教程(第3版)	赵全利	39	电子教案、习题答案、源代码
25	23424	嵌入式系统原理及应用开发 ——北京高等教育精品教材	陈 渝	38	电子教案
26	19984	计算机专业英语	张强华	32	电子教案、素材、实验实训指导、配光盘
27	28837	人工智能导论	鲍军鹏	39	电子教案
28	31266	人工神经网络原理 ——北京高等教育精品教材	马 锐	25	电子教案
29	26103	信息安全概论	李 剑	28	电子教案
30	40967	计算机系统安全原理与技术(第3版)	陈 波	49	电子教案
31	33288	网络信息对抗(第2版) —"十一五"国家级规划教材	肖军模	42	电子教案、配套教材
32	37234	网络攻防原理	吴礼发	38	电子教案
33	40081	防火墙技术与应用	陈 波	29	电子教案